JACOPO FRANCESCO RICCATI

リッカチのひ・み・つ

解ける微分方程式の理由を探る

$x(t)^2$ $x(t)$

井ノ口順一

日本評論社

はじめに

　変数分離形や同次形などの常微分方程式の解法を学んだことがあるでしょうか．「微分方程式」という授業科目がなくても，微分積分学で不定積分の応用として，常微分方程式の解法を学んだという読者もいるでしょう．微分方程式は必ず解けるんだなと思いたくなります．ところが解析学の勉強を進めていくと，微分方程式は一般には解けないと聞きます．

　どうやら，「解ける微分方程式」とそうでない微分方程式というものがあるようです．解ける微分方程式というのは既に解法がわかっている (誰かが解き方を発見した) 微分方程式のことです．こう言ってしまえばそれまでですが，ちょっと考え方をかえてみましょう．解けるのはなにか，**解ける理由**があるはずだ．**解けるひみつ・しくみ**を調べることはできないだろうか．

　そこで，解ける微分方程式のもつ「解けるひみつ (しくみ)」のことを微分方程式の**対称性**とよぶことにします．この本では，微分方程式の対称性とはなにかを説明していきます．

　数理物理学や幾何学的変分問題で研究される偏微分方程式の多くは，接続 (connection) とよばれるものを用いて書き表されます．また工学・応用数理においても接続の理論が用いられるようになってきました．接続の理論を学ぶためにはリー群・リー環という分野の知識を得ておくことが望ましいでしょう．

　また無限可積分系とよばれる「解けるひみつ」をもつ非線型偏微分方程式の研究では，微分方程式の対称性を用いて研究を進めていきます．無限可積分系のもつ対称性は無限次元のリー群・リー環を用いて説明されます．

　この本は将来，数理物理学や微分幾何学・微分位相幾何学を学びたいと考えている読者に向けて，本格的にリー群・リー環・接続の理論を学ぶ前に**対称性の群**という考え方をつかんでもらうことを目的として書かれています．

　この本では，予備知識をできるだけ仮定せずに「リー群の考え方」をつかむことに狙いを絞りました．この本を読む上での予備知識は，「1変数の微分積分学」，「2行2列の行列」「数平面上の一次変換」です．2行2列の行列のなす群をリー群の例にとり，具体的な計算で内容を確かめられるように工夫を施しました．

　集合と写像の取り扱いに慣れていると，なおよいでしょう．高等学校水準を

越える微分積分学については，必要に応じた範囲で説明していきます．また常微分方程式の解法を学習していなくても読めるよう努めました．

　現代の微分幾何学・微分位相幾何学を将来学びたいという読者にとっては，多様体論・多様体上の解析学を本格的に学ぶ前に，具体例を通じて，さまざまな感覚を養っておくことが望ましいと思います．線型代数・位相空間論・微分積分学の3つの基礎科目の学習を通じて，幾何学的思考力を養っていくことが望まれます．これら基礎科目の教科書のほかに幾何学的思考力を養う入門コース (入門書を読むための入門書) を提供してみたいというのが，本書を執筆した動機です．このようなコースとして，

　(1)　ベクトルと行列から始める入門コース
　(2)　微分方程式から始める入門コース

の2つを挙げられると思います．(1) として，高等学校でベクトルを学んだ読者に向けて，2007 年に『幾何学いろいろ』を日本評論社から刊行していただきました．

　本書は，高等学校で微分積分学を学んだ読者のための，(2) のコースです．

　本格的にリー群論を学んだ際に，抽象的な議論でつまずくことがあるかもしれません．そのようなときは具体例を用いて詳細な計算を実行してみることが最善の学習方法ではないでしょうか．本書は，リー群の一般論でつまずいたときに立ち戻って，「具体例で確かめる」ことにも使っていただけるよう心くばりをしました．

　本書は雑誌『数学セミナー』に「リッカチのひ・み・つ」の題で連載した記事 (2008 年 4 月号から 2009 年 3 月号) に加筆・修正を施したものです．

　常日ごろからいろいろとお世話になるばかりでなく，連載の機会をくださった大賀雅美編集長，前著『幾何学いろいろ』に引き続き原稿を通読して多くの誤りをご指摘いただいた入江博先生 (東京電機大学)，単行本用に加筆した部分に関してご助言いただいた大山陽介先生 (大阪大学)，梶原健司先生 (九州大学)，矢嶋徹先生 (宇都宮大学)，「リッカチのひみつだよ〜」と歌いながら著者を励ましてくれたこどもたちに感謝いたします．

2010 年 7 月　著者

この本の内容 (道案内)

　この本を読むために必要な予備知識は 1 変数函数の微分積分学 (高等学校で学ぶ範囲の微分積分学)，平面ベクトル，2 行 2 列の行列の計算，数平面上の一次変換です．行列と一次変換について未習の人やまだ自信がないという人は，線型代数の教科書を併読しながら読み進めてください．拙著 [9] の第 2 章にも解説があります．

　読み進めると，常微分方程式の解法，群，2 変数函数の偏微分など，高等学校では習わない内容が出てきますが，その都度，説明をしていきます．説明にしたがって**計算を実行する**ことだけが読者に求められています．

　この本の前半では，常微分方程式の解法を**幾何学的な視点**から見直していきます．変換群・ベクトル場・積分曲線といった幾何学的な概念を用いて常微分方程式を学びなおしていただくのが目的です．まず，第 1 章では，基本的な常微分方程式の解法を説明します．書名にあるリッカチ方程式が登場します．続く第 2 章では，リッカチ方程式と深い関係にある射影変換を説明します．(定数係数の) リッカチ方程式を解く上で，リッカチ方程式を行列を用いて書き直すことが有効であることがわかります．そこで第 3 章から函数を成分にもつ行列 (行列値函数) の微分積分学を行います．第 4 章でパラメータを含む行列の集合 (1 径数変換群) の取り扱いを始めます．第 5 章・第 6 章ではベクトル解析の簡単な解説も行います．

　後半では，対称性を用いて常微分方程式を解いていきます．第 7 章から，「微分方程式の解けるひみつ」の解明が始まります．第 1 章で取り扱う常微分方程式の「解けるひみつ」が第 7 章，第 8 章，第 9 章で繰り返し登場します．第 10 章から 11 章にかけて，リッカチ方程式の解けるひみつが解明されます．ここまで通読すれば，「対称性」を群作用という考えで捉えられることが了解できるでしょう．第 11 章まで読み進めて，リー群論・リー環論の入門書を読むための心構えが身につけば著者の目的は達成されたといえます．さて第 11 章までで習得する内容は基礎的な数学ですが，現代の数学研究とは無関係というわけではありません．そこで第 12 章と第 13 章では，第 11 章まで読んでいただいた読者を無限可積分系とよばれる研究分野へお誘いしております．

　そもそも，微分幾何学ってどういう数学なんだろうという疑問や興味をもっている方には拙著『どこにでも居る幾何学』を参照していただければと思います．

目　次

はじめに i

対称性とはなんだろうか viii

記号表 xii

第 1 章　常微分方程式　　2
  1.1 　不定積分 2
  1.2 　変数分離形 3
  1.3 　1 階線型常微分方程式 5
  1.4 　リッカチ方程式 7
  1.5 　複比 9

第 2 章　射影変換と複比　　15
  2.1 　無限遠点 15
  2.2 　射影直線 18
  2.3 　リッカチ方程式の対称性 20

第 3 章　行列の指数函数　　27
  3.1 　ベクトル値函数 27
  3.2 　行列値函数の微分 29
  3.3 　テイラー展開 31
  3.4 　ノルム 33
  3.5 　基本列* 36

第 4 章 1 径数群　40
- 4.1 簡単な例 40
- 4.2 指数法則 43
- 4.3 公式をつくる 46
- 4.4 指数函数の連続性* 47
- 4.5 1 径数群 50

第 5 章 ベクトル場　56
- 5.1 接ベクトル 56
- 5.2 領域 59
- 5.3 方向微分 61
- 5.4 ベクトル場 68

第 6 章 流れ　75
- 6.1 曲線の接ベクトル場 75
- 6.2 積分曲線 76
- 6.3 ベクトル場の完備性 81
- 6.4 線積分 83
- 6.5 渦度 85

第 7 章 完全微分方程式　90
- 7.1 曲線の表示方法 90
- 7.2 解曲線 92
- 7.3 ポテンシャルをもつ場合 93
- 7.4 積分因子 94
- 7.5 積分因子の見つけ方 95
- 7.6 変数分離形 96
- 7.7 線型微分方程式 98

第 8 章 1 径数変換群の不変函数　101
- 8.1 不変量について復習 101
- 8.2 変数分離形の 1 径数変換群 103
- 8.3 線型常微分方程式の 1 径数変換群 104

- 8.4 不変函数 105
- 8.5 不変図形 108

第9章 リーの定理   113
- 9.1 導函数の変化 113
- 9.2 延長 115
- 9.3 ベクトル場の延長 117
- 9.4 不変微分方程式 118
- 9.5 不変微分方程式の例 119
- 9.6 予想の検証 124

第10章 射影変換とベクトル場   128
- 10.1 岩澤分解 128
- 10.2 線型リー群 135
- 10.3 リー環 137
- 10.4 1次分数変換への応用 138
- 10.5 直線上のベクトル場 140
- 10.6 射影変換の定めるベクトル場 142
- 10.7 力学への応用* 144

第11章 リッカチ方程式の解けるひみつ   147
- 11.1 リー型微分方程式 147
- 11.2 斉次方程式 149
- 11.3 定数変化法 150
- 11.4 リッカチ方程式のひみつとは 152
- 11.5 リーの夢 157

第12章 リウヴィル方程式   161
- 12.1 グラム–シュミット分解 161
- 12.2 随伴作用 164
- 12.3 リウヴィル方程式 165
- 12.4 リウヴィル方程式を解く 167
- 12.5 戸田格子へ 169

第 13 章	**KdV 方程式**	**172**
13.1	点の運動	172
13.2	射影曲率	175
13.3	運動の連続変形	177
13.4	逆散乱法へ	181
13.5	最後に	186
付録 A	微分学	**190**
付録 B	リッカチの方程式	**200**
付録 C	微分ガロア理論の一例	**206**
付録 D	微分形式	**209**

演習問題の略解	**215**
章末問題の略解	**221**
参考文献	**228**
あとがき	**233**
索引	**236**

対称性とはなんだろうか

本題に入る前にちょっとだけ「おしゃべり」にお付き合いください．

四角形の分類を思い出してください．

平行四辺形は台形の特別なもの，正方形は長方形の特別なものと習ったことがあるでしょう．

一組の対辺が平行である四角形を台形とよびます．さらにもう一組の対辺も平行であるような台形を平行四辺形といいます．平行四辺形で直角を含むものが長方形です．さらに長方形で隣り合う辺の長さが等しいならばそれは正方形です．一方，4辺の長さがすべて等しい四角形を菱形といいます．

長方形であり同時に菱形である四角形として正方形は特徴づけられます．

辺と角についての条件で四角形の相互関係(包含関係)を説明できました．

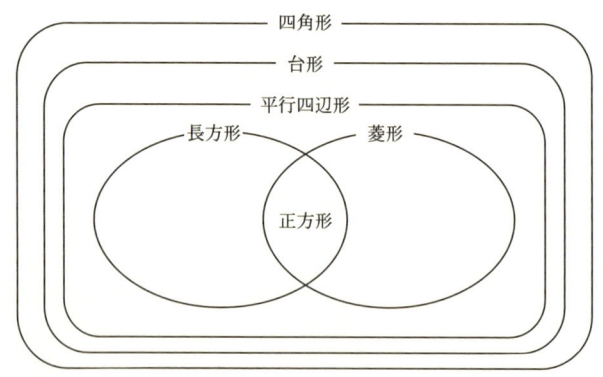

包含関係での整理

ここで見方を変えて，一般の四角形から正方形を作り出してみましょう．

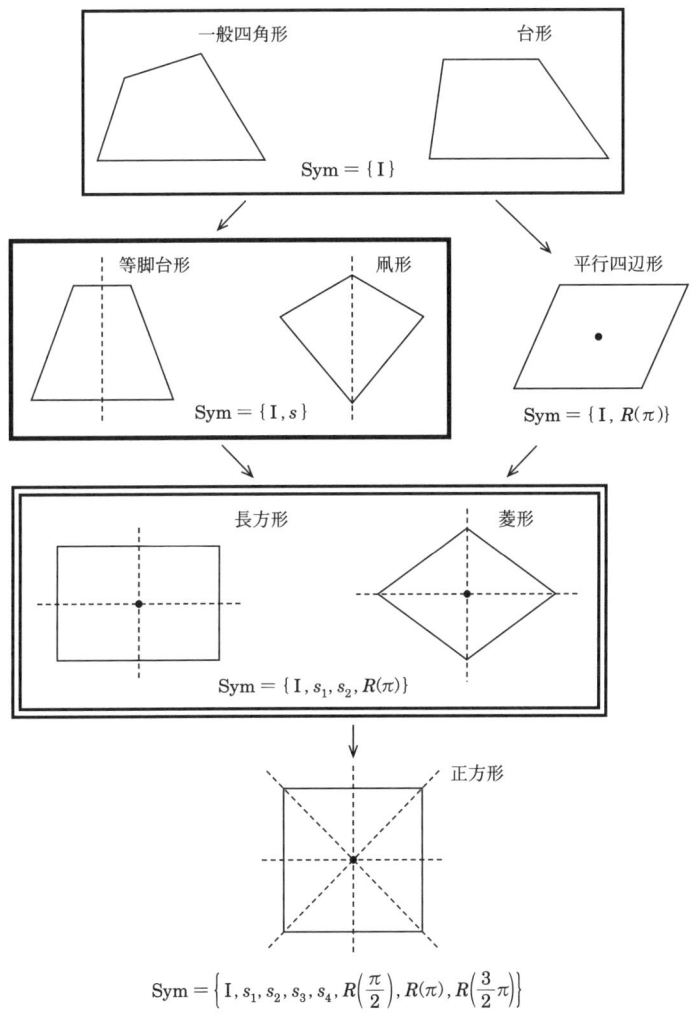

対称性での整理

　一般の四角形に「線対称や点対称をもつ」という条件を課していくと最終的に正方形に行き着きました．図を見ていくと，線対称や点対称が増えるにつれ

て形が整っていくと思えないでしょうか．

群論について学んだことのある読者は次のような説明が理解しやすいでしょう．E(2) で平面の合同変換をすべて集めてできる集合を表します．E(2) は自然な群構造をもちます．この群を**平面合同変換群**とよびます．平面の合同変換は平行移動，回転，線対称およびそれらの組み合わせで得られます[1]．

定義 0.1 X を平面図形とする．X を保つ合同変換の全体
$$\mathrm{Sym}(X) = \{f \in \mathrm{E}(2) \mid f(X) = X\}$$
は E(2) の部分群である．$\mathrm{Sym}(X)$ を X の**対称性の群** (symmetry group) とよぶ．$f \in \mathrm{Sym}(X)$ を f の**対称性**とよぶ．

いろいろな四角形の対称性の群は次で与えられることを図と照らし合わせながら確認してください．

- Sym(台形) $= \{\mathrm{I}\}$，(I は恒等変換を表す)．
- Sym(等脚台形) $= \{\mathrm{I}, s\}$，恒等変換と線対称 1 つ．($R(\theta)$ は回転角が θ の回転を表す[2])．
- Sym(凧形) $= \{\mathrm{I}, s\}$，恒等変換と線対称 1 つ．
- Sym(平行四辺形) $= \{\mathrm{I}, R(\pi)\}$，恒等変換と点対称 1 つ．
- Sym(菱形) $= \{\mathrm{I}, s_1, s_2, R(\pi)\}$，恒等変換，線対称 2 つ，点対称 1 つ．
- Sym(長方形) $= \{\mathrm{I}, s_1, s_2, R(\pi)\}$，恒等変換，線対称 2 つ，点対称 1 つ．
- Sym(正方形) $= \{\mathrm{I}, s_1, s_2, s_3, s_4, R(\pi/2), R(\pi), R(3\pi/2)\}$，恒等変換，線対称 4 つ，点対称 1 つ，点対称でない回転 2 つ．

正方形がもっとも多くの対称性をもっています．等脚台形と凧形は対称性の群が同じ (同型) であることがいえます．また長方形と菱形も同じ (同型な) 対称性の群をもっています．そこで

定義 0.2 2 つの平面図形 X と Y に対し $\mathrm{Sym}(X)$ と $\mathrm{Sym}(Y)$ が同型な群であるとき X と Y は**同程度整っている** (または**同程度美しい**) とよぶ．

---

[1]ここで述べた事実について詳しく学びたい方は拙著 [9] を参照してください．

[2]$R(\pi)$ は点対称であることに注意．

このように定義してもよさそうです. もちろん X と Y が合同なら $\mathrm{Sym}(X)$ と $\mathrm{Sym}(Y)$ は同型です. しかし長方形と菱形のように同程度整っているが合同でない四角形が存在しています. このように図形の整い具合(美しさ)を説明するものが図形の対称性なのです[3)].

この本では微分方程式に対して「対称性」を考えていきます. 図形の整い具合を説明するものが「図形の対称性」でした. では「微分方程式の対称性」は何を説明するのでしょうか.

「はじめに」に書きましたが, 答えは「微分方程式の解けるひみつ」です.

お断り

この本では「かんすう(function)」を函数と書いています.

*のついている節について

3.5節, 4.4節は高等学校の水準を越える微分学の知識を必要とする内容です. 実数の連続性公理を用いた議論に不慣れな読者はこの2節をとばして読んでも構わないように執筆してあります. また10.7節はあとの章の内容とは直接関係しないので読みとばしても影響ありません.

[3)] この観点に基づき, 図「対称性での整理」を作成する中学校数学授業プランを立てることができます.
茂見知宏,「子どものためのピアジェ幾何学」, 宇都宮大学教育学部卒業論文, 2007年3月.
石川佳広,「発展・統合的な見方・考え方から捉えた図形指導. 角に焦点を当てて」, 宇都宮大学大学院教育学研究科修士論文, 2007年3月.

記号表

- $\mathbb{N} = \{1, 2, \cdots\}$：自然数の全体.
- $\mathbb{Z} = \{0, \pm 1, \pm 2, \cdots\}$：整数の全体.
- $\mathbb{Q} = \left\{\pm \dfrac{m}{n} \mid m, n \in \mathbb{N}\right\} \cup \{0\}$：有理数の全体.
- $\mathbb{R}$：実数の全体.
- $\mathbb{C} = \{x + yi \mid x, y \in \mathbb{R}\}$：複素数の全体.
- $\mathbb{R}^2$：数平面.
- $\mathrm{M}_2\mathbb{R}$：実数が成分である 2 行 2 列の行列の全体.

本書ではいくつかの行列に特定の記法を固定する.

$$E = \begin{pmatrix} 1 & 0 \\ 0 & 1 \end{pmatrix} \quad \text{単位行列}$$

$$O = \begin{pmatrix} 0 & 0 \\ 0 & 0 \end{pmatrix} \quad \text{零行列}$$

$$N = \begin{pmatrix} 0 & 1 \\ 0 & 0 \end{pmatrix}$$

$$J = \begin{pmatrix} 0 & -1 \\ 1 & 0 \end{pmatrix} \quad \text{原点中心の 90° 回転行列}$$

$$\hat{J} = \begin{pmatrix} 0 & 1 \\ 1 & 0 \end{pmatrix}$$

$$H = \begin{pmatrix} 1 & 0 \\ 0 & -1 \end{pmatrix}$$

JACOPO FRANCESCO RICCATI

リッカチのひ・み・つ
解ける微分方程式の理由を探る

第1章

常微分方程式

t の函数 $x(t)$ とその導函数 $\dot{x}(t) = \dfrac{\mathrm{d}x}{\mathrm{d}t}$ を含む関係式

$$F(t, x, \dot{x}) = 0$$

を x に関する 1 階**常微分方程式**とよびます．変数 t を独立変数，x を従属変数とよびます．より一般に t, x と x の導函数 $\dot{x}, \ddot{x} = \dfrac{\mathrm{d}^2 x}{\mathrm{d}t^2}, \cdots, x^{(n)} = \dfrac{\mathrm{d}^n x}{\mathrm{d}t^n}$ に関する関係式

$$F(t, x, \dot{x}, \ddot{x}, \cdots, x^{(n-1)}, x^{(n)}) = 0$$

を n 階常微分方程式とよびます．常微分方程式の典型例について解法を説明しながら，この本の主役 (?) であるリッカチ方程式を読者にお披露目いたしましょう．

1.1 不定積分

常微分方程式

$$\dot{x}(t) = \frac{\mathrm{d}x}{\mathrm{d}t} = \alpha(t) \tag{1.1}$$

を考えます．この方程式の解は

$$x(t) = \int \alpha(t) \, \mathrm{d}t + C \tag{1.2}$$

で与えられます (C は積分定数)．ここで次のことに注意してください．(1.2) で与えられる解 $x(t)$ に対し $\tilde{x}(t) = x(t) + c$ (c も定数) とおくと，$\tilde{x}(t)$ も (1.1)

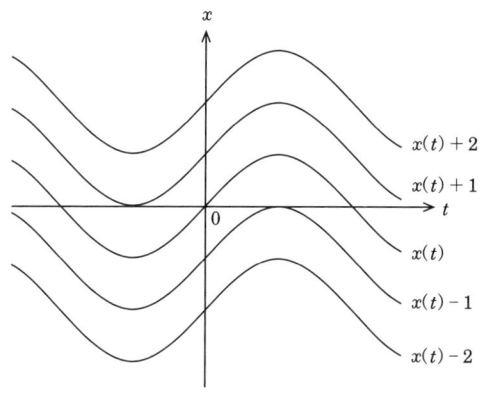

図 1

の解を与えます (図 1).

　この事実を見直しましょう.

　微分方程式 (1.1) の解 x に**平行移動** $x \longmapsto x+c$ を行うとまた (1.1) の解が得られるということです.

　そこで, "微分方程式 (1.1) は平行移動で不変である" と言い表します. 別の言い方をしてみましょう. 微分方程式 (1.1) の 2 つの解 $x(t)$ と $y(t)$ をもってきます. するとこの 2 つの解の差 $x(t)-y(t)$ は定数です. 定数ということはもちろん変化しないということですから, 次のような言い表し方をします. "2 つの解の差は微分方程式 (1.1) の**不変量である**".

1.2　変数分離形

次は

$$\dot{x}(t) = \beta(t) x(t) \tag{1.3}$$

という形の微分方程式を考えます.

　まず $x=0$ は明らかに, この微分方程式をみたすことに気づきます. ですから $x=0$ は (1.3) の解の 1 つです. 次に $x \neq 0$ の場合を考えます. この方程

式は
$$\frac{1}{x}\frac{\mathrm{d}x}{\mathrm{d}t} = \beta$$
と書き直せます．この両辺を t で積分して
$$\int \frac{1}{x}\,\mathrm{d}x = \log|x| = \int \beta(t)\mathrm{d}t + C.$$
したがって
$$x(t) = A\exp\left\{\int \beta(t)\,\mathrm{d}t\right\} \tag{1.4}$$
と表せます．ここで $A = \pm e^C$ とおきました（したがって $A \neq 0$ です）．ところで $x = 0$ は (1.4) で $A = 0$ と選んだものになっています．したがって微分方程式 (1.3) の一般解は
$$x(t) = A\exp\left\{\int \beta(t)\,\mathrm{d}t\right\}, \quad A \in \mathbb{R}$$
で与えられます．

[**実数全体の集合**]　実数をすべて集めて得られる集合を $\mathbb{R}$ で表す．

(1.3) の形をした微分方程式を**変数分離形**とよびます．

変数分離形の微分方程式は次のような性質をもちます．(1.3) の 1 つの解 x に対し $y(t) = rx(t)$ (r は 0 でない定数) とおいてもやはり (1.3) の解です．この性質を "変数分離形の微分方程式 (1.3) は**拡大・縮小で不変である**" と言い表します．微分方程式 (1.3) の 2 つの 0 でない解 $x(t)$ と $y(t)$ をもってきます．すると $x(t)/y(t)$ は定数です．したがって "2 つの解の比は変数分離形の微分方程式 (1.3) の**不変量**である" と言えます．

註 1.1 (一般の変数分離形)　微分方程式 (1.3) は変数分離形とよばれる常微分方程式の特別なものである．$x(t)$ の導関数 $\dot{x}(t)$ が t の関数 $\beta(t)$ と x の関数 $\gamma(x)$ の積である常微分方程式
$$\dot{x}(t) = \beta(t)\gamma(x) \tag{1.5}$$

を変数分離形とよぶ．(1.3) は (1.5) において $\gamma(x) = x$ と選んだものである．(1.5) は次のように解くことができる．

$$\int \frac{\mathrm{d}x}{\gamma(x)} = \int \beta(t)\,\mathrm{d}t + C. \tag{1.6}$$

演習 1.2 $\dot{x}(t) = t(1-x(t))$ を解け．

1.3　1 階線型常微分方程式

今度は (1.1) と (1.3) をあわせた形の微分方程式：

$$\dot{x}(t) = \alpha(t) + \beta(t)x(t) \tag{1.7}$$

を考えましょう．この方程式を $\dot{x}(t) - \alpha(t) - \beta(t)x(t) = 0$ と書き直せることに注意しましょう．まず 2 階以上の導函数を含まない (導函数は $\dot{x}$ しか含んでいない) ので 1 階微分方程式といいます．さらに " x と $\dot{x}$ の 1 次式 $= 0$" という形をしているので，**線型微分方程式**とよびます．$\alpha = 0$ ならば変数分離形であることに注意してください．α は**非斉次項**とよばれています．$\alpha \neq 0$ であるとき (1.7) を**非斉次線型微分方程式**と言います．

ここで (1.7) において $\alpha = 0$ として得られる変数分離形の方程式

$$\dot{x}(t) = \beta(t)x(t) \tag{1.8}$$

を考えることにします．この微分方程式を，(1.7) に付随する**斉次微分方程式**とよびます．

さて，非斉次微分方程式 (1.7) を解くには次の方法が知られています．まず付随する斉次微分方程式 (1.8) の一般解を求めておきます．前の節で説明したように (1.8) の一般解は $x(t) = A \exp\left\{\int \beta(t)\,\mathrm{d}t\right\}$ で与えられます．この定数部分 A を変化させて (1.7) の解が得られないかと考えるのです (この方法を**定数変化法**とよびます)．つまり定数 A を函数 $a(t)$ で置き換えた式

$$x(t) = a(t)u(t), \quad u(t) = \exp\left\{\int \beta(t)\,\mathrm{d}t\right\}$$

を (1.7) に代入してみるのです．計算してみましょう．
$$\dot{x}(t) = (a(t)u(t))^{\cdot} = \dot{a}(t)u(t) + a(t)\dot{u}(t) = \dot{a}(t)u(t) + a(t)\beta(t)u(t)$$
を (1.7) に代入すると $\dot{a}(t)u(t) + a(t)\beta u(t) = \alpha + \beta(t)a(t)u(t)$ なので
$$\dot{a}(t) = \frac{\alpha(t)}{u(t)}$$
これを積分して
$$a(t) = \int \frac{\alpha(t)}{u(t)}\,\mathrm{d}t + c.$$
以上より
$$x(t) = cu(t) + u(t)\int \frac{\alpha(t)}{u(t)}\,\mathrm{d}t. \tag{1.9}$$
この式を見ると (1.7) の解 $x(t)$ は斉次方程式 (1.3) の解 $cu(t)$ と (1.7) の特殊解 $v(t) = u(t)\int \frac{\alpha(t)}{u(t)}\,\mathrm{d}t$ の和で与えられています．$cu(t)$ のことを (1.7) の**余函数**とか**補函数**とよびます．(1.7) の解をすべて集めてできる集合は
$$\chi = \{x(t) = cu(t) + v(t) \mid c \in \mathbb{R}\}$$
と表せることがわかりました．この集合 χ を (1.7) の**解空間**とよびます．

さて線型微分方程式 (1.7) は次のような不変量をもちます．3 つの解 x_1, x_2, x_3 (ただし $x_1 \neq x_2$ とします) をとります．それぞれを特殊解と余函数の和で表します．
$$x_i(t) = c_i u(t) + v(t), \quad i = 1, 2, 3.$$
簡単な計算で
$$\frac{x_3 - x_1}{x_1 - x_2} = \frac{c_3 - c_1}{c_1 - c_2}$$
となることが確かめられます．つまり $(x_3 - x_1)/(x_1 - x_2)$ は (1.7) の**不変量**です．

演習 1.3 $(x_3 - x_1)/(x_1 - x_2)$ を微分して 0 になることを確かめよ．

この不変量に着目すると面白い事実を導けます．いま異なる 2 つの解 x_1, x_2 が求めてあるとします．すると別の解 x に対し $\dfrac{x-x_1}{x_1-x_2}$ は定数のはずです．ということは，勝手に指定した定数 λ に対し $\dfrac{x-x_1}{x_1-x_2} = \lambda$ とおけば，**新しい解 x が積分せずに求められる**ということです．実際，この式を変形して**新しい解** $x = x(t)$ は

$$x(t) = x_1(t) + \lambda(x_1(t) - x_2(t))$$

と与えられます．x は，"x_1 と x_2 を結ぶ直線"の形をしています．

1.4　リッカチ方程式

ここまで扱ってきた微分方程式はすべて**線型**でした．ここで線型でない例を扱うことにします．

$$\dot{x}(t) = \alpha(t) + 2\beta(t)x(t) + \gamma(t)x(t)^2. \tag{1.10}$$

これを**リッカチ方程式**[1]とよびます．この方程式は，これまでに扱った微分方程式のような解法をもちません[2]．ですが，もしこの方程式の特殊解を 1 つ見つけることができれば，一般解を求めることができます．いま特殊解 $u(t)$ が見つかっているとします．そこで $x(t) = u(t) + 1/v(t)$ とおき，v のみたす微分方程式を求めます．

$$\dot{x}(t) = \dot{u}(t) - \frac{\dot{v}(t)}{v(t)^2} = \alpha + 2\beta u(t) + \gamma u(t)^2 - \frac{\dot{v}(t)}{v(t)^2}$$

これを (1.10) に代入すると

$$\alpha + 2\beta\left(u(t) + \frac{1}{v(t)}\right) + \gamma\left(u(t) + \frac{1}{v(t)}\right)^2 = \alpha + 2\beta u(t) + \gamma u(t)^2 - \frac{\dot{v}(t)}{v(t)^2}$$

より

$$\dot{v}(t) = -2(\beta(t) + \gamma(t)u(t))v(t) - \gamma(t) \tag{1.11}$$

---

[1] Jacopo Francesco Riccati (1676–1754).

[2] 特別な場合には解法があることが知られています．

となります.これは前の節で扱った非斉次線型微分方程式ですから,解法を知っています.

演習 1.4 $u(t)$ を (1.10) の特殊解とする.(1.10) の解 $x(t)$ を $x(t) = u(t) + w(t)$ と表す.このとき $w(t)$ は

$$\dot{w}(t) = 2(\gamma(t)u(t) + \beta(t))w(t) + \gamma(t)w(t)^2 \qquad (1.12)$$

をみたすことを確かめよ.(1.12) は**ベルヌーイ方程式**とよばれるものの特別な場合である (章末問題を参照).

リッカチ方程式は 2 階の線型微分方程式に帰着させることもできます.この事実は第 13 章で詳しく扱います[3].

リッカチ方程式のもつ不変量にはどのようなものがあるのでしょうか.まず非斉次線型微分方程式 (1.11) の解 $v(t)$ は,特殊解 $s(t)$ と余函数 $cr(t)$ の和として表されることを思い出します.

$$v(t) = cr(t) + s(t), \quad c \text{ は定数}.$$

これを利用すれば,リッカチ方程式の解 $x(t)$ は

$$x(t) = u(t) + \frac{1}{v(t)} = \frac{cp(t) + q(t)}{cr(t) + s(t)} \qquad (1.13)$$

と表せることがわかります.ただし

$$p(t) = r(t)u(t), \quad q(t) = u(t)s(t) + 1$$

とおきました.

一階線型常微分方程式のときと同様に,次の量が不変量となることが知られています.

リッカチ方程式 (1.10) の 4 つの解 x_1, x_2, x_3, x_4 (ただし $x_1 \neq x_4, x_2 \neq x_3$) に対し

$$q(x_1, x_2, x_3, x_4) = \frac{(x_1 - x_2)(x_3 - x_4)}{(x_2 - x_3)(x_4 - x_1)}$$

は定数になります.

---

[3] ある非線型波動方程式の解法で重要な役割をします.

演習 1.5 $q(x_1, x_2, x_3, x_4)$ が定数であることを確かめよ．(ヒント：表示式 (1.13) を利用)．

また 3 つの相異なる解 x_1, x_2, x_3 から新しい解 x を積分せずに求めることができます．実際 $q(x_1, x_2, x_3, x) = \lambda$ とおけば

$$x = \frac{\lambda x_1(x_2 - x_3) + x_3(x_1 - x_2)}{\lambda(x_2 - x_3) + (x_1 - x_2)}.$$

註 1.6 残念ながら微分方程式 $\dot{x}(t) = \alpha(t) + 2\beta(t)x + \gamma(t)x(t)^2 + \delta(t)x^3(t)$ は，ここまでで説明してきたような性質 (特殊解を 1 つ知れば一般解が求められる) をもたない．リッカチ方程式はある意味で解けるしくみをもつ方程式なのである．

1.5 複比

前の節で出てきた $q(x_1, x_2, x_3, x_4)$ にはどのような意味があるのでしょうか．この問いに答えるために少し準備をします．まず成分がすべて実数である 2 行 2 列の行列全体を $\mathrm{M}_2\mathbb{R}$ で表します．

$$\mathrm{M}_2\mathbb{R} = \left\{ A = (a_{ij}) = \begin{pmatrix} a_{11} & a_{12} \\ a_{21} & a_{22} \end{pmatrix} \,\middle|\, a_{ij} \in \mathbb{R} \right\}. \tag{1.14}$$

また

$$E = \begin{pmatrix} 1 & 0 \\ 0 & 1 \end{pmatrix} \tag{1.15}$$

とおきこれを**単位行列**とよびます[4]．成分がすべて 0 である行列を**零行列**とよび

$$O = \begin{pmatrix} 0 & 0 \\ 0 & 0 \end{pmatrix} \tag{1.16}$$

と表記します．

$A \in \mathrm{M}_2\mathbb{R}$ に対し，$AX = XA = E$ をみたす X が存在するとき X を A の

---

[4] 単位行列を I で表す教科書もあります．

逆行列とよび，A^{-1} で表します．行列 $A = (a_{ij}) \in M_2\mathbb{R}$ が逆行列を，つねにもつかどうかを調べておきましょう．まず次の問いから考えてください．

演習 1.7 $AX = XA = E$ をみたす X は存在すればただ 1 つであることを確かめよ．(ヒント：X, Y と 2 つあると仮定して矛盾を導く)．

実は $AX = E$ をみたす X が存在すれば，$X = A^{-1}$ と一致します．これを確かめてみましょう．

$$\begin{pmatrix} a_{11} & a_{12} \\ a_{21} & a_{22} \end{pmatrix} \begin{pmatrix} a_{22} & -a_{12} \\ -a_{21} & a_{11} \end{pmatrix} = \begin{pmatrix} a_{11}a_{22} - a_{12}a_{21} & 0 \\ 0 & a_{11}a_{22} - a_{12}a_{21} \end{pmatrix}$$

$$\begin{pmatrix} a_{22} & -a_{12} \\ -a_{21} & a_{11} \end{pmatrix} \begin{pmatrix} a_{11} & a_{12} \\ a_{21} & a_{22} \end{pmatrix} = \begin{pmatrix} a_{11}a_{22} - a_{12}a_{21} & 0 \\ 0 & a_{11}a_{22} - a_{12}a_{21} \end{pmatrix}$$

ですから，$a_{11}a_{22} - a_{12}a_{21} \neq 0$ であれば，A の逆行列は

$$A^{-1} = \frac{1}{a_{11}a_{22} - a_{12}a_{21}} \begin{pmatrix} a_{22} & -a_{12} \\ -a_{21} & a_{11} \end{pmatrix} \tag{1.17}$$

と求められます．ここで $a_{11}a_{22} - a_{12}a_{21}$ に名称をつけておきます．

定義 1.8 (行列式) $\det A = a_{11}a_{22} - a_{12}a_{21}$ と定め A の**行列式**とよぶ．

たとえば，単位行列の行列式は $\det E = 1$ です．

演習 1.9 $A = (a_{ij}), B = (b_{ij}) \in M_2\mathbb{R}$ に対し，

$$\det(AB) = \det A \cdot \det B \tag{1.18}$$

が成立することを確かめよ．

$A \in M_2\mathbb{R}$ が逆行列 A^{-1} をもつとき**正則行列**といいます．

$$GL_2\mathbb{R} = \{ A \in M_2\mathbb{R} \mid A \text{ は正則} \}$$

とおくと $GL_2\mathbb{R}$ は次の性質をみたします．

命題 1.10 どんな $A, B, C \in \mathrm{GL}_2\mathbb{R}$ に対しても以下が成立する．
(1) (結合法則) $(AB)C = A(BC)$,
(2) (単位元の存在) $AE = EA = A$,
(3) (逆元の存在) A に対し $AX = XA = E$ をみたす X が唯一存在する．

この事実を次のように言い表します．

定理 1.11 $\mathrm{GL}_2\mathbb{R}$ は行列の積に関し群をなす．この群を 2 次の**実一般線型群**とよぶ．

註 1.12 (**群の定義**) 集合 G の任意の 2 元 a, b に対し第 3 の元 ab が定まり**結合法則**：
$$(ab)c = a(bc)$$
をみたすとき G を**半群**とよぶ．また ab を a と b の積とよぶ．半群においては
$$G \times G \to G\,;\ (a, b) \longmapsto ab$$
なる写像が定まっている．この写像を**演算**とよぶ．半群 G が次の条件をみたすとき**群**とよぶ．
(1) ある特別な元 $e \in G$ が存在して，すべての元 $a \in G$ に対し $ae = ea = a$ をみたす．この e を**単位元**とよぶ．
(2) 任意の元 a に対し $aa' = a'a = e$ をみたす a' が存在する．a' を a の**逆元**とよび a^{-1} で表す． □

ところで，$\det A \neq 0$ であれば $A \in \mathrm{M}_2\mathbb{R}$ は正則であり，逆行列 A^{-1} は (1.17) で求められることがわかりました．逆に A が正則ならば $\det A \neq 0$ といえるでしょうか．それとも，$\det A = 0$ のときでも逆行列をもつことがあるでしょうか．正則行列 A の行列式が 0 であると仮定します．すると (1.18) から
$$\det A\, \det(A^{-1}) = \det(AA^{-1}) = \det E = 1 \tag{1.19}$$
となります．仮定より $\det A = 0$ ですから $0 = 1$ となり矛盾．したがって $\det A = 0$ とはなりえません．

この事実から
$$\mathrm{GL}_2\mathbb{R} = \{A \in \mathrm{M}_2\mathbb{R} \mid \det A \neq 0\}$$
と表せることがわかりました．

数平面 $\mathbb{R}^2$ 上の 1 次変換を学んだことがあるでしょうか．$A \in \mathrm{M}_2\mathbb{R}$ を用いて
$$f\begin{pmatrix} x_1 \\ x_2 \end{pmatrix} = A\begin{pmatrix} x_1 \\ x_2 \end{pmatrix} = \begin{pmatrix} a_{11} & a_{12} \\ a_{21} & a_{22} \end{pmatrix}\begin{pmatrix} x_1 \\ x_2 \end{pmatrix}$$
$$= \begin{pmatrix} a_{11}x_1 + a_{12}x_2 \\ a_{21}x_1 + a_{22}x_2 \end{pmatrix}$$
と定めることで数平面 $\mathbb{R}^2$ 上の変換 f が定義されます．この変換 f を A を**表現行列**にもつ **1 次変換**とよびます[5]．

行列を用いて数直線 $\mathbb{R}$ 上の変換を作ってみます．
$$T_A(x) = \frac{a_{11}x + a_{12}}{a_{21}x + a_{22}} \tag{1.20}$$
で定まる $\mathbb{R}$ 上の変換を A の定める **1 次分数変換**とよびます．この定義式を見ると分母が 0 になる場合や $\frac{0}{0}$ となるときはどうするのかと疑問が沸いた読者もいるかもしれません．そのような場合の取り扱いについては第 2 章で詳しく扱うことにしますので今は，とりあえず気にしないで先に進むことにします．

一方，数直線 $\mathbb{R}$ 上の 4 点 x_1, x_2, x_3, x_4 （ただし $x_2 \neq x_3, x_1 \neq x_4$）に対し
$$q(x_1, x_2, x_3, x_4) = \frac{(x_1 - x_2)(x_3 - x_4)}{(x_2 - x_3)(x_4 - x_1)} \tag{1.21}$$
と定め，この 4 点の**複比**とよびます．これも分母が 0 になる場合や $\frac{0}{0}$ となるときの考察が必要ですが，今は気にしないでおきます．複比を使うと

命題 1.13 リッカチ方程式の 4 つの解に対しその複比は不変量である．

と言い表せます．

註 1.14 (複比) 複素数に対しても複比を (1.21) あるいは

---

[5] 未習の読者は線型代数学の教科書を参照するとよいでしょう．拙著 [9, pp.38–40] にも手短な説明があります．

$$\frac{(x_1 - x_3)(x_2 - x_4)}{(x_2 - x_3)(x_1 - x_4)}, \quad x_1, x_2, x_3, x_4 \in \mathbb{C} \tag{1.22}$$

と定義する．複素数の複比は複素函数論や双曲幾何学で用いられる．複素函数論や双曲幾何学のテキストでは (1.22) を採用することが多いことを注意しておく．

四元数に対しては，積が非可換であることを考慮して

$$q(x_1, x_2, x_3, x_4) = (x_1 - x_2)(x_3 - x_4)(x_2 - x_3)^{-1}(x_4 - x_1)^{-1}$$

で定義する．四元数に対する複比は共形幾何学や可積分幾何 (差分幾何) で用いられている ([61] を参照).

ちょっと計算すると

$$T_A(x_i) - T_A(x_j) = \frac{\det A(x_i - x_j)}{(a_{21}x_i + a_{22})(a_{21}x_j + a_{22})}$$

であることが確かめられるので次の定理を証明できます．

定理 1.15 4 点の複比は正則行列の定義する 1 次分数変換で変わらない．

$$q(T_A(x_1), T_A(x_2), T_A(x_3), T_A(x_4)) = q(x_1, x_2, x_3, x_4), \quad A \in \mathrm{GL}_2\mathbb{R}.$$

微分方程式 (1.1) が平行移動による不変性を，(1.2) が拡大・縮小による不変性をもっていたようにリッカチ方程式もなにがしかの不変性をもつようです．その不変性をどのようにして説明すればよいのでしょうか．どうやらその不変性を理解するためには $\mathrm{GL}_2\mathbb{R}$ が役に立ちそうです．そこで次の章では，1 次分数変換を詳しく調べてみましょう．

参考図書

常微分方程式の解法についてまだ学んだことのない読者や，一応は学んだけれども，まだ不慣れだという読者には参考文献 [14] をすすめておきます．物理学における常微分方程式の例が丁寧に説明されています．

この本と比較しながら読む「正読本」を手元に用意しておくとよいでしょう．[13] と [14] をすすめます．拙著 [11] もどうぞ．

演習書は多くの本が出ています．ここでは [15], [16] の 2 冊を紹介しておきます．

章末問題

問題 1.16 次の形の常微分方程式を**同次形**という．
$$\dot{x} = f\left(\frac{x}{t}\right)$$
$u = x/t$ とおくと，この方程式は変数分離形
$$\frac{1}{f(u) - u}\frac{du}{dt} = \frac{1}{t}$$
に書き直せることを確かめよ．

問題 1.17 常微分方程式
$$tx(t)\dot{x}(t) = t^2 + x(t)^2$$
を解け．

問題 1.18
$$\dot{x}(t) + p(t)x(t) = q(t)x(t)^n, \ \ n \in \mathbb{R}$$
の形の常微分方程式を指数 n の**ベルヌーイ方程式**[6]とよぶ．$n = 0, n = 1$ のときは線型常微分方程式であることに注意．$n \neq 0, 1$ のとき $y(t) = x(t)^{1-n}$ とおくとベルヌーイ方程式は線型常微分方程式
$$\dot{y}(t) + (1 - n)p(t)y(t) = (1 - n)q(t)$$
に書き直せることを確かめよ．

---

[6] Jacob (Jacques) Bernoulli (1654–1705). 1696 年に解法を発表．$n > 0$ のとき $x = 0$ はベルヌーイ方程式の解です．

第2章

射影変換と複比

　リッカチ方程式を調べ始めたら，複比という量が出てきました．さらに複比は 1 次分数変換

$$T_A(x) = \frac{a_{11}x + a_{12}}{a_{21}x + a_{22}}, \quad A = (a_{ij}) \in \mathrm{M}_2\mathbb{R} \tag{2.1}$$

で変わらない量 (不変量) であることがわかりました．

　この章では，1 次分数変換について調べていきます．

2.1　無限遠点

　$T_A(x)$ の式 (2.1) で分母が 0 になるときをどう処理するのかを考えておかないといけません．そこで，形式的ですが，∞ という点を数直線 $\mathbb{R}$ に追加した集合 $\overline{\mathbb{R}} = \mathbb{R} \cup \{\infty\}$ を考えます．∞ を**無限遠点**とよびます．$x \in \mathbb{R}$ に対し，次の規約をおきましょう．

$$\infty \pm x = x \pm \infty = \infty \qquad \frac{x}{\infty} = 0,$$
$$x \neq 0 \quad \text{ならば} \quad x \cdot \infty = \infty \cdot x = \infty, \quad \frac{\infty}{x} = \frac{x}{0} = \infty.$$

T_A を $\overline{\mathbb{R}}$ 上で定義された変換と考えることができます．$A \in \mathrm{M}_2\mathbb{R}$, $x \in \overline{\mathbb{R}}$ に対し，

$$T_A(x) = \begin{cases} \dfrac{a_{11}x + a_{12}}{a_{21}x + a_{22}} & x \neq \infty,\ a_{21}x + a_{22} \neq 0 \\ \infty & x \neq \infty,\ a_{21}x + a_{22} = 0 \end{cases} \tag{2.2}$$

$$T_A(\infty) = \begin{cases} \dfrac{a_{11}}{a_{21}} & a_{11}a_{21} \neq 0 \text{ のとき} \\ 0 & a_{11} = 0,\ a_{21} \neq 0 \text{ のとき} \\ \infty & a_{11} \neq 0,\ a_{21} = 0 \text{ のとき} \end{cases} \tag{2.3}$$

と定めるのです．これですべて解決したかというと，まだ $\dfrac{0}{0}$ となる場合が残っています．そこで，いつ

$$a_{11}x + a_{12} = a_{21}x + a_{22} = 0 \tag{2.4}$$

となるのか調べてみます．(2.4) は

$$\begin{pmatrix} a_{11} & a_{12} \\ a_{21} & a_{22} \end{pmatrix} \begin{pmatrix} x \\ 1 \end{pmatrix} = \begin{pmatrix} 0 \\ 0 \end{pmatrix}$$

と書き直せます．この両辺に $\begin{pmatrix} a_{22} & -a_{12} \\ -a_{21} & a_{11} \end{pmatrix}$ を左からかけてみると

$$\begin{pmatrix} (a_{11}a_{22} - a_{12}a_{21})x \\ a_{11}a_{22} - a_{12}a_{21} \end{pmatrix} = \begin{pmatrix} 0 \\ 0 \end{pmatrix}$$

なので (2.4) が解 $x \in \mathbb{R}$ をもてば

$$\det A = a_{11}a_{22} - a_{12}a_{21} = 0.$$

逆に $\det A = 0$ と仮定します．

- $a_{11}^2 + a_{21}^2 \neq 0$ のとき：たとえば $a_{11} \neq 0$ のときは $x = -a_{12}/a_{11}$ が (2.4) の解を与えます．$a_{21} \neq 0$ のときは $x = -a_{22}/a_{21}$ と選べばよいのです．
- $a_{11} = a_{21} = 0$ のとき：

$$T_A(x) = \dfrac{a_{12}}{a_{22}}$$

と一定の値をとります．一方 (2.4) は $a_{12} = a_{22} = 0$ となります．したがって A は零行列 $O = \begin{pmatrix} 0 & 0 \\ 0 & 0 \end{pmatrix}$ です．

以上のことから，$\det A \neq 0$ のときは $\dfrac{0}{0}$ ということは起こりません．そこで以後は $\det A \neq 0$ の場合だけを考えることにしましょう．

行列の積と 1 次分数変換の合成は次の関係にあります．

命題 2.1 $A, B \in \mathrm{GL}_2\mathbb{R}$ に対し，
$$T_{AB}(x) = T_A(T_B(x)), \quad x \in \overline{\mathbb{R}}.$$

演習 2.2 この命題を確かめよ．

$\overline{\mathbb{R}}$ の点 x に自分自身を対応させることで定まる変換を I と書き**恒等変換**とよびます ($\mathrm{I}(x) = x$).

演習 2.3 $A, B \in \mathrm{GL}_2\mathbb{R}$ に対し，次のことを確かめよ．
$$T_A = \mathrm{I} \iff A = aE, \quad a \text{ は定数}.$$
$$T_A = T_B \iff B = cA, \quad c \text{ は定数}.$$
ここで E は単位行列．

註 2.4 前問で $T_A = T_B$ という等式を挙げた．これは T_A と T_B が**変換として一致する**という意味で，

> すべての点 $x \in \overline{\mathbb{R}}$ に対し，$T_A(x) = T_B(x)$ が成立する．

を略記したものである．

註 2.5 (**特殊線型群**) 行列 $A \in \mathrm{M}_2\mathbb{R}$ に定数 c をかけてみると $\det(cA) = c^2 \det A$ となることに注意しよう．そこで $c = 1/\sqrt{|\det A|}$ とおけば $T_A = T_{cA}$ で $\det(cA) = \pm 1$ となる．したがって 1 次分数変換を考えるときは，行列式が ± 1 の行列で定まるものを考えておけば充分である．行列式が 1 である 2 行 2 列の行列の全体を $\mathrm{SL}_2\mathbb{R}$ と表記する．すなわち

$$\mathrm{SL}_2\mathbb{R} = \{A \in \mathrm{M}_2\mathbb{R} \mid \det A = 1\}. \tag{2.5}$$

行列式の性質 (1.18) より

$$A, B \in \mathrm{SL}_2\mathbb{R} \implies AB \in \mathrm{SL}_2\mathbb{R}$$

が言える．したがって $\mathrm{SL}_2\mathbb{R}$ は積について閉じている．単位行列 E の行列式は 1 であるから E は $\mathrm{SL}_2\mathbb{R}$ の要素である．また，どの要素 $A \in \mathrm{SL}_2\mathbb{R}$ も逆行列 A^{-1} をもつ．さらに A^{-1} も $\mathrm{SL}_2\mathbb{R}$ の要素である．したがって $\mathrm{SL}_2\mathbb{R}$ は行列の乗法に関し群をなす．$\mathrm{SL}_2\mathbb{R}$ を 2 次の**実特殊線型群**とよぶ．

註 2.6 (群論的注意)　群 G の部分集合 $H \subset G$ が次の条件をみたすとき，H は G の**部分群**であると言い表す．
 (1)　H は G の単位元を含む．
 (2)　$a, b \in H \Longrightarrow ab \in H$．
 (3)　$a \in H \Longrightarrow a^{-1} \in H$．
これらの条件から G の演算に関して H も群であることがいえる．$\mathrm{SL}_2\mathbb{R}$ は $\mathrm{GL}_2\mathbb{R}$ の部分群である．

2.2　射影直線

形式的に作った $\overline{\mathbb{R}}$ についてもう少し考えることにします．数平面 $\mathbb{R}^2 = \{(x_1, x_2) \mid x_1, x_2 \in \mathbb{R}\}$ 内の**原点を通る直線**をすべて集めてできる集合を $\mathbb{R}P^1$ と書き**実射影直線**とよびます．ちょっとややこしく感じるかもしれませんが，$\mathbb{R}P^1$ の "点" は $\mathbb{R}^2$ 内の (原点を通る) 直線です．

$\mathbb{R}P^1$ の点 ℓ を 1 つとると，ℓ 内の方向ベクトル $\boldsymbol{x}$ を用いて

$$\ell = \{\lambda \boldsymbol{x} \mid \lambda \in \mathbb{R}\}$$

と表示できます．2 つのベクトル $\boldsymbol{x}, \boldsymbol{y}$ が同一の点 $\ell \in \mathbb{R}P^1$ を定めるための必要十分条件は $\boldsymbol{y} = \lambda \boldsymbol{x}$ と表せることです．

$\ell = \{\lambda \boldsymbol{x} \mid \lambda \in \mathbb{R}\}$ に属するベクトル $\boldsymbol{y} = (y_1, y_2)$ をどれでもよいから 1 つとってきます．このとき y_1 と y_2 の比 $y_1 : y_2$ に着目してください．ℓ に属するどんなベクトルについても，この比は共通です ($x_1 : x_2 = y_1 : y_2$ という意味)．そこで $\ell = [x_1 : x_2]$ と書き，これを ℓ の**同次座標**とよびます．いま $\ell \in \mathbb{R}P^1$ が x_2 軸とは異なっているとします．この場合，$\ell = [x_1 : x_2]$ の比の値 $x = x_2/x_1$ を計算することができます．この値 $x = x_2/x_1$ を ℓ の**非同次座標**とよびます．非同次座標は ℓ の**傾き**にほかなりません．$\mathbb{R}P^1$ の各点にその非同次座標を対応

させることで写像
$$\varphi : \mathbb{R}P^1 \setminus \{x_2 \text{軸}\} \to \mathbb{R}; \quad \varphi(\ell) = \varphi([x_1 : x_2]) = \frac{x_2}{x_1}$$
が定まります. この φ は 1 対 1 写像であり上への写像です.

では, 確かめてみましょう. まず $\ell, m \in \mathbb{R}P^1$ に対し $\varphi(\ell) = \varphi(m)$ と仮定します. $\ell = [x_1 : x_2], m = [y_1 : y_2]$ と表すと
$$\varphi(\ell) = \varphi(m) \iff x_1/x_2 = y_1/y_2.$$
これは $\ell = m$ にほかなりません. したがって φ は 1 対 1 写像です. 次に勝手に選んだ実数 $x \in \mathbb{R}$ に対し, $\varphi([x_1 : x_2]) = x$ となる (x_1, x_2) を探します. $x_1 = 1, x_2 = x$ とおけば
$$\varphi([x_1 : x_2]) = \varphi([1 : x]) = x$$
です. したがって φ は上への写像であることがわかりました.

註 2.7 (**1 対 1 写像・上への写像**) 2 つの集合 X, Y の間の写像 $f : X \to Y$ に対し

- $f(x_1) = f(x_2)$ ならば $x_1 = x_2$ が常に成立するとき, f を **1 対 1 写像** (または**単射**) とよぶ.
- どの $y \in Y$ に対しても $f(x) = y$ となる $x \in X$ が必ずみつかるとき, f を**上への写像** (または**全射**) とよぶ.

単射かつ全射である写像を**全単射**とよぶ. 全単射 $f : X \to Y$ が存在するとき X と Y は**対等**であるという.

$\mathbb{R}P^1$ を射影直線とよぶ理由を説明します. まず, 非同次座標の意味を考えてみましょう. いま $\mathbb{R}^2$ において $x_1 = 1$ で定まる直線を引いてください. 直線ですが, これがスケッチブックであると思ってください. 原点にいま読者の視点があると考えて, 直線 $x_1 = 1$ に風景をスケッチしていると想像します. 原点を通る直線 $\ell = [x_1 : x_2]$ の点は 1 点に見えます. スケッチブックに投影される点は ℓ と $x_1 = 1$ の交点です. 交点の座標は $(1, x) = \left(1, \dfrac{x_2}{x_1}\right)$ です. つまり交点の x_2 座標が ℓ の非同次座標 (傾き) なのです (図 1 を参照).

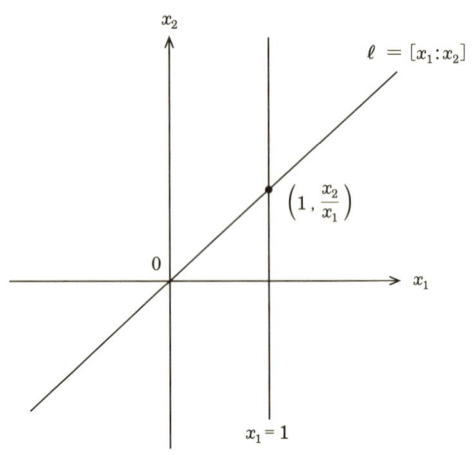

図1　非同次座標

まだ x_2 軸が残っていました．図1を見ると x_2 軸はスケッチブック ($x_2 = 1$) と平行ですから投影できっこありません．ですが原点を通る直線の傾きを限りなく大きくしていくと ($x \to \infty$ ということ)，直線は x_2 軸に近づいていきます．x_2 軸は傾きが ∞ の直線と思えそうです．そこで $\varphi(x_2 \text{軸}) = \infty$ と定めて φ を $\varphi : \mathbb{R}P^1 \to \overline{\mathbb{R}}$ に**拡張**します．この拡張した φ を介して $\mathbb{R}P^1$ と $\overline{\mathbb{R}}$ を同じものと思うことにします (**同一視**すると言い表します)．そこで今後 $\overline{\mathbb{R}}$ も射影直線とよぶことにします．1次分数変換 T_A を $\mathbb{R}P^1$ 上の変換と思い直して**射影変換**とよびます．

2.3　リッカチ方程式の対称性

さて，前の章でリッカチ方程式

$$\dot{x}(t) = \alpha(t) + 2\beta(t)x(t) + \gamma(t)x(t)^2 \tag{2.6}$$

について説明した事実を，射影直線や射影変換を用いて説明し直します．まず，この方程式の一般解は (1.13) において

$$x(t) = \frac{p(t)c + q(t)}{r(t)c + s(t)}$$

と表せることを示しました．これはよくみると $\mathrm{GL}_2\mathbb{R}$ に値をもつ函数 (曲線)

$$A(t) = \begin{pmatrix} p(t) & q(t) \\ r(t) & s(t) \end{pmatrix}$$

を用いて

$$x(t) = T_{A(t)}(c)$$

と表すことができます[1]．

定理 2.8 $\mathrm{GL}_2\mathbb{R}$ に値をもつ函数 $A(t)$ と定数 c を用いて函数 $x(t)$ を $x(t) = T_{A(t)}c$ で定義すると $x(t)$ はリッカチ方程式をみたす．

証明 $A(t)$ を

$$A(t) = \begin{pmatrix} p(t) & q(t) \\ r(t) & s(t) \end{pmatrix}$$

と表す．$x(t) = T_{A(t)}c$ を c について解くと

$$c = \frac{q(t) - s(t)x(t)}{r(t)x(t) - p(t)}.$$

この両辺を t で微分すると $x(t)$ が

$$\dot{x}(t) = \alpha(t) + 2\beta(t)x(t) + \gamma(t)x(t)^2,$$

$$\alpha(t) = \frac{p(t)\dot{q}(t) - \dot{p}(t)q(t)}{\det A(t)},$$

$$\beta(t) = \frac{s(t)\dot{p}(t) - \dot{s}(t)p(t) + q(t)\dot{r}(t) - \dot{q}(t)r(t)}{2\det A(t)},$$

$$\gamma(t) = \frac{r(t)\dot{s}(t) - \dot{r}(t)s(t)}{\det A(t)}$$

をみたすことが導ける． ■

正則行列 B に対し $T_B T_{A(t)} = T_{BA(t)}$ が成立していますから，次の定理が得られます．

---

[1] $x(0) = c$ をみたすリッカチ方程式の解が $x(t) = T_{A(t)}c$ と表されることが，リッカチ方程式の特徴です．第 11 章で詳しく調べます．

定理 2.9 リッカチ方程式の解 $x(t)$ に対し，その射影変換 $T_B(x(t))$, $B \in \mathrm{GL}_2\mathbb{R}$ も (一般には別の) リッカチ方程式の解である．

どうやら，リッカチ方程式は数直線 $\mathbb{R}$ というよりも，むしろ射影直線に値をもつ未知関数のみたす微分方程式と考えるのがよさそうです．そこで $x(t)$ を非同次座標と考え直してみます．つまりリッカチ方程式の未知関数 $x(t)$ を $x(t) = g(t)/f(t)$ と表します (同次座標で書けば $[1 : x(t)] = [f(t) : g(t)]$ ということです)．変数変換 $x(t) = g(t)/f(t)$ は**有理形変換**とよばれていますが，この変数変換の幾何学的な意味は未知関数の斉次座標を1つ指定することです．

$x(t) = g(t)/f(t)$ をリッカチ方程式 (2.6) に代入すると

$$\dot{g}(t)f(t) - g(t)\dot{f}(t) = \alpha f(t)^2 + 2\beta g(t)f(t) + \gamma g(t)^2 \qquad (2.7)$$

の形になります．この方程式は**ゲージ変換**

$$f(t) \longmapsto f(t)h(t), \quad g(t) \longmapsto g(t)h(t)$$

とよばれる操作を施しても変わりません (ゲージ変換で**不変**)．ゲージ変換とは**未知関数の斉次座標変換**のことです．実際，斉次座標を

$$[f(t) : g(t)] = [\tilde{f}(t) : \tilde{g}(t)]$$

と取り替えてみると，(定義から) $\tilde{f}(t) = f(t)h(t)$, $\tilde{g}(t) = g(t)h(t)$ となる函数 $h(t)$ が存在します．つまり

$$[f(t) : g(t)] = [f(t)h(t) : g(t)h(t)]$$

これはゲージ変換そのものです．非斉次座標でみれば

$$\frac{g(t)h(t)}{f(t)h(t)} = \frac{g(t)}{f(t)} = x(t)$$

です．(2.7) を

$$(\dot{g}(t) - \alpha(t)f(t) - \beta(t)g(t))\, f(t)$$
$$= g(t)\left(\dot{f}(t) + \beta(t)f(t) + \gamma(t)g(t)\right)$$

と書き直します．ここで補助的な函数 $H(t)$ を次の要領で導入します．

$$\dot{f}(t) + \beta(t)f(t) + \gamma(t)g(t) = H(t)f(t),$$
$$\dot{g}(t) - \alpha(t)f(t) - \beta(t)g(t) = H(t)g(t).$$

2.3 リッカチ方程式の対称性

そこで $h(t) = \exp\left\{-\int H(t) \mathrm{d}t\right\}$ と選びます．すると h によるゲージ変換を施した結果は

$$\dot{\tilde{f}}(t) + \beta(t)\tilde{f}(t) + \gamma(t)\tilde{g}(t) = 0,$$
$$\dot{\tilde{g}}(t) - \alpha(t)\tilde{f}(t) - \beta(t)\tilde{g}(t) = 0$$

となります．ゲージ変換により簡単な形の方程式に直せたことに注意してください．

リッカチ方程式が**定数係数**，すなわち，α, β, γ が定数の場合を考えます．さらに $\gamma \neq 0$, $\beta^2 - \alpha\gamma \neq 0$ をみたすとします．$x(t) = g(t)/f(t)$ と表します．ゲージ変換を施すことで $f(t), g(t)$ は

$$\dot{f}(t) + \beta f(t) + \gamma g(t) = 0, \quad \dot{g}(t) - \alpha f(t) - \beta g(t) = 0 \qquad (2.8)$$

をみたすものが選べます．ここで

$$\begin{aligned}\ddot{g}(t) &= \beta \dot{g}(t) + \alpha \dot{f}(t) \\ &= \beta(\beta g(t) + \alpha f(t)) + \alpha(-\gamma g(t) - \beta f(t)) \\ &= (\beta^2 - \alpha\gamma)g(t).\end{aligned}$$

同様に $\ddot{f}(t) = (\beta^2 - \alpha\gamma)f(t)$ が得られます．

ここで次の定理を準備します．

定理 2.10 常微分方程式 $\ddot{x}(t) = \lambda x(t)$ (λ は 0 でない定数) の一般解は

- $\lambda = \mu^2 > 0$ のとき，
$$x(t) = c_1 e^{\mu t} + c_2 e^{-\mu t},$$

- $\lambda = -\mu^2 < 0$ のとき，
$$x(t) = c_1 \cos(\mu t) + c_2 \sin(\mu t)$$

で与えられる (c_1, c_2 は定数)．

証明 $\lambda = \mu^2 > 0$ のときだけを示しておく．$\lambda < 0$ の場合の検証は読者の演習問題としよう．$A e^{\mu t}$ (A は定数) はこの常微分方程式の解を与えることに気づ

く．そこで定数変化法を用いる．定数 A を関数 $a(t)$ で置き換えた関数 $x(t) = a(t)e^{\mu t}$ を $\ddot{x}(t) = \mu^2 x(t)$ に代入すると

$$\ddot{a}(t) = -2\mu \dot{a}(t)$$

となる．これは $\dot{a}(t)$ に関する変数分離形なのですぐに

$$\dot{a}(t) = Ce^{-2\mu t}$$

が得られる (C は定数)．ここからただちに

$$a(t) = c_2 e^{-\mu t} + c_1$$

を得る ($c_2 = -C/(2\mu)$ とおいた)．したがって

$$x(t) = a(t)e^{\mu t} = c_1 e^{\mu t} + c_2 e^{-\mu t}.$$

演習 2.11 $\lambda = -\mu^2 < 0$ の場合を確かめよ．

オイラーの公式

$$e^{it} = \cos t + i \sin t, \quad (i \text{ は虚数単位})$$

をご存知でしたら，この定理を次のように書き直せます．

系 2.12 常微分方程式 $\ddot{x}(t) = \lambda x(t)$ (λ は 0 でない定数) の一般解は

$$x(t) = c_1 e^{\omega t} + c_2 e^{-\omega t}, \quad \omega = \sqrt{\lambda}$$

で与えられる．ただし $\lambda < 0$ のとき c_2 は c_1 の**共軛複素数** ($c_2 = \overline{c_1}$) である．

この系より

$$f(t) = c_1 e^{\omega t} + c_2 e^{-\omega t}, \quad g(t) = c_3 e^{\omega t} + c_4 e^{-\omega t}, \quad \omega = \sqrt{\beta^2 - \alpha\gamma}$$

と表せます．これらを (2.8) に代入すると

$$c_3 = \kappa_- c_1, \quad c_4 = \kappa_+ c_2, \quad \kappa_\pm = \frac{-\beta \pm \omega}{\gamma}$$

が得られます．以上のことから次の結果が証明されます[2]：

---

[2] $c_1/c_2 = e^{-2\omega t_0}$ とおきます．

2.3 リッカチ方程式の対称性

定理 2.13 定数係数のリッカチ方程式 (ただし $\gamma \neq 0$, $\beta^2 - \alpha\gamma \neq 0$) の解は
$$x(t) = \frac{\kappa_+ + \kappa_- Ce^{2\omega t}}{1 + Ce^{2\omega t}}, \quad C \in \mathbb{R}$$
で与えられる.

註 2.14 定数係数のリッカチ方程式で,
$$\alpha = 0, \quad \beta = \frac{\mu}{2}, \quad \gamma = -\frac{\mu}{\lambda}$$
であるもの, つまり, $\dot{x}(t) = \mu\lambda^{-1}(\lambda - x(t))x(t)$ は**ロジスティック方程式**とよばれている. □

定数係数のリッカチ方程式を解く際に求めた f と g のみたす連立常微分方程式は, 行列を用いて
$$\frac{\mathrm{d}}{\mathrm{d}t}\begin{pmatrix} g \\ f \end{pmatrix} = \begin{pmatrix} \beta & \alpha \\ -\gamma & -\beta \end{pmatrix}\begin{pmatrix} g \\ f \end{pmatrix}$$
と書き直すことができます. 連立方程式のままで解く方法があればいろいろと便利なように思えます.

そこで次の章では, 行列 $A = (a_{ij}) \in \mathrm{M}_2\mathbb{R}$ に対して定まる一階常微分方程式
$$\frac{\mathrm{d}}{\mathrm{d}t}\begin{pmatrix} x_1 \\ x_2 \end{pmatrix} = \begin{pmatrix} a_{11} & a_{12} \\ a_{21} & a_{22} \end{pmatrix}\begin{pmatrix} x_1 \\ x_2 \end{pmatrix}$$
の取り扱いを調べることにしましょう.

参考図書

ゲージ変換については, 参考文献 [62] を参照してください. 次の2文献も参考にするとよいでしょう.

広田良吾,「差分方程式の形」,『数学セミナー』, 2000 年 9 月号, 38–41.

広田良吾,「微分方程式の"理想的"差分化」, 京都大学数理解析研究所講究録 1221 (2001), 155–165.

射影幾何と微分方程式については

井ノ口順一,「離散射影微分幾何学はやわかり」, 京都大学数理解析研究所講究録 1221 (2001), 112–124.

佐々木武, *Line congruence and transformation of projective surfaces*, Kyushu J. Math. 60 (2006), no. 1, 101–243.

を見てください.

第 3 章

行列の指数函数

定数係数のリッカチ方程式の解法を調べていたら行列 $A = (a_{ij}) \in M_2\mathbb{R}$ に対して定まる一階常微分方程式

$$\frac{\mathrm{d}}{\mathrm{d}t}\boldsymbol{x}(t) = A\,\boldsymbol{x}(t), \quad \boldsymbol{x}(t) = \begin{pmatrix} x_1(t) \\ x_2(t) \end{pmatrix}, \; A = \begin{pmatrix} a_{11} & a_{12} \\ a_{21} & a_{22} \end{pmatrix} \tag{3.1}$$

が登場しました.そこで,この連立常微分方程式の取り扱いを調べましょう.この章の目標は,指定された初期値 $\boldsymbol{x}(0) = \boldsymbol{x}_0$ をもつ (3.1) の解を求めることです.

3.1 ベクトル値函数

ある区間 I で定義された函数 $x_1(t), x_2(t)$ を並べてできるベクトル

$$\boldsymbol{x}(t) = \begin{pmatrix} x_1(t) \\ x_2(t) \end{pmatrix}$$

を区間 I で定義された**ベクトル値函数**とよびます.以下,スペースの節約のためベクトル値函数 $\boldsymbol{x}(t)$ を

$$\boldsymbol{x}(t) = (x_1(t), x_2(t))$$

と横に書いて表すことにします.ベクトル値函数 $\boldsymbol{x} : I \to \mathbb{R}^2$ と $a \in I$ に対し極限 $\lim_{t \to a} \boldsymbol{x}(t)$ を

$$\lim_{t \to a} \boldsymbol{x}(t) = \left(\lim_{t \to a} x_1(t), \lim_{t \to a} x_2(t) \right)$$

で定めます．同様に

$$\lim_{t \to \pm\infty} \boldsymbol{x}(t) = \left(\lim_{t \to \pm\infty} x_1(t), \lim_{t \to \pm\infty} x_2(t) \right)$$

で定めます．

点 $a \in I$ において $x_1(t)$ と $x_2(t)$ の両方が微分可能であるとき，$\boldsymbol{x}(t)$ は $t = a$ で**微分可能**であると定めます．このとき

$$\dot{\boldsymbol{x}}(a) = (\dot{x}_1(a), \dot{x}_2(a)) = \frac{\mathrm{d}\boldsymbol{x}}{\mathrm{d}t}(a)$$

と表記し $\boldsymbol{x}$ の $t = a$ における微分係数とよびます．I のすべての点で $\boldsymbol{x}$ が微分可能なとき，新たなベクトル値函数

$$t \longmapsto \dot{\boldsymbol{x}}(t)$$

が定まります．これを $\boldsymbol{x}$ の**導函数**とよび

$$\dot{\boldsymbol{x}}(t) = \frac{\mathrm{d}\boldsymbol{x}}{\mathrm{d}t}(t)$$

と表します．

要するに成分ごとに極限や微分演算を考えればよいのです．ベクトル値函数に対して 2 階微分可能性や 2 階導函数 $\ddot{\boldsymbol{x}}(t)$ をどう定義するかはもうおわかりですね．高階の微分可能性・高階導函数，連続微分可能性など，すべて成分ごとに考えてやります．

[記法]　この本で使うベクトルに関する記法を挙げておく．

- ベクトル $\boldsymbol{x} = (x_1, x_2),\ \boldsymbol{y} = (y_1, y_2) \in \mathbb{R}^2$ に対し

$$(\boldsymbol{x} \mid \boldsymbol{y}) = x_1 y_1 + x_2 y_2$$

と定め $\boldsymbol{x}$ と $\boldsymbol{y}$ の**内積**とよぶ．

- ベクトル $\boldsymbol{x} = (x_1, x_2)$ に対し

$$\|\boldsymbol{x}\| = \sqrt{(\boldsymbol{x} \mid \boldsymbol{x})} = \sqrt{x_1^2 + x_2^2}$$

を $\boldsymbol{x}$ の**長さ**という．

- 2 点 $\boldsymbol{p} = (p_1, p_2),\ \boldsymbol{q} = (q_1, q_2) \in \mathbb{R}^2$ に対し

$$\mathrm{d}(\boldsymbol{p}, \boldsymbol{q}) = \sqrt{(p_1 - q_1)^2 + (p_2 - q_2)^2} \tag{3.2}$$

を 2 点 $\boldsymbol{p}, \boldsymbol{q}$ 間の**距離**とよぶ.

演習 3.1 $\boldsymbol{x}(t), \boldsymbol{y}(t)$ は I 上の微分可能なベクトル値関数とする. 以下を確かめよ (c は定数とする).

(1) $(\boldsymbol{x}(t) + \boldsymbol{y}(t))\dot{} = \dot{\boldsymbol{x}}(t) + \dot{\boldsymbol{y}}(t),$

(2) $(c\boldsymbol{x}(t))\dot{} = c\dot{\boldsymbol{x}}(t),$

(3) $(\boldsymbol{x}(t)|\boldsymbol{y}(t))\dot{} = (\dot{\boldsymbol{x}}(t)|\boldsymbol{y}(t)) + (\boldsymbol{x}(t)|\dot{\boldsymbol{y}}(t)).$

数平面 $\mathbb{R}^2$ の点の列 $\{\boldsymbol{p}_n\}$ (**点列**とよびます)

$$\boldsymbol{p}_n = ((p_1)_n, (p_2)_n), \quad n = 1, 2, \cdots$$

に対し, 数列 $\{(p_1)_n\}$ と $\{(p_2)_n\}$ の両方が収束するとき $\{\boldsymbol{p}_n\}$ は**収束する**と定めます. 点列 $\{\boldsymbol{p}_n\}$ と $\boldsymbol{p} = (p_1, p_2)$ に対し $(p_1)_n \to p_1 \,(n \to \infty), \, (p_2)_n \to p_2 \,(n \to \infty)$ であるとき

$$\lim_{n \to \infty} \boldsymbol{p}_n = \boldsymbol{p}$$

と表します.

演習 3.2 点列 $\{\boldsymbol{p}_n\}$ が $\boldsymbol{p}$ に収束するための必要十分条件は

$$\lim_{n \to 0} \mathrm{d}(\boldsymbol{p}_n, \boldsymbol{p}) = 0$$

であることを確かめよ.

3.2 行列値関数の微分

続いて関数を並べた行列を考えます.

ある区間 I で定義された関数 $x_{11}(t), x_{12}(t), x_{21}(t), x_{22}(t)$ を並べてできる行列 $X = (x_{ij}(t))$ を区間 I で定義された**行列値関数**とよびます. 点 $a \in I$ に対し, 行列値関数 $X(t)$ の極限 $\lim_{t \to a} X(t)$ を, 成分ごとの極限で定めます. つまり,

$$\lim_{t \to a} X(t) = \begin{pmatrix} \lim_{t \to a} x_{11}(t) & \lim_{t \to a} x_{12}(t) \\ \lim_{t \to a} x_{21}(t) & \lim_{t \to a} x_{22}(t) \end{pmatrix}$$

と定義します．同様に $\lim_{t\to\pm\infty} X(t)$ も，成分ごとに極限をとることで定めます．極限が定められたので，行列値函数の連続性や微分可能性が定義できます．行列値函数 $X = (x_{ij}(t))$ が

$$\lim_{t\to a} X(t) = X(a)$$

をみたすとき，X は $t = a$ で**連続**であると定めます．区間 I のすべての点で連続であるとき X は I 上で連続であるといいます．

微分可能性は次のように定めます．$X = X(t)$ に対し，その成分 $x_{ij}(t)$ がすべて区間 I 上で微分可能であるとき X は I 上で**微分可能である**といいます．微分可能な行列値函数 $X(t)$ の導関数は

$$\dot{X}(t) = \frac{\mathrm{d}}{\mathrm{d}t} X(t) = \begin{pmatrix} \dot{x}_{11}(t) & \dot{x}_{12}(t) \\ \dot{x}_{21}(t) & \dot{x}_{22}(t) \end{pmatrix}$$

で定めます．

行列の無限列 $X_1, X_2, \cdots, X_n, \cdots$ を $\{X_n\}$ と書きましょう．やはりすべての成分が収束するとき $\{X_n\}$ は収束すると定めます．つまり

$$X_n = \begin{pmatrix} (x_{11})_n & (x_{12})_n \\ (x_{21})_n & (x_{22})_n \end{pmatrix}$$

と表したときに，4つの数列

$$\{(x_{11})_n\}, \quad \{(x_{12})_n\}, \quad \{(x_{21})_n\}, \quad \{(x_{22})_n\},$$

がすべて収束するとき $\{X_n\}$ は収束すると定めるのです．

$\{X_n\}$ の極限値は定義から

$$\lim_{n\to\infty} X_n = \begin{pmatrix} \lim_{n\to\infty}(x_{11})_n & \lim_{n\to\infty}(x_{12})_n \\ \lim_{n\to\infty}(x_{21})_n & \lim_{n\to\infty}(x_{22})_n \end{pmatrix}$$

です．

演習 3.3 2つの微分可能な行列値函数 $A, B : I \to \mathrm{M}_2\mathbb{R}$ に対し以下を確かめよ (c は定数とする)．
 (1) $(A(t) + B(t))^{\cdot} = \dot{A}(t) + \dot{B}(t)$,
 (2) $(cA(t))^{\cdot} = c\dot{A}(t)$,

(3) $(A(t)B(t))^{\cdot} = \dot{A}(t)B(t) + A(t)\dot{B}(t).$

$A(t)$ が正則で微分可能なとき，$A(t)^{-1}$ も微分可能です．実際，$E = A(t)A(t)^{-1}$ の両辺を微分すると

$$O = (A(t)A(t)^{-1})^{\cdot} = \dot{A}(t)A(t)^{-1} + A(t)(A(t)^{-1})^{\cdot}$$

ですから $A(t)(A(t)^{-1})^{\cdot} = -\dot{A}(t)A(t)^{-1}$．これの両辺に左から $A(t)^{-1}$ をかけてやれば**公式**：

$$(A(t)^{-1})^{\cdot} = -A(t)^{-1}\dot{A}(t)A(t)^{-1}$$

が得られます．

演習 3.4 区間 I で定義された微分可能なベクトル値函数 $\boldsymbol{x}(t)$ と行列値函数 $A(t)$ に対し $A(t)\boldsymbol{x}(t)$ も微分可能で，その導函数は

$$(A(t)\boldsymbol{x}(t))^{\cdot} = \dot{A}(t)\boldsymbol{x}(t) + A(t)\dot{\boldsymbol{x}}(t)$$

で与えられることを確かめよ．

3.3 テイラー展開

常微分方程式 (3.1)

$$\frac{\mathrm{d}}{\mathrm{d}t}\boldsymbol{x}(t) = A\,\boldsymbol{x}(t), \quad \boldsymbol{x}(t) = \begin{pmatrix} x_1(t) \\ x_2(t) \end{pmatrix},\ A = \begin{pmatrix} a_{11} & a_{12} \\ a_{21} & a_{22} \end{pmatrix}$$

の解 $\boldsymbol{x}(t) = (x_1(t), x_2(t))$ を求めましょう．x_1, x_2 の n 階導函数を

$$x_1^{(n)}(t) = \frac{\mathrm{d}^n x_1}{\mathrm{d}t^n}(t), \quad x_2^{(n)}(t) = \frac{\mathrm{d}^n x_2}{\mathrm{d}t^n}(t),$$

で表します．

ここで，x_1, x_2 の両方が**無限級数展開できる**と仮定します．無限級数展開 (テイラー級数展開) について未習の読者は付録 A をまず読んでから，次の説明に進んでください．

$x_1(t), x_2(t)$ の $t = 0$ におけるテイラー展開を

$$x_1(t) = \sum_{n=0}^{\infty} \frac{1}{n!} x_1^{(n)}(0) t^n, \quad x_2(t) = \sum_{n=0}^{\infty} \frac{1}{n!} x_2^{(n)}(0) t^n$$

と表します．これらをまとめてベクトルで表記すると

$$\boldsymbol{x}(t) = \left(\sum_{n=0}^{\infty} \frac{1}{n!} x_1^{(n)}(0) t^n, \sum_{n=0}^{\infty} \frac{1}{n!} x_2^{(n)}(0) t^n \right)$$
$$= \sum_{n=0}^{\infty} \frac{t^n}{n!} (x_1^{(n)}(0), x_2^{(n)}(0)) = \sum_{n=0}^{\infty} \frac{t^n}{n!} \boldsymbol{x}^{(n)}(0)$$

となります．ここで

$$\boldsymbol{x}^{(n)}(0) = \frac{\mathrm{d}^n \boldsymbol{x}}{\mathrm{d} t^n}(0)$$

です．微分方程式 (3.1) $\dot{\boldsymbol{x}}(t) = A\,\boldsymbol{x}(t)$ において，A は t に依存していませんので

$$\ddot{\boldsymbol{x}}(t) = \dot{A}\boldsymbol{x}(t) + A\dot{\boldsymbol{x}}(t) = A(A\boldsymbol{x}(t)) = A^2 \boldsymbol{x}(t)$$

となります．

微分をくりかえせば

$$\frac{\mathrm{d}^n}{\mathrm{d} t^n} \boldsymbol{x}(t) = A^n\,\boldsymbol{x}(t), \quad n = 0, 1, 2, \cdots$$

がわかります．したがってテイラー級数展開は

$$\boldsymbol{x}(t) = \boldsymbol{x}(0) + tA\boldsymbol{x}(0) + \frac{t^2}{2!} A^2 \boldsymbol{x}(0) + \cdots + \frac{t^n}{n!} A^n \boldsymbol{x}(0) + \cdots$$

となり，この結果は

$$\boldsymbol{x}(t) = \left(\sum_{n=0}^{\infty} \frac{t^n}{n!} A^n \right) \boldsymbol{x}(0)$$

とまとめられます．これをみると指数関数の無限級数展開

$$e^t = \sum_{n=0}^{\infty} \frac{t^n}{n!} \tag{3.3}$$

を思い出せるはずです．そこで $X = (x_{ij}) \in \mathrm{M}_2 \mathbb{R}$ に対して**行列の無限級数**

$$\sum_{n=0}^{\infty} \frac{1}{n!} X^n = \lim_{n \to \infty} \sum_{k=0}^{n} \frac{1}{n!} X^n \tag{3.4}$$

を考えてみます．

3.4 ノルム

無限級数 (3.4) が収束するかどうかを調べるために少々の準備をします．

定義 3.5 $X = (x_{ij}) \in \mathrm{M}_2\mathbb{R}$ に対し
$$\|X\| = \sqrt{x_{11}^2 + x_{12}^2 + x_{21}^2 + x_{22}^2}$$
と定め X の**ノルム**とよぶ．

演習 3.6 以下を確かめよ．
(1) $\|X\| = 0 \iff X = O$,
(2) 定数 c に対し，$\|cX\| = |c|\,\|X\|$,
(3) $\|X + Y\| \leqq \|X\| + \|Y\|$,
(4) $\|XY\| \leqq \|X\|\,\|Y\|$.

行列 $X = (x_{ij}) \in \mathrm{M}_2\mathbb{R}$ に対し $\operatorname{tr} X = x_{11} + x_{22}$ と定め X の**固有和**とよびます．固有和を使うと
$$\|X\| = \sqrt{\operatorname{tr}({}^t\!X X)} \tag{3.5}$$
と表せます．ここで ${}^t\!X$ は X の**転置行列**というもので
$$
{}^t\!X = \begin{pmatrix} x_{11} & x_{21} \\ x_{12} & x_{22} \end{pmatrix}
$$
で定義されます．

演習 3.7 $X = (x_{ij}), Y = (y_{ij}) \in \mathrm{M}_2\mathbb{R}$ に対し $\operatorname{tr}(XY) = \operatorname{tr}(YX)$ が成立することを確かめよ．

ノルムを用いると行列の列の極限や行列値函数の極限が次のように表せます．

命題 3.8 ● 行列の列 $\{X_n\} \subset \mathrm{M}_2\mathbb{R}$ と $X \in \mathrm{M}_2\mathbb{R}$ に対し
$$\lim_{n \to \infty} X_n = X \iff \lim_{n \to \infty} \|X_n - X\| = 0.$$

- 区間 I 上で定義された行列値函数 $A(t)$, 区間 I の点 a と $B \in \mathrm{M}_2\mathbb{R}$ に対し

$$\lim_{t \to a} A(t) = B \iff \lim_{t \to a} \|A(t) - B\| = 0.$$

定理 3.9 行列の列 $\{X_n\}$ に対し無限級数 $\sum_{n=0}^{\infty} \|X_n\|$ が収束すれば $\sum_{n=0}^{\infty} X_n$ も収束する．このとき $\sum_{n=0}^{\infty} X_n$ は**絶対収束**する (または**ノルム収束**する) という．

この定理の証明は最初はとばして先に進んでも構いません．(3.5 節で行います)．

定理 3.10 どんな $X \in \mathrm{M}_2\mathbb{R}$ についても無限級数 $\sum_{n=0}^{\infty} \frac{1}{n!} X^n$ は絶対収束する．

証明

$$\lim_{n \to \infty} \sum_{k=0}^{n} \frac{\|X\|^k}{k!} = e^{\|X\|}$$

だから $\sum_{n=0}^{\infty} \left\| \frac{1}{n!} X^n \right\|$ は収束する．したがって定理 3.9 より $\sum_{n=0}^{\infty} \frac{1}{n!} X^n$ は絶対収束する． ∎

無限級数 $\sum_{n=0}^{\infty} \frac{1}{n!} X^n$ を e^X (または $\exp X$) と書くことにします．X に e^X を対応させることできまる写像

$$\exp : \mathrm{M}_2\mathbb{R} \to \mathrm{M}_2\mathbb{R}; \quad X \longmapsto \exp X = \sum_{n=0}^{\infty} \frac{1}{n!} X^n \qquad (3.6)$$

を行列の**指数函数**とよびます．

行列の指数函数を用いて (3.1) の解は $\boldsymbol{x}(t) = e^{tA}\boldsymbol{x}(0)$ と表せそうです．そこで $\boldsymbol{x}(t) = e^{tA}\boldsymbol{x}(0)$ が (3.1) をみたすかどうか確認します．$A = (a_{ij})$ に対し A^n の (i,j) 成分を $a_{ij}^{(n)}$ と書くことにします．すると e^{tA} の (i,j) 成分 $f_{ij}(t)$ は

$$f_{ij}(t) = \sum_{n=0}^{\infty} \frac{a_{ij}^{(n)}}{n!} t^n$$

で与えられます．$f_{ij}(t)$ を t で微分しましょう[1]．

$$\frac{d}{dt}f_{ij}(t) = \frac{d}{dt}\sum_{n=0}^{\infty}\frac{a_{ij}^{(n)}}{n!}t^n = \sum_{n=0}^{\infty}\frac{d}{dt}\left(\frac{a_{ij}^{(n)}}{n!}t^n\right) = \sum_{n=1}^{\infty}\frac{a_{ij}^{(n)}}{(n-1)!}t^{n-1}.$$

ここで $A^n = AA^{n-1}$ なので

$$a_{ij}^{(n)} = \sum_{k=1}^{2} a_{ik}a_{kj}^{(n-1)}$$

です．これを利用すると

$$\frac{d}{dt}f_{ij} = \sum_{n=1}^{\infty}\sum_{k=1}^{2} a_{ik}\frac{a_{kj}^{(n-1)}}{(n-1)!}t^{n-1} = \sum_{k=1}^{2} a_{ik}f_{kj}(t).$$

これは

$$\frac{d}{dt}e^{tA} = A\,e^{tA}$$

にほかなりません．同様に $A^n = A^{n-1}A$ を使って $\frac{d}{dt}e^{tA} = e^{tA}\,A$ も確かめられます．

定理 3.11 $A \in \mathrm{M}_2\mathbb{R}$ とする．行列値函数 $t \longmapsto e^{tA}$ はすべての実数 t に対し微分可能で

$$\frac{d}{dt}e^{tA} = A\,e^{tA} = e^{tA}\,A$$

をみたす．

いま証明した定理を用いて，この章の目標である次の結果が示せます．

定理 3.12 $\boldsymbol{x}_0 \in \mathbb{R}^2$ とする．常微分方程式 (3.1) の解で初期条件 $\boldsymbol{x}(0) = \boldsymbol{x}_0$ をみたす解は $\boldsymbol{x}(t) = e^{tA}\boldsymbol{x}_0$ で与えられ，しかもこれのみである．

証明 $\boldsymbol{x}(t) = e^{tA}\boldsymbol{x}_0$ を微分すると

$$\frac{d}{dt}\boldsymbol{x}(t) = \frac{d}{dt}(e^{tA}\boldsymbol{x}_0) = Ae^{tA}\boldsymbol{x}_0 = A\boldsymbol{x}(t)$$

だから，たしかに (3.1) の解で初期条件 $\boldsymbol{x}(0) = \boldsymbol{x}_0$ をみたしている．

---

[1] 項別微分を行います．項別微分について未習の読者は付録 A の定理 A.21 を見てください．

同じ初期条件をみたす別の解 $y(t)$ があると仮定する．いま $z(t) = e^{-tA}y(t)$ とおくと

$$\dot{z}(t) = (e^{-tA})\dot{}\,y(t) + (e^{-tA})\dot{y}(t)$$
$$= e^{-tA}(-A)y(t) + e^{-tA}Ay(t) = \mathbf{0}.$$

したがって $z(t)$ は t に依存していない一定のベクトル．初期条件から $z(0) = y(0) = x_0$ なので $e^{-tA}y(t) = x_0$，すなわち $y(t) = x(t)$．∎

3.5　基本列*

この節では定理 3.9 の証明を行います．まず次の定義から始めます．

定義 3.13　数列 $\{a_n\} \subset \mathbb{R}$ が

$$\lim_{n,m \to \infty} |a_m - a_n| = 0$$

をみたすとき**基本列** (または**コーシー列**) とよぶ．

収束する数列 $\{a_n\}$ は基本列です．実際，極限値を a とすれば

$$|a_m - a_n| = |a_m - a + a - a_n| \leqq |a_m - a| + |a_n - a|$$

より $\lim_{n,m \to \infty} |a_m - a_n| = 0$．逆に次が成立します (証明は微分積分学の教科書[2])を見てください)．

定理 3.14 (**実数の完備性**)　基本列は収束する．

数直線 $\mathbb{R}$ 上の 2 点 p, q の間の距離 $\mathrm{d}(p,q)$ は

$$\mathrm{d}(p,q) = |p - q| = \sqrt{(p-q)^2}$$

と計算できます．数平面 $\mathbb{R}^2$ の 2 点 $\boldsymbol{p} = (p_1, p_2)$, $\boldsymbol{q} = (q_1, q_2)$ の間の距離 $\mathrm{d}(\boldsymbol{p}, \boldsymbol{q})$ は三平方の定理から

[2)] たとえば [4, p. 26, 定理 3.6], [5, 1 巻, p. 76, 定理 6].

$$\mathrm{d}(\boldsymbol{p},\boldsymbol{q}) = \sqrt{(p_1-q_1)^2+(p_2-q_2)^2}$$

で与えられます. 数空間 $\mathbb{R}^3$ の 2 点 $\boldsymbol{p}=(p_1,p_2,p_3)$, $\boldsymbol{q}=(q_1,q_2,q_3)$ の間の距離 $\mathrm{d}(\boldsymbol{p},\boldsymbol{q})$ も, やはり三平方の定理から

$$\mathrm{d}(\boldsymbol{p},\boldsymbol{q}) = \sqrt{(p_1-q_1)^2+(p_2-q_2)^2+(p_3-q_3)^2}$$

で与えられます. $\mathbb{R}^2$, $\mathbb{R}^3$ にならって, 実数を 4 個並べてできる組の集合

$$\mathbb{R}^4 = \{\boldsymbol{x}=(x_1,x_2,x_3,x_4) \mid x_1,x_2,x_3,x_4 \in \mathbb{R}\}$$

を用意します. $\mathbb{R}^4$ を 4 **次元数空間**とよびます. 三平方の定理を参考にして, $\boldsymbol{p}=(p_1,p_2,p_3,p_4)$, $\boldsymbol{q}=(q_1,q_2,q_3,q_4) \in \mathbb{R}^4$ に対し

$$\mathrm{d}(\boldsymbol{p},\boldsymbol{q}) = \sqrt{\sum_{i=1}^{4}(p_i-q_i)^2}$$

と定めます. $\mathrm{d}(\boldsymbol{p},\boldsymbol{q})$ を 2 点 $\boldsymbol{p}$, $\boldsymbol{q}$ 間の**距離** (distance) とよびます. 2 点の組 $(\boldsymbol{p},\boldsymbol{q})$ にその間の距離 $\mathrm{d}(\boldsymbol{p},\boldsymbol{q})$ を対応させることで定まる 2 変数の函数 d は次の性質をもちます (証明は, 位相空間論のテキストを見てください. 拙著 [9, p. 11] にもあります).

命題 3.15 (i) $\mathrm{d}(\boldsymbol{p},\boldsymbol{q}) \geqq 0$, とくに $\mathrm{d}(\boldsymbol{p},\boldsymbol{q}) = 0 \Leftrightarrow \boldsymbol{p}=\boldsymbol{q}$,
(ii) $\mathrm{d}(\boldsymbol{p},\boldsymbol{q}) = \mathrm{d}(\boldsymbol{q},\boldsymbol{p})$,
(iii) (三角不等式) $\mathrm{d}(\boldsymbol{p},\boldsymbol{r}) \leqq \mathrm{d}(\boldsymbol{p},\boldsymbol{q}) + \mathrm{d}(\boldsymbol{q},\boldsymbol{r})$.

註 3.16 (**数空間**) より一般に N 個の実数の組をすべて集めてできる集合

$$\mathbb{R}^N = \{\boldsymbol{x}=(x_1,x_2,\cdots,x_N) \mid x_1,x_2,\cdots,x_N \in \mathbb{R}\}$$

の 2 点 $\boldsymbol{p}$, $\boldsymbol{q}$ の距離を

$$\mathrm{d}(\boldsymbol{p},\boldsymbol{q}) = \sqrt{\sum_{i=1}^{N}(p_i-q_i)^2}$$

で定める. この d も命題 3.15 に挙げた性質 (i), (ii), (iii) をみたす. この $\mathbb{R}^N$ を N **次元数空間**とよぶ.

さて, N 次元数空間 $\mathbb{R}^N$ における点の列 (**点列**) を考えます.

$\mathbb{R}^N$ における点列 $\{\boldsymbol{p}_n\} \subset \mathbb{R}^N$ と点 $\boldsymbol{p} \in \mathbb{R}^N$ に対して

$$\lim_{n \to \infty} \mathrm{d}(\boldsymbol{p}_n, \boldsymbol{p}) = 0$$

が成立するとき $\{\boldsymbol{p}_n\}$ は $\boldsymbol{p}$ に**収束**すると定めます．また基本列を次の要領で定めます．

定義 3.17 点列 $\{\boldsymbol{p}_n\} \subset \mathbb{R}^N$ が

$$\lim_{n,m \to \infty} \mathrm{d}(\boldsymbol{p}_n, \boldsymbol{p}_m) = 0$$

をみたすとき**基本列** (コーシー列) とよぶ．

定理 3.18 (**完備性**) 数空間 $\mathbb{R}^N$ の点列 $\{\boldsymbol{p}_n\}$ が収束するための必要十分条件は $\{\boldsymbol{p}_n\}$ が基本列であることである．

さて行列 $A = (a_{ij}) \in \mathrm{M}_2\mathbb{R}$ は 4 つの成分 $a_{11}, a_{12}, a_{21}, a_{22}$ をもちます．そこで A と $(a_{11}, a_{12}, a_{21}, a_{22}) \in \mathbb{R}^4$ を対応させて $\mathrm{M}_2\mathbb{R}$ を 4 次元数空間 $\mathbb{R}^4$ のように扱うことにしましょう．$A \in \mathrm{M}_2\mathbb{R}$ に対応するベクトルを

$$\boldsymbol{A} = (a_{11}, a_{12}, a_{21}, a_{22}) \in \mathbb{R}^4$$

と表示しましょう．さてここで，ノルムを用いて $A, B \in \mathrm{M}_2\mathbb{R}$ に対し $\|A - B\|$ を計算してみると

$$\|A - B\|^2 = (a_{11} - b_{11})^2 + (a_{12} - b_{12})^2 + (a_{21} - b_{21})^2 + (a_{22} - b_{22})^2$$

ですから

$$\|A - B\| = \mathrm{d}(\boldsymbol{A}, \boldsymbol{B}),$$

となります．すなわち $\|A - B\|$ は $\boldsymbol{A}, \boldsymbol{B} \in \mathbb{R}^4$ の距離と一致します．そこで

$$\mathrm{d}(A, B) = \|A - B\|$$

と定め，$\mathrm{d}(A, B)$ を $A, B \in \mathrm{M}_2\mathbb{R}$ の**距離**とよぶことにします．この距離を使って $\mathrm{M}_2\mathbb{R}$ 内の点列に対し，収束性や基本列を定めます．

$\mathbb{R}^4$ の完備性から次の事実が導かれます．

定理 3.19 $\mathrm{M}_2\mathbb{R}$ 内の基本列はつねに収束する．

定理 3.9 を証明しましょう．

$m \geqq n$ に対し

$$\lim_{n,m\to\infty}\left\|\sum_{k=0}^{m}X_k - \sum_{k=0}^{n}X_k\right\| = 0$$

を確かめればよい．ノルムの性質 (問題 3.6) より

$$\left\|\sum_{k=0}^{m}X_k - \sum_{k=0}^{n}X_k\right\| = \left\|\sum_{k=n+1}^{m}X_k\right\| \leqq \sum_{k=n+1}^{m}\|X_k\|$$

を得る．

一方，定理 3.9 の仮定より，数列 $a_n = \sum_{k=0}^{n}\|X_k\|$ は収束するので基本列である．したがって

$$\lim_{n,m\to\infty}|a_n - a_m| = 0.$$

ここで

$$0 = \lim_{n,m\to\infty}|a_n - a_m| = \lim_{n,m\to\infty}\left|\sum_{k=0}^{n}\|X_k\| - \sum_{k=0}^{m}\|X_k\|\right|$$

$$= \lim_{n,m\to\infty}\sum_{k=n+1}^{m}\|X_k\|$$

と変形できるので，結局

$$\lim_{n,m\to\infty}\left\|\sum_{k=0}^{m}X_k - \sum_{k=0}^{n}X_k\right\| = 0$$

を得る．すなわち $\left\{\sum_{k=0}^{n}X_k\right\}$ は基本列．以上より $\sum_{n=0}^{\infty}X_n$ は収束する． ∎

行列の指数函数 $\exp X$ は，どのような性質をもつのかを次の章で調べます．

参考図書

行列値函数の微分学について，もうすこし詳しく学びたい方は [6, 7 章]，[13, 6.2 節] を読むとよいでしょう．常微分方程式 (3.1) の解法については [11, 第 7 章] も参照してください．

第4章

1径数群

第3章で定義した行列の指数函数

$$e^X = \exp X = \sum_{n=0}^{\infty} \frac{X^n}{n!}, \quad X \in M_2\mathbb{R}$$

は微分方程式を扱う上でいろいろ役に立ちそうです．行列の指数函数について，詳しく調べておきましょう．

4.1 簡単な例

いくつかの例を計算しておきましょう．まず最初に次のことを注意しておきます．

命題 4.1 (二項定理) 2つの行列 $X, Y \in M_2\mathbb{R}$ が**交換可能**，すなわち $XY = YX$ ならば，負でない整数 n に対し

$$(X+Y)^n = \sum_{k=0}^{n} {}_n C_k\, X^k Y^{n-k}, \quad {}_n C_k = \frac{n!}{k!(n-k)!}$$

と計算できる．

では計算を始めましょう．

例 4.2 (単位行列) 単位行列 E に対し，$E^n = E$ なので実数 t に対し

$$\exp(tE) = \sum_{n=0}^{\infty} \frac{t^n}{n!} E = e^t E = \begin{pmatrix} e^t & 0 \\ 0 & e^t \end{pmatrix}.$$

とくに $t = 0$ とすれば，零行列 O に対し $e^O = E$ が得られる．

例 4.3 (対角行列) $X = \begin{pmatrix} \alpha & 0 \\ 0 & \beta \end{pmatrix}$ とする．

$$X^n = \begin{pmatrix} \alpha^n & 0 \\ 0 & \beta^n \end{pmatrix}$$

なので

$$\exp \left\{ t \begin{pmatrix} \alpha & 0 \\ 0 & \beta \end{pmatrix} \right\} = \begin{pmatrix} e^{\alpha t} & 0 \\ 0 & e^{\beta t} \end{pmatrix}.$$

例 4.4 $Y = \begin{pmatrix} \alpha & 1 \\ 0 & \alpha \end{pmatrix}$ に対し e^{tY} を計算する．まず

$$Y = X + N, \quad X = \begin{pmatrix} \alpha & 0 \\ 0 & \alpha \end{pmatrix}, \quad N = \begin{pmatrix} 0 & 1 \\ 0 & 0 \end{pmatrix}$$

と分解する[1]．$XN = NX$ であること，$N^2 = O$ であることがすぐ確かめられる．そこで二項定理を使うと

$$\begin{aligned} Y^n = (N + X)^n &= \sum_{k=0}^{n} {}_n\mathrm{C}_k N^k X^{n-k} \\ &= {}_n\mathrm{C}_0 X^n N^0 + {}_n\mathrm{C}_1 X^{n-1} N^1 \\ &= X^n + n X^{n-1} N \end{aligned}$$

となる．前の例で計算したように

$$X^n = \begin{pmatrix} \alpha^n & 0 \\ 0 & \alpha^n \end{pmatrix}$$

なので

---

[1] この分解は Y のジョルダン分解とよばれているものです．[6],[7] を見てください．

$$Y^n = \begin{pmatrix} \alpha^n & n\alpha^{n-1} \\ 0 & \alpha^n \end{pmatrix}.$$

したがって
$$e^{tY} = \begin{pmatrix} e^{\alpha t} & te^{\alpha t} \\ 0 & e^{\alpha t} \end{pmatrix}.$$

例 4.5 $J = \begin{pmatrix} 0 & -1 \\ 1 & 0 \end{pmatrix}$ に対し $J^2 = -E$ なので

$$J^{2m} = (-1)^m E, \quad J^{2m+1} = (-1)^m J$$

となる．したがって
$$\begin{aligned} e^{tJ} &= \sum_{n=0}^{\infty} \frac{t^n}{n!} J^n \\ &= \sum_{m=0}^{\infty} \frac{t^{2m}}{(2m)!} J^{2m} + \sum_{m=0}^{\infty} \frac{t^{2m+1}}{(2m+1)!} J^{2m+1} \\ &= \sum_{m=0}^{\infty} \frac{t^{2m}}{(2m)!} (-1)^m E + \sum_{m=0}^{\infty} \frac{t^{2m+1}}{(2m+1)!} (-1)^m J. \end{aligned}$$

ここで正弦函数 $\sin t$ と余弦函数 $\cos t$ のテイラー展開[2]

$$\sin t = \sum_{m=0}^{\infty} (-1)^m \frac{t^{2m+1}}{(2m+1)!}, \quad \cos t = \sum_{m=0}^{\infty} (-1)^m \frac{t^{2m}}{(2m)!}$$

を利用すると
$$e^{tJ} = \cos t E + \sin t J = \begin{pmatrix} \cos t & -\sin t \\ \sin t & \cos t \end{pmatrix}$$

が得られる．e^{tJ} は回転角 t の回転行列だとわかる．ここで，J は回転角 $\dfrac{\pi}{2}$ の回転行列であることに注意 (例 4.20 で説明する)．

例 4.6 $\hat{J} = \begin{pmatrix} 0 & 1 \\ 1 & 0 \end{pmatrix}$ と選ぶと $\hat{J}^2 = E$ なので

$$\hat{J}^{2m} = E, \quad \hat{J}^{2m+1} = \hat{J}$$

---

[2] 付録 A の (A.6),(A.7) を見てください．

となる．前の例と同様の計算で

$$\begin{aligned} e^{t\hat{J}} &= \sum_{n=0}^{\infty} \frac{t^n}{n!} \hat{J}^n \\ &= \sum_{m=0}^{\infty} \frac{t^{2m}}{(2m)!} \hat{J}^{2m} + \sum_{m=0}^{\infty} \frac{t^{2m+1}}{(2m+1)!} \hat{J}^{2m+1} \\ &= \sum_{m=0}^{\infty} \frac{t^{2m}}{(2m)!} E + \sum_{m=0}^{\infty} \frac{t^{2m+1}}{(2m+1)!} \hat{J}. \end{aligned}$$

今度は双曲正弦関数 $\sinh t = \frac{1}{2}(e^t - e^{-t})$ と双曲余弦関数 $\cosh t = \frac{1}{2}(e^t + e^{-t})$ のテイラー展開[3]

$$\sinh t = \sum_{m=0}^{\infty} \frac{t^{2m+1}}{(2m+1)!}, \quad \cosh t = \sum_{m=0}^{\infty} \frac{t^{2m}}{(2m)!}$$

を使って

$$e^{t\hat{J}} = \cosh t\, E + \sinh t\, \hat{J} = \begin{pmatrix} \cosh t & \sinh t \\ \sinh t & \cosh t \end{pmatrix}$$

となる．

4.2　指数法則

行列の指数関数についても，通常の指数関数と同様に指数法則 $e^X e^Y = e^{X+Y}$ が成立することを期待したくなります．ですが，そもそも行列では一般には積が交換可能ではないのですから，指数法則が常に成立するというのは無理な要求だと思えます．少なくとも $XY = YX$ を要求しておかないといけないという予想が立ちます．実際この予想は正しく，次の命題を示すことができます．

命題 4.7 (指数法則)　$X, Y \in \mathrm{M}_2 \mathbb{R}$ とする．$XY = YX$ ならば $\exp(X+Y) = \exp X \exp Y$.

証明　$XY = YX$ より二項定理が使えて

$$(X+Y)^n = \sum_{m=0}^{n} {}_n\mathrm{C}_m X^m Y^{n-m}$$

---

[3] 付録 A の (A.9),(A.10) を見てください．

と計算できる.
$$e^X = \sum_{m=0}^{\infty} \frac{X^m}{m!}, \quad e^Y = \sum_{l=0}^{\infty} \frac{Y^l}{l!},$$
の積
$$e^X e^Y = \sum_{m=0}^{\infty} \sum_{l=0}^{\infty} \frac{X^m}{m!} \frac{Y^l}{l!}$$
において $l+m=n$ となる項をまとめると
$$e^X e^Y = \sum_{n=0}^{\infty} \left(\sum_{m=0}^{n} \frac{X^m Y^{n-m}}{m!(n-m)!} \right) = \sum_{n=0}^{\infty} \frac{1}{n!} \sum_{m=0}^{n} {}_n\mathrm{C}_m X^m Y^{n-m}$$
$$= \sum_{n=0}^{\infty} \frac{1}{n!} (X+Y)^n = e^{X+Y}.$$

例 4.8 A として例 4.4 の N をとり,$B = {}^t\!A$ と選ぶ (A の転置行列).
$$AB = \begin{pmatrix} 1 & 0 \\ 0 & 0 \end{pmatrix}, \quad BA = \begin{pmatrix} 0 & 0 \\ 0 & 1 \end{pmatrix}$$
より $AB \ne BA$ である.例 4.4 より
$$\exp A = \begin{pmatrix} 1 & 1 \\ 0 & 1 \end{pmatrix}, \quad \exp B = \begin{pmatrix} 1 & 0 \\ 1 & 1 \end{pmatrix}$$
より
$$\exp A \exp B = \begin{pmatrix} 2 & 1 \\ 1 & 1 \end{pmatrix}, \quad \exp B \exp A = \begin{pmatrix} 1 & 1 \\ 1 & 2 \end{pmatrix}.$$
一方,例 4.6 より
$$\exp(A+B) = \exp \begin{pmatrix} 0 & 1 \\ 1 & 0 \end{pmatrix} = \begin{pmatrix} \cosh 1 & \sinh 1 \\ \sinh 1 & \cosh 1 \end{pmatrix}.$$
以上より $\exp A \exp B$, $\exp B \exp A$, $\exp(A+B)$ はどの 2 つも一致しない.

指数法則 (命題 4.7) から
$$\exp A \exp(-A) = \exp(A-A) = \exp O = E$$
が得られます.

4.2 指数法則

系 4.9 どの $X \in M_2\mathbb{R}$ についても，$\exp X$ は正則で，その逆行列は
$$(\exp X)^{-1} = \exp(-A)$$
で与えられる．

e^X の転置行列を求めるために準備をします．

定義 4.10 写像 $f : M_2\mathbb{R} \to M_2\mathbb{R}$ が次の条件をみたすとき，f は $X \in M_2\mathbb{R}$ において**連続**であるという．X に収束する任意の点列 $\{X_n\}$ に対し
$$\lim_{n \to \infty} f(X_n) = f\left(\lim_{n \to \infty} X_n\right) = f(X).$$
すべての $X \in M_2\mathbb{R}$ において連続であるとき，f は $M_2\mathbb{R}$ 上で連続であるという．

f として転置をとる操作を選びます．すなわち $f(X) = {}^tX$．この写像 f が連続であることを示します．$X = (x_{ij})$, $X_n = ((x_{ij})_n)$ と表すと
$$\lim_{n \to \infty} f(X) = \lim_{n \to \infty} \begin{pmatrix} (x_{11})_n & (x_{21})_n \\ (x_{12})_n & (x_{22})_n \end{pmatrix}$$
$$= \begin{pmatrix} x_{11} & x_{21} \\ x_{12} & x_{22} \end{pmatrix} = {}^tX = f(X)$$
ですから確かに f は連続写像です．

命題 4.11 ${}^t(\exp X) = \exp({}^tX)$．

証明 先ほどのように写像 f を $f(X) = {}^tX$ で定める．$f(e^X) = e^{f(X)}$ を示せばよい．f は連続であることを使うと
$$f(e^X) = f\left(\lim_{n \to \infty} \sum_{k=0}^{n} \frac{1}{k!} X^k\right) = \lim_{n \to \infty} f\left(\sum_{k=0}^{n} \frac{1}{k!} X^k\right)$$
$$= \lim_{n \to \infty} \sum_{k=0}^{n} \frac{1}{k!} f(X^k) = \lim_{n \to \infty} \sum_{k=0}^{n} \frac{1}{k!} ({}^tX)^k = e^{f(X)}.$$
∎

4.3 公式をつくる

$X = (x_{ij}) \in \mathrm{M}_2\mathbb{R}$ に対し，

$$X_\times = \frac{\operatorname{tr} X}{2} E, \quad X_\circ = X - X_\times$$

とおきます．$X_\circ$ の固有和 $\operatorname{tr} X_\circ$ は 0 であることに注意してください．とくに $X_\circ$ と $X_\times$ は交換可能ですから，実数 t に対し

$$\exp(tX) = \exp(tX_\times + tX_\circ) = \exp(tX_\times)\exp(tX_\circ)$$

と計算できます．さらに例 4.2 の計算を参照すれば，

$$\exp(tX_\times) = \exp\left\{t\left(\frac{\operatorname{tr} X}{2}\right) E\right\} = \exp\left(\frac{t}{2}\operatorname{tr} X\right) E$$

を得ます．したがって，あとは $\exp(tX_\circ)$ の計算公式が作れればよいのです．

そこで

$$X_\circ = \begin{pmatrix} \dfrac{x_{11} - x_{22}}{2} & x_{12} \\ x_{21} & \dfrac{-x_{11} + x_{22}}{2} \end{pmatrix} = \begin{pmatrix} a & b \\ c & -a \end{pmatrix}$$

と書き直して $\exp(tX_\circ)$ を計算してみます．

$$X_\circ^2 = (a^2 + bc)E = (-\det X_\circ)\, E$$

なので

$$X_\circ^{2n} = (-1)^n (\det X_0)^n E, \quad X_\circ^{2n+1} = (-1)^n (\det X_0)^n X_\circ$$

となります．例 4.4, 例 4.5, 例 4.6 の計算をまねて，以下のように $\exp(tX_\circ)$ が計算されます．

(1) $\det X_\circ = 0$ のとき: このとき $X_\circ^2 = O$ だから

$$e^{tX_\circ} = E + tX_\circ = \begin{pmatrix} 1 + ta & tb \\ tc & 1 - ta \end{pmatrix}. \tag{4.1}$$

(2) $\det X_\circ = \delta^2 > 0$ のとき．

$$e^{tX_\circ} = \begin{pmatrix} \cos(\delta t) + \dfrac{a}{\delta}\sin(\delta t) & \dfrac{b}{\delta}\sin(\delta t) \\ \dfrac{c}{\delta}\sin(\delta t) & \cos(\delta t) - \dfrac{a}{\delta}\sin(\delta t) \end{pmatrix}. \tag{4.2}$$

(3) $\det X_\circ = -\delta^2 < 0$ のとき．

$$e^{tX_\circ} = \begin{pmatrix} \cosh(\delta t) + \dfrac{a}{\delta}\sinh(\delta t) & \dfrac{b}{\delta}\sinh(\delta t) \\ \dfrac{c}{\delta}\sinh(\delta t) & \cosh(\delta t) - \dfrac{a}{\delta}\sinh(\delta t) \end{pmatrix}. \tag{4.3}$$

演習 4.12 どの場合でも，$\det \exp(tX_\circ) = 1$ であることを確かめよ．

命題 4.13 $X \in \mathrm{M}_2\mathbb{R}$ の固有和が 0，すなわち，$\mathrm{tr}\, X = 0$ ならば $\det \exp X = 1$．

分解 $X = X_\times + X_\circ$ を利用して $\exp X$ の行列式を計算すると

$$\begin{aligned}
\det \exp X &= \det(\exp X_\times \, \exp X_\circ) \\
&= \det(\exp X_\times)\det(\exp X_\circ) = \det(\exp X_\times) \\
&= \det\{\exp(\mathrm{tr}\, X/2)\, E\} = \{\exp(\mathrm{tr}\, X/2)\}^2 = e^{\mathrm{tr}\, X}.
\end{aligned}$$

命題 4.14 $X \in \mathrm{M}_2\mathbb{R}$ に対し次が成立する

$$\det \exp X = e^{\mathrm{tr}\, X}.$$

4.4 指数函数の連続性*

ここでは行列の指数函数 $\exp : \mathrm{M}_2\mathbb{R} \to \mathrm{M}_2\mathbb{R}$ が連続写像であることを証明します．

補題 4.15 m を自然数とする．$X, Y \in \mathrm{M}_2\mathbb{R}$ に対し

$$\|X^m - Y^m\| \leqq m\, M^{m-1}\|X - Y\|, \quad M = \max(\|X\|, \|Y\|)$$

が成立する．ここで記号 $\max(a,b)$ は $\{a,b\}$ の最大値を表す．

証明 数学的帰納法で証明する．$m=1$ のとき
$$\text{左辺} = \|X - Y\| = 1 \times M^0 \times \|X - Y\| = \text{右辺}.$$
$m = k$ のときに正しいと仮定して $k+1$ のときの成立を確かめる．$\|X\| \leqq M,\ \|Y\| \leqq M$ とノルムの性質 (演習 3.6) を使う．

$$\begin{aligned}
\|X^{k+1} - Y^{k+1}\| &= \|X(X^k - Y^k) + (X - Y)Y^k\| \\
&\leqq \|X(X^k - Y^k)\| + \|X(X^k - Y^k) + (X - Y)Y^k\| \\
&\leqq \|X\|\|X^k - Y^k\| + \|X - Y\|\|Y^k\| \quad \text{帰納法の仮定より} \\
&\leqq \|X\|(kM^{k-1}\|X - Y\|) + \|X - Y\|\|Y\|^k \\
&= \|X - Y\|(kM^{k-1}\|X\| + \|Y\|^k) \\
&\leqq \|X - Y\|(kM^{k-1}M + M^k) = (k+1)M^k\|X - Y\|.
\end{aligned}$$

したがって $k+1$ のときも成立している． ∎

定理 4.16 (1)　$X, Y \in \mathrm{M}_2\mathbb{R}$ に対し $M = \max(\|X\|, \|Y\|)$ とおくと
$$\|\exp X - \exp Y\| \leqq e^M \|X - Y\|$$

(2)　行列の指数函数 $\exp : \mathrm{M}_2\mathbb{R} \to \mathrm{M}_2\mathbb{R}$ は連続である．

証明 自然数 n に対し
$$\begin{aligned}
\left\| \sum_{m=0}^n \frac{X^m}{m!} - \sum_{m=0}^n \frac{Y^m}{m!} \right\| &= \left\| \sum_{m=0}^n \frac{1}{m!}(X^m - Y^m) \right\| \\
&\leqq \sum_{m=0}^n \frac{1}{m!} \|X^n - Y^n\| \quad \text{補題 4.15 より} \\
&\leqq \sum_{m=0}^n \frac{M^{m-1}}{(m-1)!} \|X - Y\|.
\end{aligned}$$

ここで
$$\sum_{m=0}^n \frac{M^{m-1}}{(m-1)!} \leqq \sum_{m=0}^\infty \frac{M^{m-1}}{(m-1)!} = e^M$$

であるから

$$\left\| \sum_{m=0}^{n} \frac{X^m}{m!} - \sum_{m=0}^{n} \frac{Y^m}{m!} \right\| \leqq e^M \|X - Y\|.$$

この式で $n \to \infty$ とすれば (1) を得る．

次に，X に収束する行列の列 $\{X_n\}$ をとる．$\{X_n\}$ は収束するので

$$\|X_n\| \leqq L$$

となる定数 $L < 0$ が存在する[4]．(1) より

$$\|e^{X_n} - e^X\| \leqq e^{a_n}\|X_n - X\|, \quad a_n = \max(L, \|X\|)$$

が得られる．この式で $n \to \infty$ とすれば

$$\lim_{n \to \infty} e^{X_n} = e^X$$

が得られる． ∎

註 4.17 (行列の対数函数) 行列の指数函数 $\exp : \mathrm{M}_2\mathbb{R} \to \mathrm{GL}_2\mathbb{R}$ は連続写像である．指数函数があるならば，その逆写像である対数函数も行列に対して定義できないかどうか気になる．ここでは行列の対数函数についてごく基本的なことだけを述べておこう[5]．

定理 4.18 $\|X - E\| < 1$ ならば

$$\log X = \sum_{n=1}^{\infty} (-1)^{n-1} \frac{1}{n}(X - E)^n$$

は収束し，連続写像

$$\log : \{X \in \mathrm{M}_2\mathbb{R} \mid \|X - E\| < 1\} \to \mathrm{M}_2\mathbb{R}$$

を定める．この写像を行列の**対数函数**とよぶ．$\log$ は行列の指数函数 $\exp$ と次の関係にある．

(1) $\|X\| < \log 2$ ならば $\log(\exp X) = X$,
(2) $\|X - E\| < 1$ ならば $\exp(\log X) = X$.

---

[4] 次の定理を援用すればわかる事実です．「収束する数列 $\{a_n\} \subset \mathbb{R}$ は有界である．すなわち $L > 0$ が存在して，すべての番号 n に対し $|a_n| \leqq L$ をみたす」．証明は微分積分学の教科書，たとえば [4, p. 11, 命題 2.4] を見てください．

[5] 証明は [38, 1.3 節],[39, p. 86] を見てください．また付録 A の (A.11) と見比べてください．

4.5　1径数群

実数 s, t と行列 A に対し sA と tA は交換可能ですから，指数法則より

$$\exp(sA)\exp(tA) = \exp(sA + tA) = \exp\{(s+t)A\}$$

が成立します．ここで $a(t) = \exp(tA)$ とおき，さらに

$$G_A = \{a(t) = \exp(tA) \mid t \in \mathbb{R}\}$$

とおきます．

- $s, t \in \mathbb{R}$ に対し $a(s)a(t) = a(t)a(s) = a(s+t)$,
- $a(t)^{-1} = a(-t),\ a(0) = E$

ですから，G_A は積に関し群をなすことがわかります（G_A は $\mathrm{GL}_2\mathbb{R}$ の部分群です）．G_A を行列 A の定める **1径数群** とよびます．

[群論的注意]　G_A は一般線型群 $\mathrm{GL}_2\mathbb{R}$ の部分群であることから $\mathrm{GL}_2\mathbb{R}$ の **1径数部分群** ともよばれる．

G_A の要素 $a(t)$ は数平面 $\mathbb{R}^2$ 上の 1 次変換

$$\boldsymbol{x} \longmapsto a(t)\boldsymbol{x}$$

を定めていることに注意しましょう．

定義 4.19　1径数群 $G_A = \{a(t) = \exp(tA) \mid t \in \mathbb{R}\}$ が与えられているとする．1点 $\boldsymbol{p}$ に対し

$$G_A \cdot \boldsymbol{p} = \{a(t)\boldsymbol{p} \mid t \in \mathbb{R}\}$$

を $\boldsymbol{p}$ の 1径数群 G_A による **軌道** とよぶ．

例 4.20（回転群）　J を例 4.5 で与えた行列とする．$j(t) = \exp(tJ)$ がどのような 1 次変換であるか調べよう．$\boldsymbol{x} = (x_1, x_2)$ に対し $\boldsymbol{y} = j(t)\boldsymbol{x} = (y_1, y_2)$ とおき，極座標を使って

$$(x_1, x_2) = (r\cos\theta, r\sin\theta)$$

と表す (第 5 章の章末問題参照). すると

$$y = \begin{pmatrix} r\cos t\cos\theta - r\sin t\sin\theta \\ r\sin t\cos\theta + r\cos t\sin\theta \end{pmatrix} = \begin{pmatrix} r\cos(\theta + t) \\ r\sin(\theta + t) \end{pmatrix}$$

なので，y は，原点を中心とする回転角 t の回転を x に施した結果得られる点である．とくに J は回転角 $\pi/2$ の回転である．また x の G_J による軌道は x を通り原点を中心とする円周である．

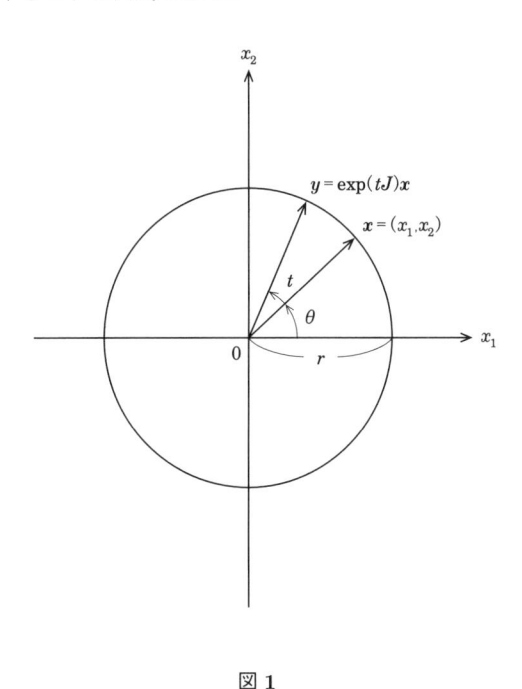

図 1

演習 4.21　$O(2) = \{A \in M_2\mathbb{R} \mid {}^tAA = E\}$ とおき，$O(2)$ の要素を 2 次の**直交行列**とよぶ．直交行列の定める 1 次変換を**直交変換**とよぶ．さらに $SO(2) = \{A \in O(2) \mid \det A = 1\}$ とおく．$SO(2) = G_J$ を確かめよ．$SO(2)$ を 2 次の**回転群**とよぶ．

例 4.22　例 4.6 で考察した $\hat{j}(t) = \exp(t\hat{J})$ を調べる．たとえば $e_1 = (1,0)$ の

$G_{\hat{j}}$ による軌道は,

$$G_{\hat{j}} \cdot \boldsymbol{e}_1 = \{\hat{j}(t)\boldsymbol{e}_1 \mid t \in \mathbb{R}\} = \{(\cosh t, \sinh t) \mid t \in \mathbb{R}\}$$

なので双曲線 $x_1^2 - x_2^2 = 1$ の $x_1 > 0$ の部分である. 双曲線 $x_1^2 - x_2^2 = 1$ ($x_1 > 0$) を $(x_1, x_2) = (\cosh t, \sinh t)$ と径数表示できることがわかる. ここで, この径数 t の図形的な意味を説明しよう.

原点 $\boldsymbol{0} = (0,0)$, $\boldsymbol{e}_1$, 軌道 $G_{\hat{j}} \cdot \boldsymbol{e}_1$ 上の 1 点 $\boldsymbol{x} = (x_1, x_2)$ と双曲線が定める図形の (向きのついた) 面積は

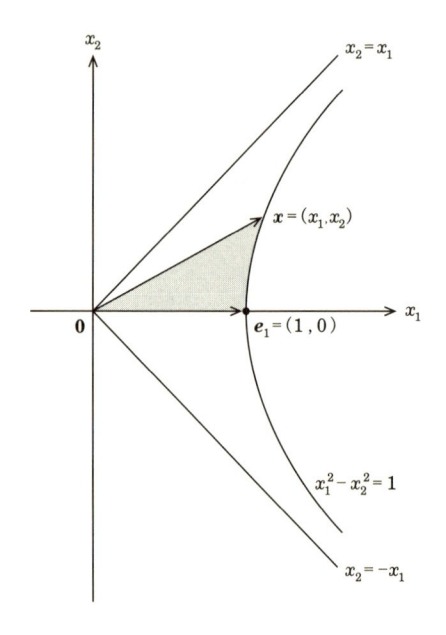

図 2

$$\frac{x_1 x_2}{2} - \int_1^{x_1} \sqrt{x_1^2 - 1}\, dx_1 = \frac{1}{2} \log|x_1 + \sqrt{x_1^2 - 1}| = \frac{1}{2} \cosh^{-1} x_1$$

なので, t はこの部分の面積の 2 倍である. この事実を利用すると $\hat{j}(t)$ の図形的意味も説明できる. たとえば $\boldsymbol{p} = (p_1, p_2)$ が $p_1^2 - p_2^2 = r^2 > 0$ をみたしているとしよう ($r > 0$). $\boldsymbol{q} = a(t)\boldsymbol{p}$ は $\boldsymbol{p}$ を双曲線 $x_1^2 - x_2^2 = r^2$ に沿って動かして得られる点である. t は図 3 のグレーの部分の (向きのついた) 面積の 2 倍で

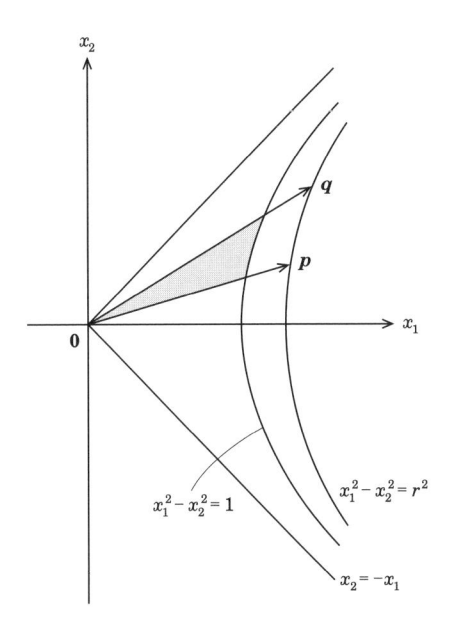

図 3

ある.

ここでは $G_{\hat{j}}$ の図形的意味を説明したが, $G_{\hat{j}}$ には物理学的応用 (特殊相対性理論) がある [11, pp. 162–163], [32], [33]. 特殊相対性理論では $\hat{j}(s)$ はブーストとよばれている. $G_{\hat{j}}$ の (演習 4.21 と類似の) 特徴づけについては章末問題を参照.

数平面 $\mathbb{R}^2$ 上には 1 次変換以外にも多くの大事な変換があります. たとえば平行移動は, 合同変換 (図形の形状を変えない変換) の例です.

零でないベクトル $\boldsymbol{v}$ を用いて $\mathbb{R}^2$ 上の変換 $\phi(t)$ を

$$\phi(t)\boldsymbol{x} = \boldsymbol{x} + t\boldsymbol{v}, \quad t \in \mathbb{R}$$

で定めます. 各 $t \in \mathbb{R}$ に対し $\phi(t)$ は平行移動です. 簡単な計算で

$$\phi(s)\phi(t)\boldsymbol{x} = \phi(s+t)\boldsymbol{x}, \quad \phi(0)\boldsymbol{x} = \boldsymbol{x}$$

をみたすことが確かめられます．したがって $\{\phi(t) \mid t \in \mathbb{R}\}$ は 1 径数群 G_A と同じ性質をもっています[6]．このどちらも「微分方程式の対称性」を考える上で有用です．平行移動の群 $\{\phi(t) \mid t \in \mathbb{R}\}$ と 1 径数群 G_A を統一的に扱う方法があると，「微分方程式の対称性」を考察する上で便利なはずです．とはいえ，どのように考えたら統一的な扱いができるのでしょうか．

次の章では，「統一的な見方」を確立するための準備として「ベクトル場」について解説します．

参考図書

1 径数群についてさらに学びたい方は [38], [39], [40] を読むとよいでしょう．この本では 2 行 2 列の行列のみを扱っているので，行列の指数函数を具体的に計算することができましたが，大きなサイズの行列の場合は，行列の標準化 (対角化・ジョルダン標準形への変換) を用いないとあまり実用的ではありません．[6], [7], [8], [13] を参照してください．

章末問題

問題 4.23 $X \in \mathrm{M}_2\mathbb{R}$ は $\|X - E\| < 1$ をみたすとする．このとき

$$\log X = \sum_{n=1}^{\infty} \frac{1}{n}(-1)^{n-1} X^n$$

は収束することを確かめよ．また $\|X\| < \log 2$ ならば $\|e^X - E\| < 1$ が成り立つことを示せ．

問題 4.24 $\mathbb{R}^2$ 上の 2 変数函数 $\langle \cdot, \cdot \rangle$ を

$$\langle \boldsymbol{x}, \boldsymbol{y} \rangle = x_1 y_1 - x_2 y_2$$

で定める．これを $\mathbb{R}^2$ の**ローレンツ積**とよぶ．

---

[6] 群をなすということです．

(1) 行列 $A \in \mathrm{M}_2\mathbb{R}$ を表現行列とする 1 次変換がローレンツ積を保つ，すなわち
$$\langle A\boldsymbol{x}, A\boldsymbol{y}\rangle = \langle \boldsymbol{x}, \boldsymbol{y}\rangle$$
をすべての $\boldsymbol{x}, \boldsymbol{y}$ についてみたすための必要十分条件は
$${}^t\!AHA = H, \quad H = \begin{pmatrix} 1 & 0 \\ 0 & -1 \end{pmatrix}$$
であることを示せ．

(2) $\mathrm{O}(1,1) = \{A \in \mathrm{M}_2\mathbb{R} \mid {}^t\!AHA = H\}$ とおくと，これは $\mathrm{GL}_2\mathbb{R}$ の部分群であることを示せ．$\mathrm{O}(1,1)$ を 2 次の**ローレンツ群**とよぶ．

(3) $\mathrm{O}(1,1)$ は
$$\mathrm{O}(1,1) = \left\{ \begin{pmatrix} \epsilon_{11}\cosh t & \epsilon_{12}\sinh t \\ \epsilon_{21}\sinh t & \epsilon_{22}\cosh t \end{pmatrix} \,\Big|\, t \in \mathbb{R},\, \epsilon_{ij} = \pm 1,\, \epsilon_{11}\epsilon_{22} = \epsilon_{12}\epsilon_{21} \right\}$$
で与えられることを示せ．

(4)
$$\mathrm{SO}(1,1) = \{A \in \mathrm{O}(1,1) \mid \det A = 1\}$$
とおく．$\mathrm{SO}(1,1)$ は
$$\mathrm{SO}(1,1) = \left\{ \pm \begin{pmatrix} \cosh t & \sinh t \\ \sinh t & \cosh t \end{pmatrix} \,\Big|\, t \in \mathbb{R}, \right\}$$
と表せることを示せ．

$\mathrm{SO}(1,1) = \{\pm \hat{j}(t) \mid t \in \mathbb{R}\}$ と表せることに注意．G_j は $\mathrm{SO}(1,1)$ の部分群であることが確かめられる．G_j を $\mathrm{SO}^+(1,1)$ と表記する．

第5章

ベクトル場

高等学校で「向きと大きさをもつ量をベクトルという」と習ってきたでしょう．この章ではベクトルの意味を改めて考えます．

電場，磁場，流体の速度場など物理学や工学では，数平面の各点にベクトルが分布しているという状況を数学的にモデル化して取り扱うことがあります．このようなベクトルの分布のことを**ベクトル場**とよびます．この章と次の章でベクトル場の取り扱いについて解説します．

5.1 接ベクトル

数平面 $\mathbb{R}^2$ の 1 点 p を始点とするベクトルの全体を $T_p\mathbb{R}^2$ と書くことにします．すなわち

$$T_p\mathbb{R}^2 = \{\overrightarrow{pq} \mid q \in \mathbb{R}^2 \}.$$

$T_p\mathbb{R}^2$ の要素を点 p における $\mathbb{R}^2$ の**接ベクトル**とよびます．

この章の主な課題は**接ベクトルの理解の仕方**にあります．まず $T_p\mathbb{R}^2$ の要素は高等学校で習ったように p を始点とする向きのついた線分 (**有向線分**) です．有向線分は始点・終点・向きの 3 つのデータで決まりますからベクトル $\overrightarrow{pq} \in T_p\mathbb{R}^2$ と 2 点の組 (p, q) とが 1 対 1 に対応します．線分に向きをつけていますから一般には $(p, q) \neq (q, p)$ であることに注意しましょう．ベクトル $\overrightarrow{pq}$ の成分を (v_1, v_2) とすると成分の定義から

5.1 接ベクトル

$$\begin{pmatrix} v_1 \\ v_2 \end{pmatrix} = \begin{pmatrix} q_1 - p_1 \\ q_2 - p_2 \end{pmatrix}.$$

また 2 つのベクトル $\boldsymbol{u}$ と $\boldsymbol{v}$ が平行移動で重ね合わせられることと成分が一致することは同値でした．そこで次のような解釈ができます．点 $v = (v_1, v_2)$ に対し (v_1, v_2) を成分にもつ p における接ベクトルを v_p で表します．この接ベクトルは

$$v_p = \overrightarrow{pq}, \quad q = (p_1 + v_1, p_2 + v_2)$$

で定まることに注意します．

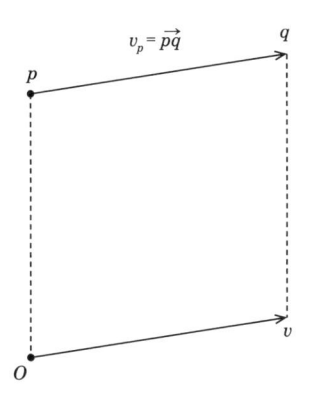

図 1

逆に接ベクトル $\boldsymbol{v} \in T_p\mathbb{R}^2$ を 1 つとると $\boldsymbol{v} = \overrightarrow{pq}$ という形をしていることから $v = (v_1, v_2)$ とおけば $\boldsymbol{v} = v_p$ と書き直せます．このことから

$$T_p\mathbb{R}^2 = \{v_p \mid v \in \mathbb{R}^2\}$$

という別の表し方ができることがわかりました．接ベクトルをすべて集めてできる集合

$$T\mathbb{R}^2 = \bigcup_{p \in \mathbb{R}^2} T_p\mathbb{R}^2$$

を $\mathbb{R}^2$ の**接ベクトル束**とよびます．

接ベクトル $\boldsymbol{a} = u_p$ と $\boldsymbol{b} = v_q$ に対し $p = q$ であり，同時に $u = v$ をみたす

とき，これらは**接ベクトルとして等しい**と定め $a = b$ と表します．

接ベクトル同士の加法・スカラー乗法は

$$v_p + w_p = (v+w)_p, \quad cv_p = (cv)_p, \quad c \in \mathbb{R} \qquad (5.1)$$

で定めます．

また v_p と w_p の内積を

$$(v_p|w_p) = (v|w) \qquad (5.2)$$

で定めます．v, w の成分が $v = (v_1, v_2), w = (w_1, w_2)$ であれば接ベクトル v_p と w_p の内積は

$$(v_p|w_p) = v_1 w_1 + v_2 w_2 \qquad (5.3)$$

と計算されます．

[線型代数学的注意]　線型代数 (線型空間の概念) を既に学んだ読者向けに次の事実を挙げておく．

定理 5.1 $T_p \mathbb{R}^2$ は上で定めた加法とスカラー乗法に関し $\mathbb{R}$ 上の線型空間をなす．とくに $T_p \mathbb{R}^2$ は $\mathbb{R}^2$ と同型である．

証明　$\Phi : T_p \mathbb{R}^2 \to \mathbb{R}^2$ を $\Phi(v_p) = v$ と定めればこれが同型写像を与える．∎

[力学的な注意]　(5.1) の補足説明をしておこう．2 点 $p_1, p_2 \in \mathbb{R}^2$ における接ベクトル $v_{p_1} \in T_{p_1} \mathbb{R}^2, w_{p_2} \in T_{p_2} \mathbb{R}^2$ は $p_1 = p_2$ のときのみ和 $v_{p_1} + w_{q_2}$ を考える．

変位ベクトルとの違いに注意してもらいたい．変位ベクトル $a = \overrightarrow{p_1 q_1}$ と $b = \overrightarrow{p_2 q_2}$ に対し，その和 $a + b$ は平行移動で $\overrightarrow{p_2 q_2}$ に重ねられるベクトル $\overrightarrow{q_1 q}$ を用いて

$$a + b = \overrightarrow{p_1 q_1} + \overrightarrow{p_2 q_2} = \overrightarrow{p_1 q_1} + \overrightarrow{q_1 q} = \overrightarrow{p_1 q}$$

と定められた．変位ベクトルは，平行移動により重ね合わせることができる有向線分を同じものと考えている．自由に始点を動かせるという意味で変位ベクトルを**自由ベクトル**ともよぶ．一方，接ベクトルは始点が固定され平行移動で

動かすことができないので**束縛ベクトル**ともよばれている.「なぜ平行移動してはいけないのだろうか」と疑問をもつかも知れない. 今後, 幾何学 (微分幾何・位相幾何) を学んでいくと曲がった空間 (多様体) に出会うだろう. 多様体上でベクトルを考える際には, やはり始点の区別が必要になる.

また力学でも自由ベクトルではないベクトルを用いている. **剛体**[1] 上の点 p に働く力を v_p で表そう. 点 p は力のベクトルの**着力点**とよばれる. また着力点 p を通り v に平行な直線を**作用線**とよぶ. 力 v_p で与えられる力が剛体に働くと剛体は回転する. 別の点 q に v_q で与えられる力が働いたときの剛体の回転は v_p が働いたときの回転とは一般には異なる. 始点 (着力点) の区別が必要なのである. 剛体に働く力は束縛ベクトルだが作用線に沿って着力点を移動させることができるという性質がある. 詳しいことは [18, §10], [28, §22] を参照.

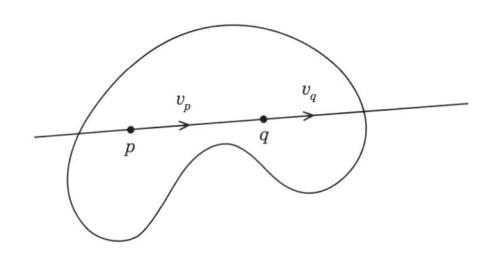

図 2 着力点の変更

5.2 領域

数直線内の開区間[2]

$$(a,b) = \{t \in \mathbb{R} \mid a < t < b\}$$

に相当する $\mathbb{R}^2$ 内の部分集合を定めておきます. まず開区間 $(a-r, a+r)$ の類似を考えます.

---

[1] 変形しない物体のこと. 実在する物体は力が働けばその影響で変形しますが, 変形の度合いが微小で無視できるときはその物体を「剛体」とみなして考察できます.

[2] 付録 A を見てください.

定義 5.2 $p \in \mathbb{R}^2$ とする．$r > 0$ に対し
$$D_r(p) = \{q \in \mathbb{R}^2 \mid \|q - p\| < r\}$$
を p を中心とする半径 r の**開円板**とよぶ．

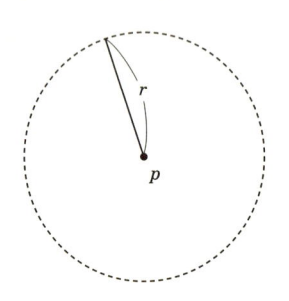

図 3 開円板

定義 5.3 $\mathcal{U} \subset \mathbb{R}^2$ が次の条件をみたすとき，$\mathbb{R}^2$ における**開集合**とよぶ．

$\mathcal{U}$ のどの点 p に対しても必ず $D_r(p) \subset \mathcal{U}$ となる $r > 0$ をみつけることができる (図 4)．

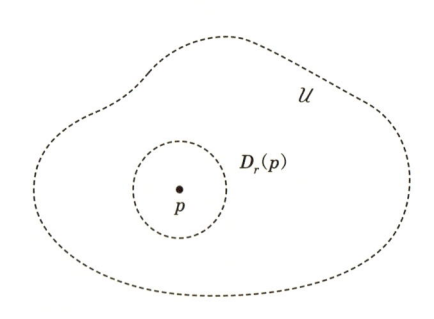

図 4 開集合

開集合の定義からすると 図 5 のような，ばらばらなもの (つながっていない) もあり得ます．つながっている開集合を次のようにして厳密に定義します．

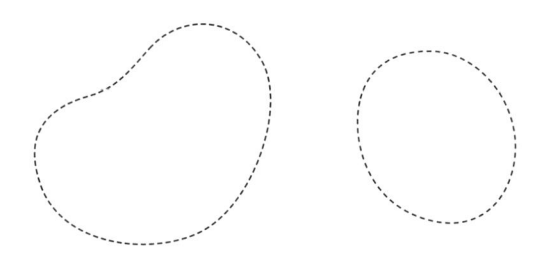

図 5　連結でない開集合

定義 5.4　$\mathcal{U} \subset \mathbb{R}^2$ において，どの 2 点 $p, q \in \mathcal{U}$ もかならず $\mathcal{U}$ 内に収まる折れ線で結べるとき，$\mathcal{U}$ は**連結**であるという．連結な開集合を**領域**とよぶ．

　領域 $\mathcal{D}$ 上で定義された函数 f に対し，連続性を定めておきます (3.1 節で定めた点列の極限を用います)．

定義 5.5　f は領域 $\mathcal{D}$ で定義された函数とする．$p \in \mathcal{D}$ に収束するどのような点列 $\{p_n\}$ に対しても
$$\lim_{n \to \infty} f(p_n) = f(p)$$
が成立するとき f は p において**連続**であるという．

5.3　方向微分

　$\mathcal{D} \subset \mathbb{R}^2$ を領域とします．接ベクトル v_p と $\mathcal{D}$ で定義された函数 f に対し極限値
$$v_p(f) = \lim_{t \to 0} \frac{f(p + tv) - f(p)}{t} = \left. \frac{\mathrm{d}}{\mathrm{d}t} \right|_{t=0} f(p + tv)$$
が存在するとき f は点 p において v 方向に微分可能であるといいます．$v_p(f)$ を f の v_p **方向微分係数**とよびます．$v_p(f)$ が $\mathcal{D}$ 内のすべての点 p に対し存在するとき，$\mathcal{D}$ 上に，新たな函数 $v(f)$ が規則

$$v(f) : p \longmapsto v_p(f)$$

により定まります.$v(f)$ を f の v **方向導函数**とよびます.

とくに $e_1 = (1,0)$ と $e_2 = (0,1)$ についての方向微分を詳しく調べます.

$$(e_1)_p(f) = \lim_{t \to 0} \frac{f(p_1 + t, p_2) - f(p_1, p_2)}{t}$$

ですから,$(e_1)_p(f)$ は 2 変数函数 $f(x_1, x_2)$ において変数 x_2 に定数 p_2 を代入して得られる 1 変数函数

$$x_1 \longmapsto f(x_1, p_2)$$

の $x_1 = p_1$ における微分係数と一致します.$(e_1)_p(f), (e_2)_p(f)$ をそれぞれ f の点 p における座標 x_1, x_2 に関する**偏微分係数**とよびます.

ここで次の記法を定めます.

$$(e_1)_p(f) = \frac{\partial f}{\partial x_1}(p), \quad (e_2)_p(f) = \frac{\partial f}{\partial x_2}(p). \tag{5.4}$$

f が $\mathcal{D}$ のすべての点で e_1 方向微分可能なとき,$\mathcal{D}$ 上に新たな函数

$$p \longmapsto (e_1)_p(f)$$

が定まります.この函数を f の x_1 に関する**偏導函数**とよび

$$e_1(f) = \frac{\partial f}{\partial x_1} = f_{x_1}$$

と表記します.このとき f は $\mathcal{D}$ 上で x_1 に関し,**偏微分可能**であるといいます.同様に x_2 に関する偏微分可能性・偏導函数を定めます.

定義 5.6 領域 $\mathcal{D}$ 上の函数 $f : \mathcal{D} \to \mathbb{R}$ が x_1 と x_2 の両方の変数に関し $p \in \mathcal{D}$ において偏微分可能であるとする.もし偏導函数 f_{x_1}, f_{x_2} が p で連続であるとき,f は p において**連続微分可能**であるという.f は p において C^1 級であるともいう.$\mathcal{D}$ のすべての点において f が連続微分可能であるとき,f は $\mathcal{D}$ 上で連続微分可能であるという.

連続微分可能な函数については次の事実が成立します.

命題 5.7（合成函数の微分法） $\bm{x}(t)=(x_1(t),x_2(t))$ を開区間 $I\subset\mathbb{R}$ で定義され領域 $\mathcal{D}\subset\mathbb{R}^2$ に値をもつ写像とする．函数 $f:\mathcal{D}\to\mathbb{R}$ が $\mathcal{D}$ 上で連続微分可能，$\bm{x}$ が I 上で微分可能であれば，合成函数 $f(\bm{x}(t))=f(x_1(t),x_2(t))$ は I 上で微分可能でありその導函数は

$$\frac{\mathrm{d}f}{\mathrm{d}t}(\bm{x}(t))=\frac{\partial f}{\partial x_1}(\bm{x}(t))\frac{\mathrm{d}x_1}{\mathrm{d}t}(t)+\frac{\partial f}{\partial x_2}(\bm{x}(t))\frac{\mathrm{d}x_2}{\mathrm{d}t}(t) \tag{5.5}$$

で与えられる．

しばしば (5.5) を

$$\frac{\mathrm{d}f}{\mathrm{d}t}=\frac{\partial f}{\partial x_1}\frac{\mathrm{d}x_1}{\mathrm{d}t}+\frac{\partial f}{\partial x_2}\frac{\mathrm{d}x_2}{\mathrm{d}t}$$

と略記します．

命題 5.8（連鎖律） 領域 $\mathcal{V}\subset\mathbb{R}^2$ 上の函数 $f:\mathcal{V}\to\mathbb{R}$ は $\mathcal{D}$ 上で連続微分可能であるとする．いま (y_1,y_2) を座標系にもつ別の数平面 $\mathbb{R}^2(y_1,y_2)$ 内の領域 $\mathcal{U}$ で定義され，$\mathcal{V}$ に値をもつ写像

$$\bm{\varphi}(y_1,y_2)=(\varphi_1(y_1,y_2),\varphi_2(y_1,y_2)):\mathcal{U}\to\mathcal{D}$$

が偏微分可能であるならば合成函数

$$f(\varphi_1(y_1,y_2),\varphi_2(y_1,y_2))$$

は $\mathcal{U}$ 上で偏微分可能であり，その偏導函数は

$$\frac{\partial f}{\partial y_1}=\frac{\partial f}{\partial x_1}\frac{\partial x_1}{\partial y_1}+\frac{\partial f}{\partial x_2}\frac{\partial x_2}{\partial y_1},\quad \frac{\partial f}{\partial y_2}=\frac{\partial f}{\partial x_1}\frac{\partial x_1}{\partial y_2}+\frac{\partial f}{\partial x_2}\frac{\partial x_2}{\partial y_2} \tag{5.6}$$

で与えられる．

これらの事実はこれから先，頻繁に利用します[3]．

定義 5.9 函数 $f:\mathcal{D}\to\mathbb{R}$ が x_1,x_2 の双方に関して偏微分可能であるとする．偏導函数 f_{x_i} が x_j について偏微分可能であるとき，その偏導函数を

---

[3] これらの事実の証明を学びたい読者は，微分積分学の教科書，たとえば [5, 3 巻, p. 137–139], [2, p. 121–122] を参照してください．また命題 5.8 は，連続微分可能性よりも弱い仮定 (全微分可能) で成立します．この事実についても微分積分学の教科書を見てください．

$$\frac{\partial^2 f}{\partial x_j \partial x_i} = f_{x_i x_j}$$

と表す．$f_{x_i x_j}$ を f の **2 階偏導函数**とよぶ．

とくに $f_{x_1 x_1}, f_{x_1 x_2}, f_{x_2 x_1}, f_{x_2 x_2}$ がすべて存在するとき f は $\mathcal{D}$ 上で **2 階偏微分可能**であるといいます．さらに，2 階偏導函数のすべてが $\mathcal{D}$ 上で連続であるとき，f は $\mathcal{D}$ 上で **2 階連続微分可能**である (または f は C^2 級である) といいます．f が C^2 級であれば $f_{x_1 x_2} = f_{x_2 x_1}$ であることが証明できます．$\mathcal{D}$ 上で 2 階偏微分可能な函数 f に対し，3 階偏微分可能性や 3 階偏導函数 $f_{x_i x_j x_k}$，C^3 級函数を考えることができます．より高階の偏微分可能性や C^k 級函数 ($k \geqq 4$) の定義も同様に行います．

定義 5.10 すべての自然数 k に対し $f: \mathcal{D} \to \mathbb{R}$ が C^k 級であるとき，f は $\mathcal{D}$ 上で**滑らか**であるという．f は C^∞ 級であるともいう．

便宜上，f が $\mathcal{D}$ 上で連続であるとき，f は C^0 級であると定めます．

合成函数の微分法 (5.5) を用いて，$v_p(f)$ を次のように計算できます．

$$\begin{aligned}
v_p(f) &= \frac{\mathrm{d}}{\mathrm{d}t}\bigg|_{t=0} f(p_1 + tv_1, p_2 + tv_2) \\
&= \sum_{i=1}^{2} \frac{\partial f}{\partial x_i}(p + tv) \frac{\mathrm{d}(p_i + tv_i)}{\mathrm{d}t}\bigg|_{t=0} \\
&= \sum_{i=1}^{2} \frac{\partial f}{\partial x_i}(p) v_i.
\end{aligned}$$

そこで $\dfrac{\partial}{\partial x_i}\bigg|_p$ という記号を次の意味で使うようにしてみましょう．

$$\frac{\partial}{\partial x_i}\bigg|_p f = \frac{\partial f}{\partial x_i}(p),$$

つまり函数 f に対し点 p における偏微分係数 $\dfrac{\partial f}{\partial x_i}(p)$ を対応させる規則を $\dfrac{\partial}{\partial x_i}\bigg|_p$ で表します．この記法を使うと先ほどの計算結果から公式

$$(e_i)_p = \left.\frac{\partial}{\partial x_i}\right|_p$$

を得たことになります．一般の接ベクトルについては

$$v_p(f) = \sum_{i=1}^{2} v_i \left.\frac{\partial}{\partial x_i}\right|_p f$$

という結果になります．この公式から次の公式が簡単に確かめられます．

命題 5.11 函数 f, g と定数 a, b に対し
(1) $(av_p + bw_p)(f) = av_p(f) + bw_p(f)$,
(2) $v_p(af + bg) = av_p(f) + bv_p(g)$,
(3) $v_p(fg) = v_p(f)g(p) + f(p)v_p(g)$.

一定の値 c をとる函数 (**定数函数**) を c と表記することにします．すなわち

$$c(x_1, x_2) = c.$$

接ベクトル v_p に対し，上の命題の (3) から

$$v_p(1) = v_p(1 \times 1) = v_p(1)1(p) + 1(p)v_p(1) = 2v_p(1)$$

ですから $v_p(1) = 0$ となります．次に (2) を使うと

$$v_p(c) = v_p(c \times 1) = cv_p(1) = 0.$$

したがって定数函数については，方向微分は 0 になります．

演習 5.12 接ベクトル v_p で座標函数 x_i を方向微分すると v の i 番目の成分が得られることを確かめよ．すなわち $v_p(x_i) = v_i$ を証明せよ．

接ベクトルから方向微分を定めたのですが，実はこの逆対応があります．まず微分作用素 (derivation) というものを定義します．

定義 5.13 $\mathbb{R}^2$ 上の滑らかな函数の全体を $C^\infty(\mathbb{R}^2)$ で表す．写像 $D: C^\infty(\mathbb{R}^2) \to \mathbb{R}$ が次の条件をみたすとき p における**微分作用素**とよぶ．
(1) $D(af + bg) = aD(f) + bD(g)$,

(2)　$D(fg) = D(f)g(p) + f(p)D(g)$.

定数函数 c について $D(c) = 0$ となることは，接ベクトルのときと同様に示せます．

定理 5.14　p における微分作用素 D は p における接ベクトル v_p を用いて $D(f) = v_p(f)$ と表せる．

証明　まず次の補題を示す．

補題 5.15　函数 f は点 p を中心とする半径 r の開円板 $D_r(p)$ で定義された滑らかな函数とする．このとき $D_r(p)$ 内の点 (x_1, x_2) に対し

$$f(x_1, x_2) = f(p_1, p_2) + \sum_{i=1}^{2} f_i(x_1, x_2) g_i(x_1, x_2),$$

$$f_i(x_1, x_2) = \int_0^1 \frac{\partial f}{\partial x_i}((1-t)p_1 + tx_1, (1-t)p_2 + tx_2)\, dt,$$

$$g_i(x_1, x_2) = x_i - p_i, \quad i = 1, 2$$

と表すことができる．

(補題の証明)　$\boldsymbol{x} = (x_1, x_2)$, $\boldsymbol{p} = (p_1, p_2)$ とおく．$\boldsymbol{x} \in D_r(p)$ より $\boldsymbol{p}$ と $\boldsymbol{x}$ は線分で結ぶことができることに注意しよう．

$\boldsymbol{p}$ と $\boldsymbol{x}$ を結ぶ線分上の点の位置ベクトルは

$$(1-t)\boldsymbol{p} + t\boldsymbol{x}, \quad 0 \leqq t \leqq 1$$

で与えられることを利用する (図 6)．

合成函数の微分法 (5.5) を用いると

$$f(x_1, x_2) - f(p_1, p_2) = \left[f((1-t)\boldsymbol{p} + t\boldsymbol{x})\right]_0^1$$

$$= \int_0^1 \frac{d}{dt} f((1-t)\boldsymbol{p} + t\boldsymbol{x})\, dt$$

$$= \int_0^1 \left[\sum_{i=1}^{2} \frac{\partial f}{\partial x_i}((1-t)\boldsymbol{p} + t\boldsymbol{x}) \frac{d}{dt}\{(1-t)p_i + tx_i\}\right] dt$$

$$= \int_0^1 \sum_{i=1}^{2} \frac{\partial f}{\partial x_i}((1-t)\boldsymbol{p} + t\boldsymbol{x})(x_i - p_i)\, dt$$

5.3 方向微分

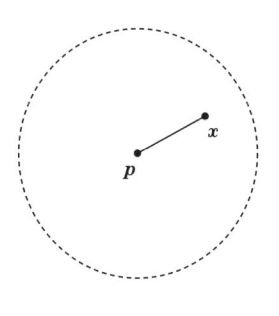

図 6

$$= \sum_{i=1}^{2} f_i(x_1, x_2) g_i(x_1, x_2)$$

と計算できる．(補題の証明終わり)

(定理の証明) 補題を用いて $D(f)$ を計算する．まず $f(p_1, p_2)$ は定数だから $D(f(p_1, p_2)) = 0$．さらに

$$f_i(p_1, p_2) = \frac{\partial f}{\partial x_i}(p), \quad g_i(p_1, p_2) = 0, \quad D(g_i) = D(x_i)$$

であることを利用して

$$\begin{aligned} D(f) &= D\left(f(p_1, p_2) + \sum_{i=1}^{2} f_i(x_1, x_2) g_i(x_1, x_2)\right) \\ &= \sum_{i=1}^{2} \left(D(f_i) g_i(p) + f_i(p) D(g_i)\right) \\ &= \sum_{i=1}^{2} f_i(p) D(g_i) = \sum_{i=1}^{2} D(x_i) \frac{\partial}{\partial x_i}\bigg|_p f \end{aligned}$$

したがって，$v = (D(x_1), D(x_2))$ とおけば $D = v_p$． ∎

高等学校では，接ベクトルは有向線分として定義されていましたが，ここでは"方向微分作用素"という別の捉え方ができました．この定理は**接ベクトルを方向微分作用素と同じものと考えてしまってよい**ということを述べています．接ベクトルを理解する上で大事なことは命題 5.11 で挙げた**接ベクトルのもつ機**

能に着目することにあります．そして機能のみに着目するのだから同じ機能をもつ対象があればそれらはすべて**接ベクトル**という名称でよんでしまって構わない．このような考え方をしています．別の言い方をすれば，接ベクトルというものは命題 5.11 にあるような性質をもつものとして抽象的に定義される代物であって私たちは接ベクトルを視覚的に捉えやすいモデル (有向線分) を作って理解してきたのです．ここで述べた考え方は今後，高度な数学を学ぶ上でしばしば用いられます．

　一見するとまったく別物に見える 2 つの対象が数学的な意味・役割・機能が同じであるときは，それらは同一の (抽象的に定義された) 数学的概念を別々の具体的な表現方法をとっただけであるとみなすのです．このようなみなし方を採用するときに**同一視する**という言い方をします．既に 2.2 節で $\overline{\mathbb{R}}$ と射影直線 $\mathbb{R}P^1$ を同一視することを説明しました．

　この節では「接ベクトル v_p と (v_p 方向への) 微分作用素を同一視する」ということを説明してきたのです．この**同一視する**という見方・考え方に慣れていくことが専門的な数学を学ぶ上で大事です．

5.4　ベクトル場

　数平面 $\mathbb{R}^2$ の各点に接ベクトルが分布している様子を思い浮かべてください (図 7)．

定義 5.16　$\mathbb{R}^2$ の各点 p に対し，p での接ベクトル X_p を対応させる写像のことを，$\mathbb{R}^2$ 上の**ベクトル場**とよぶ．

　ベクトル場は $\mathbb{R}^2$ で定義され $T\mathbb{R}^2$ に値をもつ写像です．

例 5.17
$$(E_1)_p = (e_1)_p, \quad (E_2)_p = (e_2)_p$$
と定めると E_1, E_2 は $\mathbb{R}^2$ 上のベクトル場．

5.4 ベクトル場

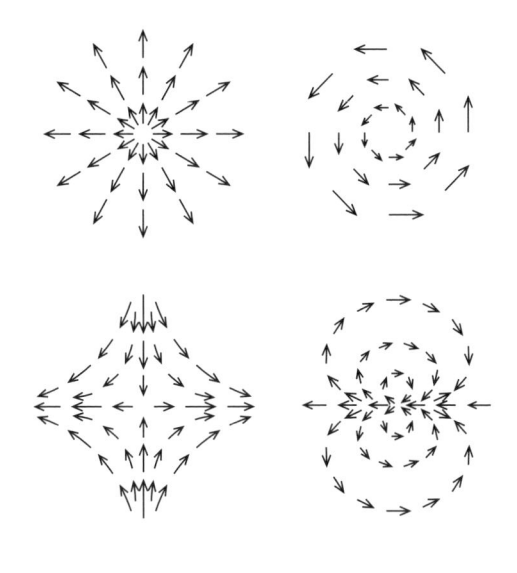

図 7

これらのベクトル場を用いると,任意のベクトル場 X は

$$X = X_1 E_1 + X_2 E_2$$

と表せます.この表示に現れた函数の組 $\{X_1, X_2\}$ をベクトル場 X の**成分**とよびます.

成分が C^∞ 級であるベクトル場を C^∞ ベクトル場とか**滑らかなベクトル場**とよびます.

> この本では以後,滑らかなベクトル場を考察対象とする.

ベクトル場 E_i は

$$(E_i)_p = \left.\frac{\partial}{\partial x_i}\right|_p$$

をみたすことに注意して今後,

$$E_i = \frac{\partial}{\partial x_i} = \partial_i \tag{5.7}$$

という記法も使います．

さて，2つのベクトル場 $X = X_1\partial_1 + X_2\partial_2$, $Y = Y_1\partial_1 + Y_2\partial_2$ に対し函数 (スカラー場)$(X|Y) : \mathbb{R}^2 \to \mathbb{R}$ を

$$(X|Y)_p = (X_p|Y_p)$$

で定めます．定義にしたがって計算すると[4]

$$(X|Y)_p = X_1(p)Y_1(p) + X_2(p)Y_2(p) \tag{5.8}$$

となることが確かめられます．

演習 5.18 次のことを確かめよ．
 (1) $(\partial_1|\partial_1) = 1$, $(\partial_1|\partial_2) = 0$, $(\partial_2|\partial_2) = 1$.
 (2) ベクトル場 X は

$$X = (X|\partial_1)\partial_1 + (X|\partial_2)\partial_2 \tag{5.9}$$

と表すことができる．

古典力学を学ぶ上で大事な例を挙げます．

例 5.19 滑らかな函数 $f : \mathcal{D} \subset \mathbb{R}^2 \to \mathbb{R}$ に対し

$$\operatorname{grad} f = \sum_{i=1}^{2} \frac{\partial f}{\partial x_i} \frac{\partial}{\partial x_i}$$

で定まる滑らかなベクトル場を f の**勾配ベクトル場**とよぶ．

註 5.20 (ベクトル解析) ベクトル場の微分積分学を「ベクトル解析」とよぶ．ベクトル解析の教科書の多くでは，この本でいうベクトル場 $X = X_1\partial_1 + X_2\partial_2$ の成分を並べて得られるベクトル値函数

$$\boldsymbol{X}(x_1, x_2) = {}^t(X_1(x_1, x_2), X_2(x_1, x_2))$$

---

[4] (5.3) を使います．

のことをベクトル場と定めている．またベクトル解析ではナブラとよばれる演算子を用いる．
$$\nabla = {}^t\!\Big(\frac{\partial}{\partial x_1}, \frac{\partial}{\partial x_2}\Big)$$
ナブラを用いて勾配ベクトル場を
$$\nabla f = {}^t\!\Big(\frac{\partial f}{\partial x_1}, \frac{\partial f}{\partial x_2}\Big)$$
と定める．

またベクトル場 X の**発散** div X を
$$\operatorname{div} X = \frac{\partial}{\partial x_1} X_1 + \frac{\partial}{\partial x_2} X_2$$
で定める．ベクトル解析の表記法では
$$\operatorname{div} \boldsymbol{X} = (\nabla | \boldsymbol{X})$$
と表せる．この右辺は「ナブラをベクトルのように思って $\boldsymbol{X}$ と内積を計算する」という解釈[5]をする．

勾配ベクトル場 $\operatorname{grad} f$ の定義では，座標系 (x_1, x_2) に関する f の偏導関数を用いています．実は座標系を使わずに，勾配ベクトル場を次のように定義することができます．

定理 5.21 任意の滑らかなベクトル場 X に対し条件
$$(X|V) = V(f) \tag{5.10}$$
をみたすベクトル場 X は $\operatorname{grad} f$ のみである．

証明 $V = V_1 \partial_1 + V_2 \partial_2$ と表す．(5.8) より[6]
$$(\operatorname{grad} f\,|V) = \Big(\frac{\partial f}{\partial x_1}\partial_1 + \frac{\partial f}{\partial x_2}\partial_2 \Big| V_1\partial_1 + V_2\partial_2\Big)$$

---

[5] あるいは「憶え方」．

[6] 問題 5.18 の (1) を参照．

$$= V_1 \frac{\partial f}{\partial x_1} + V_2 \frac{\partial f}{\partial x_2} = \sum_{i=1}^{2} V_i \frac{\partial f}{\partial x_i} = V(f)$$

であるから，grad f は与えられた条件をみたしている．今度は条件をみたす任意のベクトル場 $X = X_1 \partial_1 + X_2 \partial_2$ をとる．すると (5.9) より

$$X_i = (X|\partial_i) = \frac{\partial}{\partial x_i}(f) = \frac{\partial f}{\partial x_i}$$

なので $X = \mathrm{grad}\, f$．

定理 5.21 では座標系を用いずに勾配ベクトル場が定義されていること，定義の際に内積を用いていることに注意を払ってください．式 (5.10) を用いて曲がった空間 (リーマン多様体) 上で，勾配ベクトル場を定義することができます ([80, p. 236] を見てください)．

この章で説明した「方向微分作用素としての接ベクトル」という考え方は，数平面上のベクトル解析には大げさです[7]．一方，現代の幾何学における研究対象の曲がった空間 (リーマン多様体) では，「向きと大きさをもつ量」や「有向線分」という方式でベクトルを定めることができないことを注意しておきます．

多様体を学ぶ際には，まず接ベクトルの定義から見直す必要があるのです．この章で説明した方法は「多様体でも通用する接ベクトルの定義」なのです．多様体を本格的に学ぶ前に，接ベクトルを方向微分作用素として理解することに慣れておくとよいと思います．

参考図書

この章では，2 変数函数に対する偏微分法・方向微分を用いました．この本を読み進める上で必要となる 2 変数函数の偏微分法についてはこの章で用意しました．ただし，証明なしで事実のみを挙げたものがありました．より確実な理解を求めたい読者や，証明なしでとりあげた事実を証明してみたい読者は，この機会に 2 変数函数の微分積分学の学習を始めるとよいでしょう．2 変数函数の微分積分学を解説した教科書はたくさん出版されていますので，図書館・書店で自分に合うものを探してください．ここでは [5] を挙げておきます．本格的な記述 (厳密さ) を求める読者には [4] と [20] を紹介しておきます．

---

[7] 抽象的すぎますね．

章末問題

問題 5.22 $\mathbb{R}^2$ 上で定義された函数

$$f(x_1, x_2) = \begin{cases} \dfrac{x_1 x_2}{x_1^2 + x_2^2}, & (x_1, x_2) \neq (0,0), \\ 0, & (x_1, x_2) = (0,0) \end{cases}$$

について次の問いに答えよ.
(1) f は $(0,0)$ において連続でないことを示せ.
(2) f は $(0,0)$ において偏微分可能であることを示せ.
(3) f は $(0,0)$ において連続微分可能でないことを示せ.

問題 5.23 数平面 $\mathbb{R}^2(x_1, x_2)$ において,点 $\boldsymbol{x} = (x_1, x_2)$ の位置を原点からの距離 $r = \sqrt{x_1^2 + x_2^2}$ と x_1 軸から測った角 θ を用いて

$$(x_1, x_2) = (r\cos\theta, r\sin\theta)$$

と表すことができる. (r, θ) を点 (x_1, x_2) の**極座標**とよぶ (図 8, 次ページ).
次の関係式を示せ.

$$\frac{\partial f}{\partial x_1} = \cos\theta \frac{\partial f}{\partial r} - \frac{\sin\theta}{r}\frac{\partial f}{\partial \theta}, \quad \frac{\partial f}{\partial x_2} = \sin\theta \frac{\partial f}{\partial r} + \frac{\cos\theta}{r}\frac{\partial f}{\partial \theta}. \tag{5.11}$$

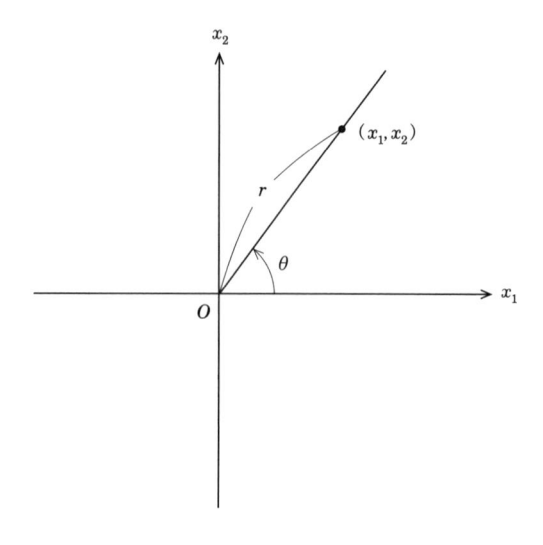

図 8 極座標

第6章

流れ

"渦無しの流れは正則関数のグラフである"と考えたい．これによって，関数論の諸定理の意味が直観的につかみやすくなるのである．(今井功 [22]).

6.1 曲線の接ベクトル場

数平面 $\mathbb{R}^2$ 内の曲線を

$$\boldsymbol{x}(t) = (x_1(t), x_2(t)), \quad t \in I \tag{6.1}$$

と表示します．(6.1) を曲線の**径数表示** (または**パラメータ表示**) とよびます．ここで I はある区間とします．$a \in I$ に対し極限

$$\dot{x}(a) = \lim_{h \to 0} \left\{ \frac{1}{h} \left(\boldsymbol{x}(a+h) - \boldsymbol{x}(a) \right) \right\}$$

が存在するとき，曲線 $\boldsymbol{x}(t)$ は $t = a$ において (または点 $\boldsymbol{x}(a)$ において) **微分可能**であるといいます．すべての $a \in I$ において微分可能であるとき，この曲線 $\boldsymbol{x}(t)$ は**微分可能な曲線**であるといいます．定義からすぐに次の事実が確かめられます．

命題 6.1 曲線 (6.1) が微分可能 $\iff$ $x_1(t)$ と $x_2(t)$ が I 上で微分可能．

1 変数関数のときと同じ要領で，曲線についても高階の微分可能性や導函数を定義します．

> 以下,滑らかな曲線のみを取り扱う.

滑らかな曲線 $x : I \to \mathbb{R}^2$ 上の 1 点 $x(t)$ における**接ベクトル**を $x'(t)$ と書くことにしましょう.

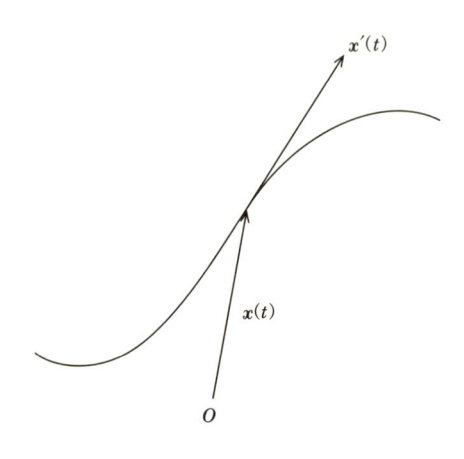

図 1

前の章で定めた記法を使うと

$$x'(t) = \dot{x}_{x(t)}$$

と表せます.また,前の章で説明した接ベクトルの表示式から

$$x'(t) = \frac{\mathrm{d}x_1}{\mathrm{d}t}(t)\frac{\partial}{\partial x_1}\bigg|_{x(t)} + \frac{\mathrm{d}x_2}{\mathrm{d}t}(t)\frac{\partial}{\partial x_2}\bigg|_{x(t)} \tag{6.2}$$

となることがわかります.$x'(t)$ は曲線 $x(t)$ の上の各点に接ベクトルを対応させています.$x'(t)$ を曲線 $x(t)$ の**接ベクトル場**とよぶことにします.

6.2 積分曲線

$\mathbb{R}^2$ 上の滑らかなベクトル場の全体を $\mathfrak{X}(\mathbb{R}^2)$ で表します.

6.2 積分曲線

定義 6.2 $X \in \mathfrak{X}(\mathbb{R}^2)$ とする．区間 I で定義された曲線 $\boldsymbol{x}(t)$ が

$$\text{すべての } t \in I \text{ に対し } X_{\boldsymbol{x}(t)} = \boldsymbol{x}'(t) \tag{6.3}$$

をみたすときベクトル場 X の**積分曲線**とよぶ．

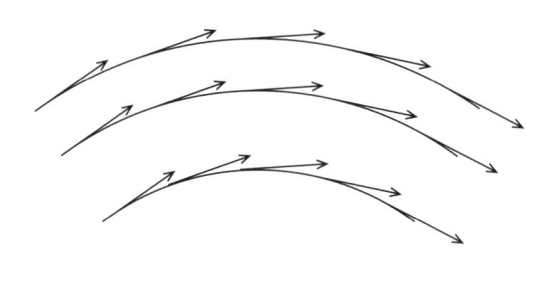

図 2

$$X = X_1(x_1, x_2)\frac{\partial}{\partial x_1} + X_2(x_1, x_2)\frac{\partial}{\partial x_2}$$

と表すと積分曲線の方程式 (6.3) は

$$\begin{cases} \dfrac{\mathrm{d}x_1}{\mathrm{d}t}(t) = X_1(x_1(t), x_2(t)) \\ \dfrac{\mathrm{d}x_2}{\mathrm{d}t}(t) = X_2(x_1(t), x_2(t)) \end{cases} \tag{6.4}$$

と書き直せます．

連立常微分方程式 (6.4) の解 $(x_1(t), x_2(t))$ はベクトル場の積分曲線という**幾何学的な捉え方**ができるのです．

では，具体例について，積分曲線の方程式 (6.4) を解いてみましょう．(6.4) を解く上での初期条件を

$$(x_1(0), x_2(0)) = (u_1, u_2) = \boldsymbol{u} \tag{6.5}$$

としておきます．

また，スペースの節約のために，前の章で定めた記法

$$\frac{\partial}{\partial x_i} = \partial_i,$$

を使います.

例 6.3 ベクトル場 $X = -x_2 \partial_1 + x_1 \partial_2$ の初期条件 (6.5) をみたす積分曲線を求める.

$$\frac{d}{dt}\begin{pmatrix} x_1(t) \\ x_2(t) \end{pmatrix} = \begin{pmatrix} 0 & -1 \\ 1 & 0 \end{pmatrix}\begin{pmatrix} x_1(t) \\ x_2(t) \end{pmatrix} = J\begin{pmatrix} x_1(t) \\ x_2(t) \end{pmatrix}$$

より $\boldsymbol{x}(t) = \exp(tJ)\boldsymbol{u}$ と求められる. より一般に

$$X_1 = a_{11}x_1 + a_{12}x_2, \quad X_2 = a_{21}x_1 + a_{22}x_2, \quad a_{ij} \in \mathbb{R}$$

であれば行列 $A = (a_{ij})$ を用いて X の積分曲線は $\boldsymbol{x}(t) = \exp(tA)\boldsymbol{u}$ で与えられる.

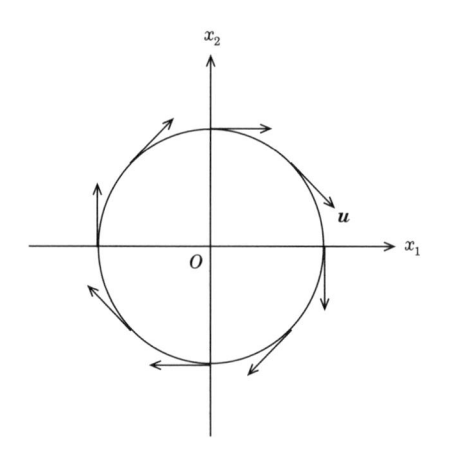

図 3

例 6.4 $X = v_1 \partial_1 + v_2 \partial_2$ と選ぶ. ここで v_1, v_2 は定数とする. 積分曲線の方程式は,

$$(\dot{x}_1(t), \dot{x}_2(t)) = (v_1, v_2) = \boldsymbol{v}$$

である. 初期条件 (6.5) の下でこれを解けば

$$\boldsymbol{x}(t) = \boldsymbol{u} + t\boldsymbol{v}.$$

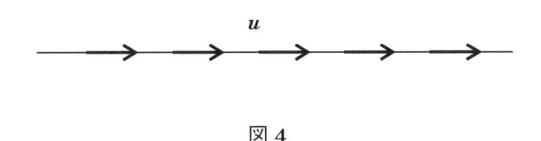

図 4

　例 6.3 と例 6.4 における初期条件 (6.5) をみたす X の積分曲線を $\boldsymbol{x}(t;\boldsymbol{u})$ と書きます．これを用いて写像 $\phi:\mathbb{R}\times\mathbb{R}^2\to\mathbb{R}^2$ を

$$\phi(t)\boldsymbol{u} = \boldsymbol{x}(t;\boldsymbol{u}), \quad t\in\mathbb{R},\ \boldsymbol{u}\in\mathbb{R}^2$$

と定めることができます．

　例 6.3 と例 6.4 のどちらの場合も次のことが成立しています[1]．

- $\phi(t)\phi(s)\boldsymbol{u} = \phi(t+s)\boldsymbol{u}$,
- $\phi(0)\boldsymbol{x} = \boldsymbol{x}$.

この性質に着目して次の用語を定めます．

定義 6.5 写像 $\phi:\mathbb{R}\times\mathbb{R}^2\to\mathbb{R}^2$ が

- $\phi(t)\phi(s)\boldsymbol{u} = \phi(t+s)\boldsymbol{u},\ t,s\in\mathbb{R}$,
- $\phi(0)\boldsymbol{u} = \boldsymbol{u},\ \boldsymbol{u}\in\mathbb{R}^2$,

をみたすとき $\varPhi = \{\phi(t)\mid t\in\mathbb{R}\}$ を $\mathbb{R}^2$ の **1 径数変換群**とよぶ．

　当然ですが

$$\phi(t) = \exp(tA), \quad A\in\mathrm{M}_2\mathbb{R} \tag{6.6}$$

は 1 径数変換群を定めます．もちろん，平行移動

$$\phi(t)\boldsymbol{u} = \boldsymbol{u} + t\boldsymbol{v}, \quad \boldsymbol{v}\in\mathbb{R}^2 \tag{6.7}$$

も 1 径数変換群を定めます．

---

[1] 実は第 4 章の最後に既に紹介してあります．

第 4 章の最後で予告した「(6.6) と (6.7) を統一的に扱う方法」が定義 6.5 で定めた 1 径数変換群なのです．

註 6.6 定義 6.5 では数平面 $\mathbb{R}^2$ の 1 径数変換群を定義した．1 径数変換群の定義は，次のように一般化できる．

M を空でない集合とする．写像 $\phi\colon \mathbb{R} \times M \to M$ が

- $\phi(t)\phi(s)\boldsymbol{u} = \phi(t+s)\boldsymbol{u}$, $t, s \in \mathbb{R}$,
- $\phi(0)\boldsymbol{u} = \boldsymbol{u}$, $\boldsymbol{u} \in \mathbb{R}^2$,

をみたすとき $\varPhi = \{\phi(t) \mid t \in \mathbb{R}\}$ を M の **1 径数変換群**とよぶ[2]．

この本では，$\mathbb{R}^2$ のほかに

- 数直線 $\mathbb{R}$ （第 10 章），
- 射影直線 $\mathbb{R}P^1$ （第 10 章），
- 固有和が 0 の 2 次行列の全体 $\{X \in \mathrm{M}_2\mathbb{R} \mid \mathrm{tr}\, X = 0\}$ （第 12 章），

の 1 径数変換群を扱う．

第 4 章の定義 4.19 を次のように一般化しておきます．

定義 6.7 数平面の 1 点 $\boldsymbol{a}$ と 1 径数変換群 $\varPhi = \{\phi(t) \mid t \in \mathbb{R}\}$ に対し
$$\varPhi \cdot \boldsymbol{a} = \{\phi(t)\boldsymbol{a} \mid t \in \mathbb{R}\}$$
を $\boldsymbol{a}$ の $\varPhi$ のよる**軌道**とよぶ．

[ちょっとひとこと]　空気や水のように "流れる物体" のことを**流体**とよぶ．流体の運動を記述する物理学が流体力学である．流体力学では，流れの様子を流体の速度ベクトル場 (速度場) を用いて表現する．流体の速度場 $V = V_1 \partial_1 + V_2 \partial_2$ の積分曲線を**流線**とよぶ．流体力学にベクトル解析が応用できるのである．逆に流体力学を具体例・モデルとすることで，ベクトル解析を直観的に (イ

---

[2] 「ϕ は群 $(\mathbb{R}, +)$ の M 上の作用 (action) を定めている」と言い表すことができます．$(\mathbb{R}, +)$ を一般の群で置き換えることで M 上の**群作用**という概念が定義されます ([9, p. 81])．

メージ豊か) に理解しやすくなる．たとえば (例 6.3, 例 6.4 のように) ベクトル場 $V = V_1\partial_1 + V_2\partial_2$ の積分曲線を用いて 1 径数変換群 $\Phi = \{\phi(t)\}$ が定まっているとしよう．点 $\boldsymbol{u}$ を通る V の積分曲線 $\phi(t)\boldsymbol{u}$ は点 $\boldsymbol{u}$ を通る速度 V の"流れ"と思うことができる．ベクトル解析では流体力学用語を借用することがある．たとえば 1 径数変換群のことを**相流**とよんだりする．この章の最後で流体力学用語について簡単に説明する．

6.3　ベクトル場の完備性

どんなベクトル場 $X \in \mathfrak{X}(\mathbb{R}^2)$ も 1 径数変換群を定めるのでしょうか．次の例をみてください．

例 6.8　$X = x_1^2 \partial_1 + x_1 x_2 \partial_2$ とする．まず
$$\dot{x}_1(t) = x_1(t)^2$$
は変数分離形なのですぐに
$$x_1(t) = \frac{u_1}{1 - u_1 t}$$
と解ける．次に $\dot{x}_2(t) = x_1(t) x_2(t)$ は上の結果を使うと変数分離形の方程式
$$\frac{1}{x_2(t)} \frac{\mathrm{d}x_2}{\mathrm{d}t}(t) = \frac{u_1}{1 - u_1 t}$$
に直るので，これもただちに
$$x_2(t) = \frac{u_2}{1 - u_1 t}$$
と解ける．そこで
$$\phi(t)\boldsymbol{u} = \left(\frac{u_1}{1 - u_1 t}, \frac{u_2}{1 - u_1 t} \right)$$
と定めると，$\phi(s)\phi(t) = \phi(s+t)$, $\phi(0) = $ 恒等変換 であることが確かめられる．ϕ は
$$\mathcal{U} = \left\{ (t, x_1, x_2) \,\middle|\, x_1 > 0 \text{ に対し } t < \frac{1}{x_1}, \ x_1 < 0 \text{ に対し } t > \frac{1}{x_1} \right\} \subset \mathbb{R} \times \mathbb{R}^2$$

という領域上で定義される．

この例における ϕ は $\mathbb{R} \times \mathbb{R}^2$ の全体で定義されていませんが，$\phi(t)\phi(s) = \phi(s+t)$ の両辺が意味をもつ範囲では 1 径数変換群のように扱うことができます．このように $\mathbb{R} \times \mathbb{R}^2$ の全体で定義されていないけれども，1 径数変換群の性質をもつ ϕ のことを **1 径数局所変換群** あるいは **局所相流** とよびます．

註 6.9 (爆発解)　$\dot{x}_1(t) = x_1(t)^2$ の解 $x_1(t) = u_1/(1 - u_1 t)$ は
$$\lim_{t \to 1/u_1 - 0} x(t) = +\infty$$
という性質をもつから，その定義域は開区間 $(-\infty, 1/u_1)$ である．この解のように，有限時間で有界でなくなる解を **爆発解** とよぶ．

一般に次の存在定理が知られています ([80], [12] などを参照)．

定理 6.10　$X \in \mathfrak{X}(\mathbb{R}^2)$ とする．数平面の 1 点 $\boldsymbol{u}$ を 1 つ選んで固定する．
 (1) ある $\varepsilon > 0$ と X の積分曲線 $\boldsymbol{x} : (-\varepsilon, \varepsilon) \to \mathbb{R}^2$ で初期条件 $\boldsymbol{x}(0) = \boldsymbol{u}$ をみたすものが存在する．
 (2) X の 2 つの積分曲線 $\boldsymbol{x}_1 : (a_1, b_1) \to \mathbb{R}^2$ と $\boldsymbol{x}_2 : (a_2, b_2) \to \mathbb{R}^2$ とが $\boldsymbol{x}_1(0) = \boldsymbol{x}_2(0)$ をみたせば $\boldsymbol{x}_1$ と $\boldsymbol{x}_2$ は $(a_1, b_1) \cap (a_2, b_2)$ で一致する．

ここで (a, b) は開区間
$$(a, b) = \{t \in \mathbb{R} \mid a < t < b\}$$
を表す．

どのベクトル場も例 6.8 と同様に，指定した点 $\boldsymbol{u}$ の近くで定義された 1 径数局所変換群をもつことがいえます．例 6.3 や 6.4 のように 1 径数変換群を定めるベクトル場のことを **完備ベクトル場** とよびます．

演習 6.11　ベクトル場 $X = \partial_1 + x_1 \partial_2$ に対する初期条件 (6.5) をみたす積分曲線は
$$\boldsymbol{x}_u(t) = \left(u_1 + t, \frac{1}{2}t^2 + u_1 t + u_2\right)$$

で与えられることを示せ．したがって X は完備である．X の定める 1 径数変換群 Φ は，数平面上の等積変換群の部分群である．1 点 $\boldsymbol{a}$ の Φ による軌道は放物線である．([82] 参照).

6.4　線積分

$X \in \mathfrak{X}(\mathbb{R}^2)$ とします．曲線 $\mathrm{C} = \{\boldsymbol{x}(t) \mid a \leqq t \leqq b\}$ に対し

$$\int_{\mathrm{C}} X = \int_a^b (X_{\boldsymbol{x}(t)} | \boldsymbol{x}'(t))\, \mathrm{d}t$$

と定め，これを X の曲線 C に沿う**線積分**とよびます．X を $X = X_1 \partial_1 + X_2 \partial_2$ と表示すれば線積分は

$$\int_{\mathrm{C}} X = \int_a^b \sum_{i=1}^2 X_i(x_1(t), x_2(t)) \frac{\mathrm{d}x_i}{\mathrm{d}t}(t)\, \mathrm{d}t \tag{6.8}$$

と計算されます．

例 6.12（仕事）　$\mathbb{R}^2$ を運動する質量 m の質点を考える．質点の位置ベクトルは時刻 t を径数とする曲線 C で表される．C の径数表示 (7.1 節参照) を $\boldsymbol{x}(t)$ とすれば，この質点の**速度ベクトル場**は $\boldsymbol{x}'(t)$ で与えられる．曲線 C に沿うベクトル場

$$\boldsymbol{x}''(t) = \frac{\mathrm{d}^2 x_1}{\mathrm{d}t^2}(t) \partial_1 + \frac{\mathrm{d}^2 x_2}{\mathrm{d}t^2}(t) \partial_2$$

を**加速度ベクトル場**とよぶ．この質点に働く力を与えるベクトル場 F と加速度ベクトル場は

$$m\boldsymbol{x}''(t) = F_{\boldsymbol{x}(t)}$$

という関係にある．この微分方程式を質点の**運動方程式**とよぶ．

$$K(\boldsymbol{x}(t)) = \frac{m}{2}(\dot{x}_1(t)^2 + \dot{x}_2(t)^2)$$

を質点の運動の**運動エネルギー**とよぶ．

線積分 $W = \displaystyle\int_{\mathrm{C}} F$ を，質点の運動に伴って力 F が行った**仕事**とよぶ．

仕事の定義より

$$W = \int_a^b \sum_{i=1}^2 F_i(\boldsymbol{x}(t))\dot{x}^i(t)\,\mathrm{d}t = \int_a^b \frac{\mathrm{d}}{\mathrm{d}t}K(\boldsymbol{x}(t))\,\mathrm{d}t = K(\boldsymbol{x}(b)) - K(\boldsymbol{x}(a))$$

と計算されることから，仕事は運動エネルギーの変化を示す量であることがわかる．

例 6.13 (流量)　$V \in \mathfrak{X}(\mathbb{R}^2)$ を数平面上を流れる流体の速度ベクトル場とする．曲線 C に沿う線積分 $\displaystyle\int_C V$ を C に沿う**流量**とよぶ．

勾配ベクトル場 $X = \mathrm{grad}\,f$ の線積分を計算してみます．
$$\int_C \mathrm{grad}\,f = \sum_{i=1}^2 \frac{\partial f}{\partial x_i}(\boldsymbol{x}(t))\frac{\mathrm{d}x_i}{\mathrm{d}t}(t)\,\mathrm{d}t$$
$$= \int_a^b \frac{\mathrm{d}f}{\mathrm{d}t}(\boldsymbol{x}(t))\,\mathrm{d}t = f(\boldsymbol{x}(b)) - f(\boldsymbol{x}(a))$$

したがって勾配ベクトル場の線積分は f の**端点の値**できまります．とくに C が閉曲線，つまり $\boldsymbol{x}(a) = \boldsymbol{x}(b)$ ならば $\displaystyle\int_C \mathrm{grad}\,f = 0$ が得られます．

例 6.14 (保存力の場)　例 6.12 において力のベクトル場 F がある函数 U を用いて $F = -\mathrm{grad}\,U$ と表せるときを考える (力学の習慣でマイナスをつける)．
$$E(\boldsymbol{x}(t)) = K(\boldsymbol{x}(t)) + U(\boldsymbol{x}(t))$$
を質点の運動の**全エネルギー** (または**力学的エネルギー**) とよぶ．この運動に伴う仕事 W は
$$W = \int_C F = -U(\boldsymbol{x}(b)) + U(\boldsymbol{x}(a))$$
である．到達点 $\boldsymbol{x}(b)$ と出発点 $\boldsymbol{x}(a)$ における全エネルギーの差を求めると
$$E(\boldsymbol{x}(b)) - E(\boldsymbol{x}(a)) = K(\boldsymbol{x}(b)) - K(\boldsymbol{x}(a)) + U(\boldsymbol{x}(b)) - U(\boldsymbol{x}(a))$$
$$= W - W = 0.$$
したがって力学的エネルギーは出発点と到着点で変わらない．この事実に基づき $F = -\mathrm{grad}\,U$ と表せる力 F を**保存力の場**という．

演習 6.15　保存力の場 $F = -\mathrm{grad}\,U$ の定める運動方程式 $m\boldsymbol{x}''(t) = F_{\boldsymbol{x}(t)}$

にしたがう質点の運動において，全エネルギー $E(\boldsymbol{x}(t))$ は一定であることを示せ．この事実を**力学的エネルギー保存の法則**とよぶ．

6.5 渦度

ベクトル場 X に対し $X = \operatorname{grad} f$ となる函数 f が常に存在するかどうかを考察します．このような f が存在するとき，f を X の**ポテンシャル**とよびます．

流体力学用語の借用ですが $X = X_1 \partial_1 + X_2 \partial_2 \in \mathfrak{X}(\mathbb{R}^2)$ に対し

$$\operatorname{curl} X = \frac{\partial}{\partial x_1} X_2 - \frac{\partial}{\partial x_2} X_1$$

と定め X の**渦度**とよびます ([19, 6.3 節] 参照)．ベクトル場 X が $\operatorname{curl} X = 0$ をみたすとき X は**渦無し**であるといいます (例 6.21 を見てください)．

勾配ベクトル場の渦度を計算すると

$$\operatorname{curl} \operatorname{grad} f = \frac{\partial}{\partial x_1} \frac{\partial f}{\partial x_2} - \frac{\partial}{\partial x_2} \frac{\partial f}{\partial x_1} = 0$$

です．そこで逆に，渦無しのベクトル場 X がポテンシャルをもつかどうか考えます．

長方形領域

$$\mathcal{R} = \{ (x_1, x_2) \mid a_1 \leqq x_1 \leqq a_2,\ b_1 \leqq x_2 \leqq b_2 \}$$

の上で X の成分を積分してみます (図 5)．

まず $\partial f / \partial x_1 = X_1$ となるようにしたいので

$$f(x_1, x_2) = \int_{a_1}^{x_1} X_1(s, x_2) \, \mathrm{d}s + Y(x_2) \tag{6.9}$$

とおきます．Y は x_2 のみの函数です．(6.9) の両辺を x_2 で偏微分し，$\operatorname{curl} X = 0$ を使うと

$$\begin{aligned}
\frac{\partial f}{\partial x_2}(x_1, x_2) &= \int_{a_1}^{x_1} \frac{\partial}{\partial x_2} X_1(s, x_2) \, \mathrm{d}s + \frac{\mathrm{d}Y}{\mathrm{d}x_2}(x_2) \\
&= \int_{a_1}^{x_1} \frac{\partial}{\partial s} X_2(s, x_2) \, \mathrm{d}s + \frac{\mathrm{d}Y}{\mathrm{d}x_2}(x_2)
\end{aligned}$$

図 5

$$= X_2(x_1, x_2) - X_2(a_1, x_2) + \frac{\mathrm{d}Y}{\mathrm{d}x_2}(x_2).$$

これと $\partial f/\partial x_2 = X_2$ を比較して

$$\frac{\mathrm{d}Y}{\mathrm{d}x_2}(x_2) = X_2(a_1, x_2)$$

を得るので

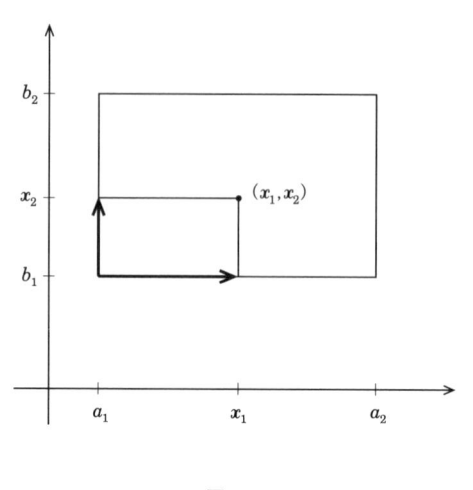

$$f(x_1, x_2) = \int_{a_1}^{x_1} X_1(s, x_2)\,\mathrm{d}s + \int_{b_1}^{x_2} X_2(a_1, t)\,\mathrm{d}t + f_0$$

(f_0 は定数) となります.

定理 6.16 (ポアンカレの補題) 長方形領域 $\mathcal{R}$ 上で定義された渦無しのベクトル場 X に対し $X = \mathrm{grad}\, f$ となる $\mathcal{R}$ 上の滑らかな関数 f が存在する.

ここで次の例をみておくことにしましょう.

例 6.17 ベクトル場

$$X = -\frac{x_2}{x_1^2 + x_2^2}\partial_1 + \frac{x_1}{x_1^2 + x_2^2}\partial_2$$

は数平面から原点を除いて得られる領域 $\mathcal{D} = \mathbb{R}^2 \setminus \{\mathbf{0}\}$ で定義されている．$\operatorname{curl} X = 0$ であることはすぐ確かめられる．$\mathcal{D}$ 上の函数 f を用いて $X = \operatorname{grad} f$ と表せると仮定する．

$\mathrm{C} = \{\boldsymbol{x}(t) = (\cos t, \sin t) \mid 0 \leqq t \leqq 2\pi\}$ 上で線積分を行うと

$$\int_\mathrm{C} X = f(\boldsymbol{x}(2\pi)) - f(\boldsymbol{x}(0)) = 0.$$

一方，(6.8) を使って計算すると

$$\int_\mathrm{C} X = \int_0^{2\pi} (-\sin t)(-\sin t) + (\cos t)(\cos t)\,\mathrm{d}t = 2\pi$$

となり矛盾．

この例で見たように，ポアンカレの補題で領域に課した「長方形」という条件が大事であることがわかります．この例では X が原点で定義されていないばかりか，原点まで連続的に定義域を拡張することさえできません．ある領域 $\mathcal{D}$ で定義されたベクトル場 X に対し，$\operatorname{curl} X = 0$ がポテンシャルが存在するための必要十分条件であるためには，$\mathcal{D}$ に制約 (位相的な性質) が必要です．長方形領域よりももっと一般的な条件「単連結性」をみたす領域であればよいことが知られています．詳細は [20, 8.6 節] を見てください．ここで紹介した定理 6.16 は，ポアンカレの補題とよばれている事実の最も簡単な場合です[3]．定理 6.16 はクレロー[4]が 1739 年に発表したものが最初のようです．

ポアンカレの補題から簡単に導ける事実をいくつか紹介しておきます．

例 6.18 (**調和函数**)　ベクトル場 $X = X_1 \partial_1 + X_2 \partial_2 \in \mathfrak{X}(\mathbb{R}^2)$ が渦無し ($\operatorname{curl} X = 0$) であるとする．ポアンカレの補題より $X = \operatorname{grad} \varphi$ と表すことができる．このとき

$$\operatorname{div} X = \operatorname{div}(\operatorname{grad} \varphi) = \frac{\partial^2 \varphi}{\partial x_1^2} + \frac{\partial^2 \varphi}{\partial x_2^2}$$

となる．一般に函数 φ に対し $\operatorname{div}(\operatorname{grad} \varphi)$ を $\Delta \varphi$ と書く．Δ を**ラプラス作用素**とよぶ．$\Delta \varphi = 0$ をみたす函数 φ を**調和函数**とよぶ．

---

[3] 一般のポアンカレの補題については [79, p. 16]，[81, p. 135] を見てください．

[4] Alexis Claude Clairaut (1713–1765).

例 6.19 (**共軛調和函数**) ベクトル場 $X = X_1\partial_1 + X_2\partial_2 \in \mathfrak{X}(\mathbb{R}^2)$ が発散無し ($\mathrm{div}\, X = 0$) であるとする.

$$0 = -\mathrm{div}\, X = -\frac{\partial X_1}{\partial x_1} - \frac{\partial X_2}{\partial x_2} = \frac{\partial}{\partial x_1}(-X_1) - \frac{\partial}{\partial x_2}X_2$$

であるからポアンカレの補題より

$$-\mathrm{grad}\,\psi = X_2\partial_1 - X_1\partial_2$$

となる函数 ψ が存在する. X は ψ を用いて $X = -J\,\mathrm{grad}\,\psi$ と表せることを注意しておこう[5].

とくに X が渦無しの場合を考えよう. このとき $X = \mathrm{grad}\,\varphi$ と表せ,φ は調和函数である. φ と ψ の関係をまとめると

$$X_1 = \varphi_{x_1} = \psi_{x_2}, \quad X_2 = \varphi_{x_2} = -\psi_{x_1}$$

であるから

$$\Delta\psi = (\psi_{x_1})_{x_1} + (\psi_{x_2})_{x_2} = (\varphi_{x_2})_{x_1} - (\varphi_{x_1})_{x_2} = 0.$$

したがって ψ も調和函数である. ψ を φ の**共軛調和函数**とよぶ.

複素函数論で次の事実を学べます.

註 6.20 (**コーシー–リーマン方程式**) $\mathbb{R}^2$ の領域で定義された函数の組 $\{u(x_1, x_2), v(x_1, x_2)\}$ に関する連立偏微分方程式

$$u_{x_1} = v_{x_2}, \quad u_{x_2} = -v_{x_1}$$

を**コーシー–リーマンの方程式**とよぶ. u と v は互いに共軛な調和函数である. いま複素数に値をもつ函数 f を

$$f(z) = u(x_1, x_2) + iv(x_1, x_2), \quad z = x_1 + ix_2$$

で定めると f は正則函数 (複素微分可能な函数) であることがわかる.

ここまでの内容を流体力学に応用できます.

---

[5] V は ψ をハミルトン函数にもつハミルトン・ベクトル場です.

例 6.21 (縮まない渦無しの流体) 粘性を無視できる流体を**完全流体**とよぶ．数平面上の完全流体を考える．流体の速度ベクトル場を $V = V_1\partial_1 + V_2\partial_2 \in \mathfrak{X}(\mathbb{R}^2)$ とする．$\operatorname{curl} V = 0$ をみたすとき，その流体は**渦無し**であるという．縮まない完全流体[6](密度一定の流体) は $\operatorname{div} V = 0$ (連続の方程式) をみたす．平面上の縮まない完全流体が渦無しであるときを考える．例 6.18 と例 6.19 の考察から $V = \operatorname{grad} \varphi = -J \operatorname{grad} \psi$ をみたす函数 φ と ψ がとれる．これらは互いに共軛な調和函数であり正則函数 $f = \varphi + i\psi$ を定める．流体力学では，この f を**複素速度ポテンシャル**とよび，その導函数 $\mathrm{d}f/\mathrm{d}z$ を複素速度場とよぶ[7]．$\psi = $ 定数 において得られる曲線を流体の**流線**とよぶ．一方 $\varphi = $ 定数 において得られる曲線は流体の**等ポテンシャル線**とよばれている[8]．複素函数論 (等角写像論) を流体力学にどのように活用するかについては [21]–[22] をみるとよい．

参考図書

　この機会に「ベクトル解析」を学ぶのもよいと思います．とても多くの教科書が出版されていますので，書店や図書館で自分にあった本をさがしていただくのがよいでしょう．ここでは何冊か，ベクトル解析の教科書を紹介しておきます．はじめてベクトル解析を学ぶ方には [19] をすすめます．もっと数学的な記述を好まれる方には [3], [17], [18], [25] がよいでしょう．厳密な理論展開を学びたい方には [20] をすすめます．日本評論社からは小林真平『曲面とベクトル解析』(日評ベーシック・シリーズ，2016) が出版されています．

---

[6] 非圧縮性流体ともいいます．圧力をかけても縮まないという意味．
[7] $\dfrac{\mathrm{d}f}{\mathrm{d}z} = V_1 - iV_2$ であることから $\dfrac{\mathrm{d}f}{\mathrm{d}z}$ を共軛複素速度場とよぶ本もあります．
[8] 例 7.3 も参照．

第7章

完全微分方程式

この章では
$$X_1(x_1, x_2) + X_2(x_1, x_2) \frac{\mathrm{d}x_2}{\mathrm{d}x_1} = 0 \tag{7.1}$$
という形の微分方程式を考察します．第 1 章でとりあげた変数分離形の微分方程式や 1 階線型微分方程式はともにこのタイプの微分方程式です．ベクトル場を用いて変数分離形の微分方程式と 1 階線型微分方程式の解法を改めて考察します．

7.1 曲線の表示方法

数平面 $\mathbb{R}^2$ 内の曲線を表示する方法として
(1) グラフで表す，
(2) 陰函数で表す，
(3) 径数表示する，
の 3 つが挙げられます．たとえば原点を中心とする半径 1 の円周 C をこの 3 種類の方法で表してみます．

7.1 曲線の表示方法

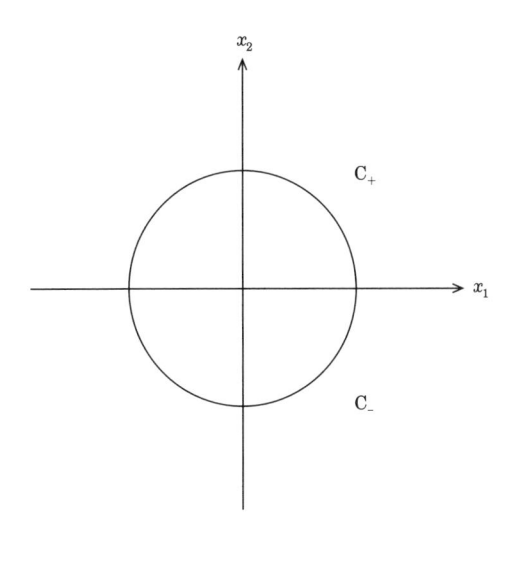

図 1

まず函数 F を $F(x_1, x_2) = x_1^2 + x_2^2 - 1$ と定めると C は

$$C = \{(x_1, x_2) \in \mathbb{R}^2 \mid F(x_1, x_2) = 0\}$$

と表すことができます．これが**陰函数表示**です．

次に $\boldsymbol{x}(t) = (x_1(t), x_2(t)) = (\cos t, \sin t)$ と定めれば

$$C = \{\boldsymbol{x}(t) = (\cos t, \sin t) \mid 0 \leqq t \leqq 2\pi\}$$

と表すことができます．これが**径数表示** (または**媒介変数表示**) です．最後にグラフで表す方法 (**陽函数表示**ともいいます) を考えます．このときは上半分の円周を

$$C_+ = \{(x_1, x_2) \mid x_2 = \sqrt{1 - x_1^2}, \ 0 \leqq x_1 \leqq 1\}$$

と表すことができます．同様に下半分を

$$C_- = \{(x_1, x_2) \mid x_2 = -\sqrt{1 - x_1^2}, \ 0 \leqq x_1 \leqq 1\}$$

と表せます．円周全体は C_+ と C_- をあわせた集合 $C = C_+ \cup C_-$ として表すことになります．グラフによる表示では，他の方法と異なり円周全体を単独の式で表せない点が不便です．前の章で，ベクトル場の積分曲線を考察したとき

は径数表示を用いていたことを思い出してください．

7.2 解曲線

微分方程式 (7.1) の解を $x_2 = f(x_1)$ とします．この函数のグラフは $\mathbb{R}^2$ 内の曲線を定めます．この曲線を (7.1) の**解曲線**とよびます．解曲線の表し方を径数表示 $(x_1, x_2) = (x_1(t), x_2(t)) = \boldsymbol{x}(t)$ に変えてみましょう．

$$\frac{\mathrm{d}x_2}{\mathrm{d}x_1} = \frac{\mathrm{d}x_2}{\mathrm{d}t} \bigg/ \frac{\mathrm{d}x_1}{\mathrm{d}t}$$

より (7.1) は

$$X_1(x_1(t), x_2(t))\frac{\mathrm{d}x_1}{\mathrm{d}t} + X_2(x_1(t), x_2(t))\frac{\mathrm{d}x_2}{\mathrm{d}t} = 0 \tag{7.2}$$

と書き直せます．ここで，ベクトル場 X を $X = X_1\partial_1 + X_2\partial_2$ と定めます．このベクトル場 X を (7.1) に**対応するベクトル場**とよびます．すると (7.2) は

$$0 = X_1(\boldsymbol{x}(t))\frac{\mathrm{d}x_1}{\mathrm{d}t} + X_2(\boldsymbol{x}(t))\frac{\mathrm{d}x_2}{\mathrm{d}t} = (X_{\boldsymbol{x}(t)} | \boldsymbol{x}'(t)) \tag{7.3}$$

となります．したがって (7.1) の解曲線とは「各点でベクトル場 X に直交する曲線 $\boldsymbol{x}(t)$」のことだとわかりました．

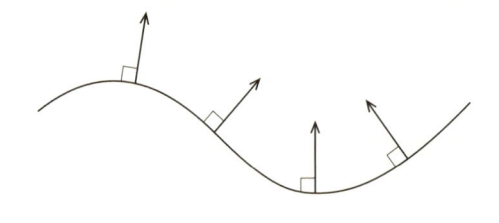

図 2

註 7.1 微分方程式 (7.1) に対応するベクトル場をベクトル場 X とする．(7.1) の解曲線 $\boldsymbol{x}(t)$ は各点で X に**直交する**曲線である．一方，X の積分曲線 $\boldsymbol{p}(s)$ は各点で X に**接する**曲線である $(X_{\boldsymbol{p}(s)} = \boldsymbol{p}'(s))$．

7.3　ポテンシャルをもつ場合

いま定義したベクトル場 X がポテンシャル F をもつとします．$X = \mathrm{grad}\, F$ より (7.3) から

$$0 = \frac{\partial F}{\partial x_1}\frac{\mathrm{d}x_1}{\mathrm{d}t} + \frac{\partial F}{\partial x_2}\frac{\mathrm{d}x_2}{\mathrm{d}t} = \frac{\mathrm{d}}{\mathrm{d}t}F(\boldsymbol{x}(t))$$

が得られます．つまり解曲線上で F の値は一定であることがわかりました．

定義 7.2　ベクトル場 X がポテンシャル F をもつとする．このとき定数 c に対し $F = c$ とおくことで得られる曲線

$$\{(x_1, x_2) \in \mathbb{R}^2 \mid F(x_1, x_2) = c\}$$

を F の**等位線**[1])とよぶ．

(7.3) より勾配ベクトル場 $X = \mathrm{grad}\, F$ は F の等位線に直交します．

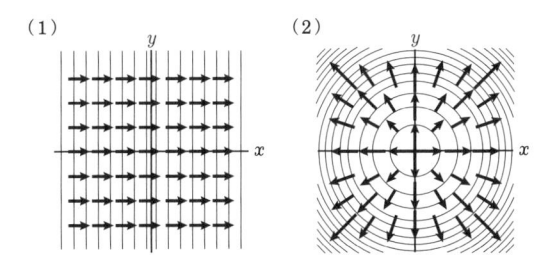

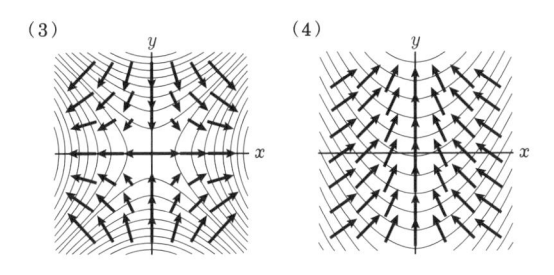

図 3

---

[1])等高線ともよばれます．

例 7.3 例 6.21 でとりあげた $\mathbb{R}^2$ 上の渦無しの完全流体を考える．流体の速度場 V から定まる互いに共軛な調和函数 φ と ψ に対し，ψ の等位線が流線，φ の等位線が等ポテンシャル線である．

微分方程式 (7.1) の解曲線の幾何学的な説明をしましょう．

定理 7.4 微分方程式 (7.1) において $X_1\partial_1 + X_2\partial_2$ がポテンシャルをもつとする．このとき (7.1) の解曲線はポテンシャルの等位線である．

この定理における条件をみたす微分方程式には名称があります．

定義 7.5 微分方程式 (7.1) において $X_1\partial_1 + X_2\partial_2$ がポテンシャルをもつとき，(7.1) を**完全微分方程式**とよぶ．

7.4　積分因子

微分方程式

$$(1 + x_2^2) + x_1 x_2 \frac{\mathrm{d}x_2}{\mathrm{d}x_1} = 0 \tag{7.4}$$

を考えます．この微分方程式に対応するベクトル場 $X = X_1\partial_1 + X_2\partial_2 = (1+x_2^2)\partial_1 + x_1 x_2 \partial_2$ の渦度を計算してみると

$$\mathrm{curl}\, X = \partial_1 X_2 - \partial_2 X_1 = -x_2$$

ですから X はポテンシャルをもちません．ですが (7.4) の両辺に $\mu(x_1, x_2) = 2x_1$ をかけて得られる微分方程式

$$\mu X_1 + \mu X_2 \frac{\mathrm{d}x_2}{\mathrm{d}x_1} = 0$$

は完全微分方程式です．実際 $\mathrm{curl}\,(\mu X) = 0$ となっています．ポテンシャルは $F(x_1, x_2) = x_1^2(1 + x_2^2)$ で与えられます．このポテンシャルの等位線 $F(x_1, x_2) = c$ はもとの微分方程式 (7.4) の解曲線を与えます．確かめてみましょう．

$$0 = \frac{\mathrm{d}}{\mathrm{d}t} F(\boldsymbol{x}(t)) = \frac{\partial F}{\partial x_1} \frac{\mathrm{d}x_1}{\mathrm{d}t} + \frac{\partial F}{\partial x_2} \frac{\mathrm{d}x_2}{\mathrm{d}t}$$
$$= \mu(X_{\boldsymbol{x}(t)} | \boldsymbol{x}'(t))$$

μ は恒等的に零ではない函数ですから $(X_{\boldsymbol{x}(t)} | \boldsymbol{x}'(t)) = 0$ となります．したがって F の等位線は (7.4) の解曲線を与えます．

この例のように (7.1) の形の微分方程式が，完全微分方程式ではなくてもなにか適当な函数 μ をかけてやることで完全微分方程式に直せることがあります．このとき μ を**積分因子**とよびます[2]．

7.5 積分因子の見つけ方

(7.1) が積分因子 μ をもつと仮定します．$\mathrm{curl}\,(\mu X) = 0$ ですから
$$0 = \partial_1(\mu X_2) - \partial_2(\mu X_1)$$
$$= \mu(\mathrm{curl}\, X) + \mu_{x_1} X_2 - \mu_{x_2} X_1.$$
ここで 2 つの特別な場合を考察しておきます．

例 7.6 (μ が x_1 のみの函数のとき)　この場合 $\mu\,\mathrm{curl}\, X = -\mu_{x_1} X_2$ であるから
$$\frac{1}{\mu} \frac{\mathrm{d}\mu}{\mathrm{d}x_1} = -\frac{1}{X_2} \mathrm{curl}\, X$$
という式を得る．この式の左辺は x_1 にしか依存していないことに注意しよう．この事実に注意して両辺を x_1 で積分すると
$$\int \frac{1}{\mu} \frac{\mathrm{d}\mu}{\mathrm{d}x_1} \mathrm{d}x_1 = -\int \frac{\mathrm{curl}\, X}{X_2} \mathrm{d}x_1$$
より
$$\mu = A \exp\left\{-\int \frac{\mathrm{curl}\, X}{X_2} \mathrm{d}x_1\right\}, \quad A \in \mathbb{R}$$
を得る．積分因子は定数倍してもまた積分因子であるから $A = 1$ として構わない．以上をまとめておこう．

---

[2] オイラーの著書『積分学教程』(*Institutiones Calculi Integralis*, 1768–1770) で積分因子が論じられていることから，積分因子をオイラー乗式とよんでいる本もあります．

定理 7.7 $\operatorname{curl} X/X_2$ が x_1 のみに依存するとき (7.1) は積分因子

$$\mu = \exp\left\{-\int \frac{\operatorname{curl} X}{X_2} \, dx_1\right\} \tag{7.5}$$

をもつ.

例 7.8 微分方程式

$$(x_1^2 - 2x_1 x_2^3) + 3x_1^2 x_2^2 \frac{dx_2}{dx_1} = 0$$

は完全微分方程式ではないが

$$\frac{1}{X_2} \operatorname{curl} X = \frac{4}{x_1}$$

なので (7.5) を用いて積分因子を求めることができる.

$$\mu(x_1, x_2) = \exp\left\{-4 \int \frac{dx_1}{x_1}\right\} = \exp\left\{-4 \log |x_1| + C\right\}, \quad C \in \mathbb{R}$$

なので $\mu(x_1, x_2) = 1/x_1^4$ を選ぶことができる. μX のポテンシャル F は

$$F(x_1, x_2) = -\frac{1}{x_1} + \frac{x_2^3}{x_1^2}$$

で与えられる.

演習 7.9 $\operatorname{curl} X/X_1$ が x_2 のみに依存するとき (7.1) は積分因子

$$\mu = \exp\left\{\int \frac{\operatorname{curl} X}{X_1} \, dx_2\right\} \tag{7.6}$$

をもつことを証明せよ.

7.6 変数分離形

1.2 節で扱った変数分離形の微分方程式 (1.5)

$$\frac{dx}{dt} = \beta(t)\gamma(x)$$

を考えます. とくに $\gamma(x) = x$ のときは, (1.3) になることを注意しておきます.

この章での記法に合わせて $t = x_1$, $x = x_2$ と書き換えます.

$$\frac{\mathrm{d}x_2}{\mathrm{d}x_1} = \beta(x_1)\gamma(x_2) \tag{7.7}$$

この方程式を

$$-\beta(x_1)\gamma(x_2) + \frac{\mathrm{d}x_2}{\mathrm{d}x_1} = 0 \tag{7.8}$$

と書き直します. この方程式に対応するベクトル場

$$X = X_1 \partial_1 + X_2 \partial_2 = -\beta\gamma\, \partial_1 + \partial_2$$

の渦度を計算すると

$$\partial_1 X_2 - \partial_2 X_1 = \beta \gamma_{x_2}$$

ですから (7.8) は完全微分方程式ではありませんが,

$$\frac{\operatorname{curl} X}{X_1} = -\frac{\gamma_{x_2}}{\gamma}$$

ですから, 式 (7.6) を用いて積分因子を求められます.

$$\mu(x_2) = \exp\left\{-\int \frac{1}{\gamma}\frac{\mathrm{d}\gamma}{\mathrm{d}x_2}\,\mathrm{d}x_2\right\} = \exp\{-\log|\gamma| + C\}, \quad C \in \mathbb{R}$$

より $\mu(x_2) = 1/\gamma(x_2)$ と選べます. ベクトル場 $\mu X = -\beta \partial_1 + (1/\gamma)\partial_2$ はポテンシャル

$$F(x_1, x_2) = -\int \beta(x_1)\,\mathrm{d}x_1 + \int \frac{\mathrm{d}x_2}{\gamma(x_2)}$$

をもちます. そこで $F(x_1, x_2) = c$ $(c \in \mathbb{R})$ とおくと

$$\int \frac{\mathrm{d}x_2}{\gamma(x_2)} = \int \beta(x_1)\,\mathrm{d}x_1 + c$$

となります. これは変数分離形の解法として説明した 1.2 節の式 (1.6) そのものです. とくに $\gamma(x_2) = x_2$ のときは, $A = \pm e^c$ とおくと

$$x_2 = A \exp\left\{\int \beta(x_1)\,\mathrm{d}x_1\right\}$$

を得ます. これは 1.2 節の式 (1.4) です.

したがって変数分離形の微分方程式は積分因子をもつ (7.1) のタイプの微分

方程式であることが言えました.

7.7 線型微分方程式

1.3 節で扱った 1 階線型常微分方程式 (1.7)

$$\dot{x}(t) = \alpha(t) + \beta(t)x(t)$$

を再考します.この章での記法にあわせて

$$-(\alpha(x_1) + \beta(x_1)x_2) + \frac{\mathrm{d}x_2}{\mathrm{d}x_1} = 0$$

と書き換えます.前の節同様に,$t = x_1$, $x = x_2$ と書き換えてあります.

対応するベクトル場 $X = -(\alpha + \beta x_2)\partial_1 + \partial_2$ の渦度は curl $X = \beta(x_1)$ です.curl $X/X_2 = \beta(x_1)$ ですから定理 7.7 より,積分因子として

$$\mu(x_1, x_2) = \exp\left\{-\int \beta(x_1)\,\mathrm{d}x_1\right\}$$

をとることができます.

$$B(x_1) = \int \beta(x_1)\,\mathrm{d}x_1$$

とおきます.

$$\mu X = -e^{-B(x_1)}(\alpha + \beta x_2)\partial_1 + e^{-B(x_1)}\partial_2$$

のポテンシャルを求めます.

$$\frac{\partial}{\partial x_1}(e^{-B(x_1)}) = -e^{-B(x_1)}\beta(x_1),$$

$$\frac{\partial}{\partial x_2}(e^{-B(x_1)}x_2) = e^{-B(x_1)},$$

$$\frac{\partial}{\partial x_1}\int e^{-B(x_1)}\alpha(x_1)\mathrm{d}x_1 = e^{-B(x_1)}\alpha(x_1),$$

$$\frac{\partial}{\partial x_2}\int e^{-B(x_1)}\alpha(x_1)\mathrm{d}x_1 = 0.$$

これらの式と μX を見比べると

$$F(x_1, x_2) = -\int e^{-B(x_1)} \alpha(x_1)\,\mathrm{d}x_1 + e^{-B(x_1)} x_2$$

が μX のポテンシャルであることがわかります．F の等位線 $F(x_1, x_2) = c$ の方程式

$$-\int e^{-B(x_1)} \alpha(x_1)\,\mathrm{d}x_1 + e^{-B(x_1)} x_2 = c$$

を x_2 について解きましょう．

$$x_2 = e^{B(x_1)}\left\{c + \int \frac{\alpha(x_1)}{e^{B(x_1)}}\,\mathrm{d}x_1\right\}.$$

ここで $u(x_1) = e^{B(x_1)}$ とおくと

$$x_2 = u(x_1)\left\{c + \int \frac{\alpha(x_1)}{u(x_1)}\,\mathrm{d}x_1\right\}$$

となり，これは 1.3 節の式 (1.9) です．

　変数分離形・線型微分方程式は，どちらも積分因子をもつ (7.1) のタイプの微分方程式に帰着されることがわかりました．これらの微分方程式がもつ「解けるしくみ」とは，**積分因子をもつこと**であると言ってもよさそうです．

　ところで，積分因子をもつ微分方程式を特徴づけることができるのでしょうか．与えられた微分方程式が積分因子をもつかどうか判定する方法はあるのでしょうか．

　そこで次章から，(7.1) のタイプの微分方程式が積分因子をもつための必要十分条件を探ります．

参考図書

　この章ではベクトル場と 1 径数変換群を用いて完全微分方程式を考察しましたが，微分形式を用いると，もっとすっきりした説明ができます．[13] を見てください．微分形式については付録 D でも紹介します．

章末問題

問題 7.10 T で絶対温度を表す．体積 V，圧力 $P = P(V,T)$，内部エネルギー $U = U(T)$ の理想気体が断熱的[3]に変化するとき，熱力学の第一法則から

$$\frac{dU}{dT} + P(T,V)\frac{dV}{dT} = 0$$

が成立する．理想気体においては U は T のみの函数で，P は $P(T,V) = RT/V$ (R は定数) で与えられる (ボイル–シャルルの法則[4])．上に挙げた微分方程式に対応するベクトル場を

$$X = \frac{dU}{dT}\frac{\partial}{\partial T} + P(T,V)\frac{\partial}{\partial V}$$

と表す．

(1) $\operatorname{curl} X \neq 0$ を示せ．
(2) $\mu(T,V) = 1/T$ はこの微分方程式の積分因子であることを示せ．
(3) μX のポテンシャルを求めよ．

---

[3] 熱の出入りがないこと．

[4] Robert Boyle (1662), Jacques Charle (1787).

第8章

1径数変換群の不変函数

第7章では，変数分離形の常微分方程式や1階線型微分方程式の解法が積分因子を用いた解法に帰着されることを説明しました．これらの常微分方程式が**解ける**のは**積分因子**をもつからだと言えるでしょう．一方，第1章では(解ける)常微分方程式のもつ**不変量**を説明していました．「不変量をもつこと」と「積分因子をもつこと」の間には何か関係があってもよさそうです．

不変量と**積分因子**の関係を1径数変換群を使って探っていきます．

8.1 不変量について復習

第1章の常微分方程式 (1.1) をもう一度考察します．記法を変えて (1.1) を

$$\frac{\mathrm{d}x_2}{\mathrm{d}x_1} = \alpha(x_1) \tag{8.1}$$

と書き直しておきます．この方程式の解は

$$x_2 = \int \alpha(x_1)\,\mathrm{d}x_1 + C, \quad C \text{ は積分定数} \tag{8.2}$$

で与えられます．この解 x_2 に定数 s を加えたもの $\tilde{x}_2 = x_2 + s$ も (8.1) の解でした．この事実を第1章では「(8.1) は平行移動で不変である」と言い表したのです．(8.1) の解曲線を

$$\boldsymbol{x}(x_1) = (x_1, x_2(x_1))$$

と表示します．ベクトル $\boldsymbol{e}_2 = (0,1)$ に対し，$\boldsymbol{e}_2$ 方向の平行移動が定める1径数変換群を $\{\phi(s)\}$ で表します．すなわち

$$\phi(s)\boldsymbol{u} = \boldsymbol{u} + s\boldsymbol{e}_2 = \boldsymbol{u} + (0, s). \tag{8.3}$$

この 1 径数変換群を使うと (8.1) の平行移動に関する不変性は次のように言い換えられます．

定理 8.1 平行移動の 1 径数変換群 (8.3) は (8.1) の解を (8.1) の解に写す．すなわち，曲線 $\boldsymbol{x}(x_1) = (x_1, x_2(x_1))$ が (1) の解であれば，どんな実数 s に対しても $\tilde{\boldsymbol{x}}(x_1) = \phi(s)\boldsymbol{x}(x_1)$ も，また (8.1) の解である．

証明 $\tilde{\boldsymbol{x}}(x_1) = (\tilde{x}_1, \tilde{x}_2)$ とおくと $\tilde{x}_1 = x_1$, $\tilde{x}_2 = x_2 + s$ であるから

$$\frac{\mathrm{d}\tilde{x}_2}{\mathrm{d}\tilde{x}_1} = \frac{\mathrm{d}}{\mathrm{d}x_1}(x_2 + s) = \frac{\mathrm{d}x_2}{\mathrm{d}x_1} = \alpha(x_1) = \alpha(\tilde{x}_1).$$

したがって $\tilde{\boldsymbol{x}}(x_1)$ も (8.1) の解である． ∎

さて (8.1) は

$$-\alpha(x_1) + \frac{\mathrm{d}x_2}{\mathrm{d}x_1} = 0 \tag{8.4}$$

と書き直せます．(8.4) に対しベクトル場 X を

$$X = X_1 \partial_1 + X_2 \partial_2 = -\alpha \partial_1 + \partial_2$$

で定めると $\mathrm{curl}\, X = 0$ をみたします．ベクトル場 X はポテンシャル

$$F(x_1, x_2) = -\int \alpha(x_1)\, \mathrm{d}x_1 + x_2$$

をもち，$X = \mathrm{grad}\, F$ と表せます．F の等位線の方程式 $F(x_1, x_2) = C$ は (8.2) そのものです．1 径数変換群 (8.3) の定めるベクトル場を V とすると

$$V = V_1 \partial_1 + V_2 \partial_2 = \partial_2$$

です．2 つのベクトル場 X と V は

$$(X|V) = X_1 V_1 + X_2 V_2 = 1$$

をみたしています．(8.4) は $\mu(x_1, x_2) = 1$ を積分因子にもつ常微分方程式と見なせることに注意してください．

8.2 変数分離形の 1 径数変換群

続いて次の形の常微分方程式 (第 1 章の (1.3))

$$\frac{\mathrm{d}x_2}{\mathrm{d}x_1} = \beta(x_1)x_2(x_1) \tag{8.5}$$

を考えます.この方程式の解は

$$x_2 = A\exp\left\{\int \beta(x_1)\,\mathrm{d}x_1\right\},\quad A\in\mathbb{R} \tag{8.6}$$

で与えられます (第 1 章の式 (1.4)).

今度は 1 径数変換群 $\Phi = \{\phi(s)\}$:

$$\phi(s)\boldsymbol{u} = \exp\left\{s\begin{pmatrix}0 & 0\\ 0 & 1\end{pmatrix}\right\}\boldsymbol{u} \tag{8.7}$$

を用いると次の定理が得られます.

定理 8.2 1 径数変換群 (8.7) は (8.5) の解を (8.5) の解に写す.

この定理は,第 1 章において (8.5) は拡大・縮小で不変であると述べたことの言い換えです.

演習 8.3 定理 8.1 の証明をまねて,定理 8.2 の証明を与えよ.

(8.5) を

$$-\beta(x_1)x_2 + \frac{\mathrm{d}x_2}{\mathrm{d}x_1} = 0 \tag{8.8}$$

と書き直します.ベクトル場 X を

$$X = -\beta(x_1)x_2\partial_1 + \partial_2$$

と定め (8.8) に対応するベクトル場とよびました (7.1 節). $\mathrm{curl}\,X \neq 0$ なので (8.8) は完全微分方程式ではありませんが,積分因子 $\mu(x_1,x_2) = 1/x_2$ をもつことを 7.6 節で説明しました.ところで 1 径数変換群 (8.7) の定めるベクトル場は $V = x_2\,\partial_2$ です.これら 2 つのベクトル場は $(X\mid V) = x_2 = 1/\mu$ をみたしています.

8.3 線型常微分方程式の 1 径数変換群

今度は線型常微分方程式

$$\frac{\mathrm{d}x_2}{\mathrm{d}x_1} = \alpha(x_1) + \beta(x_1)x_2 \tag{8.9}$$

を考えます.これは

$$-(\alpha(x_1) + \beta(x_1)x_2) + \frac{\mathrm{d}x_2}{\mathrm{d}x_1} = 0 \tag{8.10}$$

と書き直せます.(8.10) に対応するベクトル場 X は

$$X = -(\alpha(x_1) + \beta(x_1)x_2)\partial_1 + \partial_2$$

です.$\operatorname{curl} X \neq 0$ ですが,(8.10) は積分因子

$$\mu(x_1) = e^{-B(x_1)}, \quad B(x_1) = \int \beta(x_1)\, \mathrm{d}x_1$$

をもつことを 7.7 節で説明しました.

そこでちょっと唐突ですが $V = e^{B(x_1)}\partial_2$ というベクトル場を考えてみることにします.(V をこう選べば $(X\,|\,V) = 1/\mu$ をみたしています).このベクトル場 V は 1 径数変換群 $\Phi = \{\phi(s)\}$:

$$\phi(s)\boldsymbol{u} = \boldsymbol{u} + s(0, e^{B(u_1)}) \tag{8.11}$$

を定めます.(8.9) の解曲線 $\boldsymbol{x}(x_1) = (x_1, x_2(x_1))$ を $\phi(s)$ で移してみると

$$(\tilde{x}_1, \tilde{x}_2) = (x_1, x_2 + se^{B(x_1)})$$

より

$$\begin{aligned}
\frac{\mathrm{d}\tilde{x}_2}{\mathrm{d}\tilde{x}_1} &= \frac{\mathrm{d}}{\mathrm{d}x_1}(x_2 + se^{B(x_1)}) \\
&= \alpha(x_1) + \beta(x_1)x_2 + se^{B(x_1)}\beta(x_1) \\
&= \alpha(x_1) + \beta(x_1)(x_2 + se^{B(x_1)}) \\
&= \alpha(\tilde{x}_1) + \beta(\tilde{x}_1)\tilde{x}_2.
\end{aligned}$$

したがって次の定理を証明できました.

定理 8.4 1 径数変換群 (8.11) は (8.9) の解を (8.9) の解に写す.

8.4　不変函数

　ここで例に挙げた 3 つの微分方程式 (8.1), (8.5), (8.9) はどれも積分因子を用いて解くことができる方程式でした．一方，(8.1), (8.5), (8.9) はそれぞれ 1 径数変換群 (8.3), (8.7), (8.11) で解を別の解に写すことができる微分方程式という特徴をもっています．解を解に写す 1 径数変換群が見つかると，積分因子を求めることができそうです．たった 3 つの例だけからこのような**予想**を立てるのは大胆あるいは乱暴な推論のように思えるかも知れません．

　ここでとりあげた 3 種類の常微分方程式は基本的すぎて "わかりきっている" と思っている読者も多いでしょう．ですが，何か新しい事実を発見しようと思ったときは，典型例 (基本的な例) を徹底的に調べ直すことが大事なのです．

　さて，「解を解に写す 1 径数変換群」をさらに詳しく調べるためには，1 径数変換群で函数や微分方程式を写すとはどういうことか，また写すことから何がわかるかを調べる必要があります．そこで 1 径数変換群で値が変わらない (変化しない) 函数の取り扱いから考えます．

　数平面 $\mathbb{R}^2(x_1, x_2)$ で定義された滑らかな函数 f を考えます．1 径数変換群 $\varPhi = \{\phi(s) \mid s \in \mathbb{R}\}$ の定めるベクトル場を $V = V_1 \partial_1 + V_2 \partial_2$ とします．

定義 8.5　実数 s に対し函数 $f(\boldsymbol{x}) = f(x_1, x_2)$ が

$$f(\phi(s)\boldsymbol{x}) = f(\boldsymbol{x})$$

をすべての点 $\boldsymbol{x} \in \mathbb{R}^2$ についてみたすとき f は変換 $\phi(s)$ で**不変である**という．f は $\phi(s)$-不変であるとも言い表す．さらにすべての $s \in \mathbb{R}$ に対し f が $\phi(s)$-不変であるとき f は 1 径数変換群 $\varPhi$ で不変な函数 ($\varPhi$-invariant function) であるという．

註 8.6　函数 f の定義域が数平面全体でないとき (領域 $\mathcal{D}$ で定義されている) や，$\varPhi$ が 1 径数局所変換群のときは上の定義で「すべての $\boldsymbol{x} \in \mathbb{R}^2$，すべての $s \in \mathbb{R}$ について」を「$\phi(s)\boldsymbol{x} \in \mathcal{D}$ となるすべての $\boldsymbol{x} \in \mathcal{D}$ と s について」と修正する．

　ベクトル場を使うと次の事実が証明できます．

定理 8.7 函数 $f: \mathbb{R}^2 \to \mathbb{R}$ が 1 径数変換群 $\Phi = \{\phi(s)\}$ で不変であるための必要十分条件は Φ の定めるベクトル場 V に対し $V(f) = 0$.

証明 $\boldsymbol{p} \in \mathbb{R}^2$ とする. $s \mapsto \phi(s)\boldsymbol{p}$ は $\phi(0)\boldsymbol{p} = \boldsymbol{p}$ をみたす V の積分曲線だから, 各 $s \in \mathbb{R}$ に対し

$$V_{\phi(s)\boldsymbol{p}}(f) = \frac{\mathrm{d}}{\mathrm{d}s} f(\phi(s)\boldsymbol{p}) \tag{8.12}$$

をみたす.

($\Rightarrow$)　f が Φ-不変であれば,

$$V_{\boldsymbol{p}}(f) = \frac{\mathrm{d}}{\mathrm{d}s}\bigg|_{s=0} f(\phi(s)\boldsymbol{p}) = \frac{\mathrm{d}}{\mathrm{d}s}\bigg|_{s=0} f(\boldsymbol{p}) = 0.$$

$\boldsymbol{p}$ は任意に選んだ点だから, $V(f) = 0$.

($\Leftarrow$)　逆に $V(f) = 0$ と仮定する. $f(\phi(s)\boldsymbol{p}) = f(\boldsymbol{p})$ を示す. (8.12) より

$$0 = V_{\phi(s)\boldsymbol{p}}(f) = \frac{\mathrm{d}}{\mathrm{d}t}\bigg|_{t=0} f(\phi(t)\phi(s)\boldsymbol{p}) = \frac{\mathrm{d}}{\mathrm{d}t}\bigg|_{t=0} f(\phi(t+s)\boldsymbol{p}).$$

ここで $u = t + s$ とおくと

$$\frac{\mathrm{d}}{\mathrm{d}t}\bigg|_{t=0} f(\phi(t+s)\boldsymbol{p}) = \frac{\mathrm{d}}{\mathrm{d}u}\bigg|_{u=s} f(\phi(u)\boldsymbol{p}) = \frac{\mathrm{d}}{\mathrm{d}s} f(\phi(s)\boldsymbol{p}).$$

であるから $f(\phi(s)\boldsymbol{p})$ は s に依存しない. したがって $f(\phi(s)\boldsymbol{p}) = f(\phi(0)\boldsymbol{p}) = f(\boldsymbol{p})$. ∎

例 8.8 (平行移動)　函数 f が平行移動の 1 径数変換群 (8.3) で不変であるための必要十分条件は, $f(x_1, x_2) = f(x_1, x_2 + s)$ がすべての $s \in \mathbb{R}$ について成立することである. したがって (8.3) で不変な函数とは, x_1 のみに依存する函数のことである. 定理 8.7 を用いてみよう. (8.3) の定めるベクトル場は $V = \partial_2$ であるから, f が (8.3) で不変であるための条件は $\partial f / \partial x_2 = 0$ であることがわかる.

例 8.9 (拡大・縮小)　1 径数変換群 $\Psi = \{\psi(s)\}$:

8.4 不変函数

$$\psi(s)\boldsymbol{u} = \exp(sE)\boldsymbol{u}, \quad E = \begin{pmatrix} 1 & 0 \\ 0 & 1 \end{pmatrix} \tag{8.13}$$

で不変な函数 f を調べよう．f が Ψ-不変であるための必要十分条件は

$$f(\psi(s)\boldsymbol{x}) = f(e^s x_1, e^s x_2) = f(x_1, x_2)$$

である．たとえば $f(x_1, x_2) = x_2/x_1$ と選んでみよう．この函数 f は領域

$$\mathcal{D}_+ = \{(x_1, x_2) \in \mathbb{R}^2 \mid x_1 > 0\}$$

(右半平面という) および左半平面

$$\mathcal{D}_- = \{(x_1, x_2) \in \mathbb{R}^2 \mid x_1 < 0\}$$

で滑らかな函数である．$f(\psi(s)\boldsymbol{x}) = f(e^s x_1, e^s x_2) = e^s x_2/(e^s x_1) = f(\boldsymbol{x})$ であるから f は Ψ-不変な函数である．定理 8.7 を使ってみよう．この 1 径数変換群の定めるベクトル場は $W = x_1 \partial_1 + x_2 \partial_2$ なので，f が Ψ-不変であるための条件は $x_1 \partial_1 f + x_2 \partial_2 f = 0$．たとえば

$$W(x_2/x_1) = x_1(-x_2/x_1^2) + x_2(1/x_1) = 0$$

なので x_2/x_1 は Ψ-不変であることが確かめられる．

例 8.10 (回転群) 例 4.20 で扱った原点を中心とする回転を考察する．行列

$$J = \begin{pmatrix} 0 & -1 \\ 1 & 0 \end{pmatrix}$$

を用いて，1 径数変換群 $G_J = \{j(s)\}$ を

$$j(s)\boldsymbol{x} = \exp(sJ)\boldsymbol{x}$$

で定める．

$$j(s)\begin{pmatrix} x_1 \\ x_2 \end{pmatrix} = \begin{pmatrix} \cos s & -\sin s \\ \sin s & \cos s \end{pmatrix} \begin{pmatrix} x_1 \\ x_2 \end{pmatrix}$$

なので $j(s)$ は原点を中心とする回転角 s の回転である (例 4.20)．この 1 径数変換群を**回転群**とよび，SO(2) と表記した (問題 4.21)．回転群 SO(2) の定めるベクトル場は $V = -x_2 \partial_1 + x_1 \partial_2$ なので，函数 f が SO(2)-不変であるための必要十分条件は $-x_2 f_{x_1} + x_1 f_{x_2} = 0$．たとえば f として

$$f(x_1, x_2) = x_1^2 + x_2^2$$

を選ぶと，$V(f) = -x_2(2x_1) + x_1(2x_2) = 0$ であるから SO(2)-不変であることがわかる．函数 f が SO(2)-不変であることを f は**回転不変**であるともいう．

註 8.11 (**極座標**)　例 8.9 と例 8.10 を別の観点から見ておく．極座標 (r, θ) を使って

$$(x_1, x_2) = (r\cos\theta, r\sin\theta)$$

と表す．函数 $f(x_1, x_2)$ に対し

$$\begin{aligned}
\frac{\partial f}{\partial r} &= \frac{\partial f}{\partial x_1}\frac{\partial x_1}{\partial r} + \frac{\partial f}{\partial x_2}\frac{\partial x_2}{\partial r} = \frac{\partial f}{\partial x_1}\cos\theta + \frac{\partial f}{\partial x_2}\sin\theta \\
&= \frac{1}{r}(x_1\partial_1 + x_2\partial_2)f, \\
\frac{\partial f}{\partial \theta} &= \frac{\partial f}{\partial x_1}\frac{\partial x_1}{\partial \theta} + \frac{\partial f}{\partial x_2}\frac{\partial x_2}{\partial \theta} = \frac{\partial f}{\partial x_1}(-r\sin\theta) + \frac{\partial f}{\partial x_2}(r\cos\theta) \\
&= (-x_2\partial_1 + x_1\partial_2)f
\end{aligned}$$

が得られる ((5.11) 参照)．したがって，例 8.9 のベクトル場 W と例 8.10 の V について

$$W(f) = r\frac{\partial f}{\partial r}, \quad V(f) = \frac{\partial f}{\partial \theta}$$

という関係式が得られた．数平面 $\mathbb{R}^2$ の座標系を通常の座標系 (x_1, x_2) から極座標系 (r, θ) にとりかえることで次の命題が得られる．

命題 8.12　函数 $f(r, \theta)$ が SO(2)-不変であるための必要十分条件は $\partial f/\partial\theta = 0$，すなわち f が r のみに依存することである．f が 1 径数変換群 (8.13) で不変であるための必要十分条件は f が θ のみに依存することである．

8.5　不変図形

8.1 節から 8.3 節では，1 径数変換群で「解が解に写る」常微分方程式の例を見ました．「解を解に写す」ということをきちんと定めるためには**幾何学的観点**が有効です．「解が解に写る」を「解曲線を解曲線に写す」と幾何学的に捉

8.5 不変図形

えるのです．

前の節で考察した「不変函数」をヒントにして「1 径数変換群で不変な集合」を定義してみましょう．そうすれば「1 径数変換群で解が解に写る」は「解曲線全体の集合は 1 径数変換群で不変である」という新たな捉え方ができます．

この節では 1 径数変換群で不変な集合 (平面図形) を考察します．

定義 8.13 部分集合 $\mathcal{S} \subset \mathbb{R}^2$ に対し
$$\boldsymbol{x} \in \mathcal{S} \Longrightarrow \phi(s)\boldsymbol{x} \in \mathcal{S}$$
のとき $\mathcal{S}$ は $\phi(s)$ で**不変**であるという．すべての s について $\mathcal{S}$ が不変であるとき，$\mathcal{S}$ は Φ-**不変**であるという．

註 8.6 と同様に函数 F の定義域が数平面全体でないとき (領域 $\mathcal{D}$ で定義されている) や，Φ が 1 径数局所変換群のときは上の定義で「すべての $\boldsymbol{x} \in \mathbb{R}^2$，すべての $s \in \mathbb{R}$ について」を「$\phi(s)\boldsymbol{x} \in \mathcal{D}$ となるすべての $\boldsymbol{x} \in \mathcal{D}$ と s について」と修正します．

簡単な例を挙げます．

原点を中心とする単位円を
$$S^1 = \{(x_1, x_2) \in \mathbb{R}^2 \mid F(x_1, x_2) = x_1^2 + x_2^2 - 1 = 0\}$$
と表します．これは SO(2) で不変であることは (幾何学的には) 明らかですが，定義どおりに確かめてみましょう．
$$F(\phi(s)\boldsymbol{x}) = (\cos s\, x_1 - \sin s\, x_2)^2 + (\sin s\, x_1 + \cos s\, x_2)^2 - 1$$
$$= x_1^2 + x_2^2 - 1 = F(x_1, x_2)$$
ですから，$\boldsymbol{x} \in S^1$ ならば $\phi(s)\boldsymbol{x} \in S^1$．したがって，$S^1$ は SO(2)-不変な図形です．

例 8.14 (軌道) 1 径数変換群 $\Phi = \{\phi(s)\}$ による $\boldsymbol{a} \in \mathbb{R}^2$ の軌道
$$\mathcal{S} = \Phi \cdot \boldsymbol{a} = \{\phi(s)\boldsymbol{a} \mid s \in \mathbb{R}\}$$
は Φ で不変な図形である．実際，$\mathcal{S}$ の点 $\boldsymbol{p}$ は $\boldsymbol{p} = \phi(t)\boldsymbol{a}$ と表せるから
$$\phi(s)\boldsymbol{p} = \phi(s)\phi(t)\boldsymbol{a} = \phi(s+t)\boldsymbol{a}$$

より $\phi(s)\boldsymbol{p} \in \mathcal{S}$.

演習 8.15 原点を中心とする単位円 S^1 は $\mathrm{SO}(2)$ による $\boldsymbol{e}_1 = (1,0)$ の軌道であること (例 4.20) を利用して，S^1 が $\mathrm{SO}(2)$ で不変な図形であることの証明を与えよ．

上で単位円 S^1 が $\mathrm{SO}(2)$ で不変であることを確かめましたが，その計算をよく見れば次のことに気づくはずです．

命題 8.16 函数 F が 1 径数変換群 $\Phi = \{\phi(s)\}$ で不変であれば，その等位線
$$\mathcal{S} = \{(x_1, x_2) \mid F(x_1, x_2) = c\}$$
は Φ で不変な図形である．

系 8.17 函数 F がベクトル場 V に対し $V(F) = 0$ をみたせば F の等位線は V の 1 径数 (局所) 変換群で不変である．

函数 F が Φ-不変でなくても等位線 $F = 0$ が Φ-不変な図形になることがあります．たとえば $F(x_1, x_2) = x_1 x_2$ という函数を考えてみましょう．1 径数変換群 (8.7) で $\mathcal{S}$ の点を写すと
$$F(\phi(s)\boldsymbol{x}) = F(x_1, e^s x_2) = e^s F(x_1, x_2)$$
ですから F 自体は Φ-不変ではありませんが，等位線 $F = 0$ は Φ で不変な図形です．

演習 8.18 函数 F が Φ で不変であるための必要十分条件は F のすべての等位線が Φ-不変であることを確かめよ．

$V(F) = 0$ をみたす函数 F の等位線が Φ で不変であるかどうかの判定条件として次の定理が知られています (証明は略します)．

定理 8.19 $\Phi = \{\phi(s)\}$ をベクトル場 V をもつ 1 径数変換群とする．函数 F は等位線 $F = 0$ 上で条件

(1)　$\nabla F = (\partial_1 F, \partial_2 F) \neq (0,0)$,
(2)　$V(F) = 0$

をみたすとする．このとき等位線 $F = 0$ は Φ で不変な図形である．

この定理における仮定 $\nabla F \neq (0,0)$ は，はずすことができません．次の 2 つの例を見てください．

例 8.20　$F(x_1, x_2) = x_1^4 + x_1^2 x_2^2 + x_2^2 - 1$ とする．SO(2) のベクトル場 $V = -x_2 \partial_1 + x_1 \partial_2$ に対し

$$V(F) = -\frac{2x_1 x_2}{1 + x_1^2} F(x_1, x_2)$$

であるから等位線 $F = 0$ 上で $V(F) = 0$．さらに

$$\nabla F = (2x_1(2x_1^2 + x_2^2), 2x_2(x_1^2 + 1))$$

であるから $\nabla F = (0,0)$ となるのは原点のみ．ところで等位線 $F = 0$ は

$$F(x_1, x_2) = (x_1^2 + 1)(x_1^2 + x_2^2 - 1)$$

より原点中心の単位円であるから，$F = 0$ の上では $\nabla F \neq (0,0)$．単位円 $F = 0$ は既に見たように SO(2) で不変．

例 8.21　$F(x_1, x_2) = x_2^2 - 2x_2 + 1$ とすると，F の等位線 $F = 0$ は直線 $x_2 = 1$ である．SO(2) のベクトル場 $V = -x_2 \partial_1 + x_1 \partial_2$ に対し $V(F) = 2x_1(x_2 - 1)$ であるから $F = 0$ の上で $V(F) = 0$ をみたしている．しかし，等位線は明らかに SO(2)-不変ではない．

F の勾配ベクトル場は $\nabla F = (0, 2x_2 - 2)$ で与えられ，等位線 $F = 0$ 上では $\nabla F = (0,0)$ である．

次の章では "「解を解に写す」1 径数変換群 $\Phi = \{\phi(s)\}$ をもつ 1 階常微分方程式

$$X_1(x_1, x_2) + X_2(x_1, x_2) \frac{\mathrm{d}x_2}{\mathrm{d}x_1} = 0$$

が積分因子

$$\mu = 1/(X\,|\,V), \quad V は \Phi のベクトル場$$
をもつ" という予想を検証します.

第9章

リーの定理

前の章で，次の予想を立てました．

[予想]　1階常微分方程式
$$X_1(x_1, x_2) + X_2(x_1, x_2)\frac{\mathrm{d}x_2}{\mathrm{d}x_1} = 0 \tag{9.1}$$
が「解を解に写す」1径数変換群 $\varPhi$ をもち，$\varPhi$ のベクトル場 $V_1\partial_1 + V_2\partial_2$ に対し $X_1V_1 + X_2V_2 \neq 0$ ならば，この微分方程式は $\mu = 1/(X_1V_1 + X_2V_2)$ を積分因子にもつ．

この予想を検証します．

9.1　導函数の変化

微分方程式
$$\frac{\mathrm{d}x_2}{\mathrm{d}x_1} = f(x_1, x_2) \tag{9.2}$$
の解曲線を C とします．x_2 を x_1 の函数 $x_2 = x_2(x_1)$ で表し，そのグラフ
$$\boldsymbol{x}(x_1) = (x_1, x_2(x_1))$$
として解曲線 C を表すことができます．また径数表示を用いて
$$\boldsymbol{x}(t) = (x_1(t), x_2(t))$$

と表すこともできます. グラフとして表す表示方法は $t = x_1$ と選んだ, 径数表示の特別なものであることを注意しておきます. 陰函数表示を用いて

$$F\left(x_1, x_2, \frac{dx_2}{dx_1}\right) = 0 \tag{9.3}$$

と表すこともあります (陰函数表示は次の節で用います).

ベクトル場 $V = V_1 \partial_1 + V_2 \partial_2$ の局所相流を $\{\phi(s)\}$ とします. $\phi(s)$ で解曲線 C を写したときに, 導函数 dx_2/dx_1 がどのように変化するのかを調べます.

$$\phi(s)(x_1(t), x_2(t)) = (\tilde{x}_1(t), \tilde{x}_2(t))$$

とおきます.

$$\tilde{x}_1(t) = \tilde{x}_1(x_1(t), x_2(t)), \quad \tilde{x}_2(t) = \tilde{x}_2(x_1(t), x_2(t))$$

より

$$\frac{d}{dt}\tilde{x}_1(t) = \frac{\partial \tilde{x}_1}{\partial x_1}\frac{dx_1}{dt} + \frac{\partial \tilde{x}_1}{\partial x_2}\frac{dx_2}{dt}$$

$$\frac{d}{dt}\tilde{x}_2(t) = \frac{\partial \tilde{x}_1}{\partial x_1}\frac{dx_1}{dt} + \frac{\partial \tilde{x}_1}{\partial x_2}\frac{dx_2}{dt}$$

であることを使うと

$$\frac{d\tilde{x}_2}{d\tilde{x}_1} = \frac{\dfrac{d\tilde{x}_2}{dt}}{\dfrac{d\tilde{x}_1}{dt}}$$

$$= \frac{\dfrac{\partial \tilde{x}_2}{\partial x_1}\dfrac{dx_1}{dt} + \dfrac{\partial \tilde{x}_2}{\partial x_2}\dfrac{dx_2}{dt}}{\dfrac{\partial \tilde{x}_1}{\partial x_1}\dfrac{dx_1}{dt} + \dfrac{\partial \tilde{x}_1}{\partial x_2}\dfrac{dx_2}{dt}}.$$

なので

$$\frac{d\tilde{x}_2}{d\tilde{x}_1} = \frac{\dfrac{\partial \tilde{x}_2}{\partial x_1} + \dfrac{\partial \tilde{x}_2}{\partial x_2}\dfrac{dx_2}{dx_1}}{\dfrac{\partial \tilde{x}_1}{\partial x_1} + \dfrac{\partial \tilde{x}_1}{\partial x_2}\dfrac{dx_2}{dx_1}} \tag{9.4}$$

が得られました.

9.2 延長

1 階常微分方程式 (9.3) を "図形" のように思って,「1 径数変換群 $\varPhi$ により不変な微分方程式」という概念を定義したいのです.

そこで x_1, x_2 に加え $x_2' = \mathrm{d}x_2/\mathrm{d}x_1$ を座標にもつ 3 次元数空間

$$\mathcal{J}^{(1)} = \left\{ (x_1, x_2, x_2') \;\middle|\; x_2' = \frac{\mathrm{d}x_2}{\mathrm{d}x_1} \right\}$$

を考えます. $\mathcal{J}^{(1)}$ を 1 次のジェット空間とよびます.

[ちょっとひとこと] 導函数 x_2' を座標の 1 つとして扱うというのは始めて見たときには,違和感を感じるかもしれない. 解析力学や変分学では, 時間変数 t, 位置を表す座標 q と, その導函数 $\dot{q} = \mathrm{d}q/\mathrm{d}t$ を変数にもつ函数 $L = L(t, q, \dot{q})$ に対する微分方程式

$$\frac{\mathrm{d}}{\mathrm{d}t}\left(\frac{\partial L}{\partial \dot{q}}\right) - \frac{\partial L}{\partial q} = 0$$

を考察する. これは**オイラー–ラグランジュ方程式**とよばれている. オイラー–ラグランジュ方程式については, 解析力学の教科書, たとえば [25, 定理 1.24], [26, p. 102], [27] を参照.

さて, 常微分方程式 (9.3) を $\mathcal{J}^{(1)}$ 内の "図形" として表現しましょう.

$$\mathcal{S}^{(1)} = \{(x_1, x_2, x_2') \in \mathcal{J}^{(1)} \mid F(x_1, x_2, x_2') = 0 \,\} \tag{9.5}$$

とおきます.

いま, 数平面 $\mathbb{R}^2(x_1, x_2)$ の 1 径数変換群 $\varPhi = \{\phi(s)\}$ が与えられているとします. すると (9.4) を用いてジェット空間の 1 径数変換群 $\varPhi^{(1)} = \{\phi^{(1)}(s)\}$ を

$$\phi^{(1)}(s)(x_1, x_2, x_2') = (\tilde{x}_1, \tilde{x}_2, \tilde{x}_2'), \quad (\tilde{x}_1, \tilde{x}_2) = \phi(s)(x_1, x_2) \tag{9.6}$$

で定めることができます. この 1 径数変換群 $\varPhi^{(1)}$ を $\varPhi$ の 1 次の**延長**とよびます[1]. では (9.4) を用いて具体例を計算してみましょう.

---

[1] ソフス・リー (Sopus Lie) の本 [44, §1] では, Erweiterte transformation(延長変換) という名称です.

例 9.1 (平行移動) $V = \partial_1$ とする．このベクトル場の定める相流は x_1 軸方向の平行移動 $\phi(s)\boldsymbol{u} = \boldsymbol{u} + (s, 0)$ である．この場合 $\mathrm{d}\tilde{x}_2/\mathrm{d}\tilde{x}_1 = \mathrm{d}x_2/\mathrm{d}x_1$ であるから

$$\phi^{(1)}(s)\,(x_1, x_2, x_2') = (x_1 + s, x_2, x_2')\,.$$

例 9.2 (x_2 軸方向の拡大・縮小) 1 径数変換群 $\Phi = \{\phi(s)\}$

$$\phi(s)\boldsymbol{x} = \begin{pmatrix} 1 & 0 \\ 0 & e^s \end{pmatrix}\boldsymbol{x}$$

のベクトル場は $V = x_2\partial_2$．Φ の延長は

$$\phi^{(1)}(s)(x_1, x_2, x_2') = (x_1, e^s x_2, e^s x_2').$$

例 9.3 (拡大・縮小) 1 径数変換群 $\Psi = \{\psi(s)\}$：

$$\psi(s)\boldsymbol{u} = \begin{pmatrix} e^s & 0 \\ 0 & e^s \end{pmatrix}\boldsymbol{u}$$

のベクトル場は $W = x_1\partial_1 + x_2\partial_2$ である．

$$(\tilde{x}_1, \tilde{x}_2) = \phi(s)(x_1, x_2) = (e^s x_1, e^s x_2)$$

であるから $\mathrm{d}\tilde{x}_2/\mathrm{d}\tilde{x}_1 = \mathrm{d}x_2/\mathrm{d}x_1$．したがって

$$\phi^{(1)}(s)\,(x_1, x_2, x_2') = (e^s x_1, e^s x_2, x_2')\,.$$

例 9.4 (回転) 回転群 $\mathrm{SO}(2) = \{\phi(s) = \exp(sJ) \mid s \in \mathbb{R}\}$ の延長を求める．

$$\tilde{x}_1 = \cos s\, x_1 - \sin s\, x_2, \quad \tilde{x}_2 = \sin s\, x_1 + \cos s\, x_2$$

より

$$\frac{\mathrm{d}\tilde{x}_2}{\mathrm{d}\tilde{x}_1} = \frac{\sin s + \cos s\, x_2'}{\cos s - \sin s\, x_2'}.$$

したがって

$$\phi^{(1)}(s)\begin{pmatrix} x_1 \\ x_2 \\ x_2' \end{pmatrix} = \begin{pmatrix} \cos s\, x_1 - \sin s\, x_2 \\ \sin s\, x_1 + \cos s\, x_2 \\ \dfrac{\sin s + \cos s\, x_2'}{\cos s - \sin s\, x_2'} \end{pmatrix}.$$

9.3 ベクトル場の延長

1径数変換群 $\Phi = \{\phi(s)\}$ のベクトル場を V とします．u を通る V の積分曲線を

$$\bm{x}(s) = \phi(s)\bm{u} = (x_1(s), x_2(s))$$

で表します．Φ の延長 $\Phi^{(1)}$ を用いて $\mathcal{J}^{(1)}$ 内の曲線

$$\bm{x}^{(1)}(s) = (x_1(s), x_2(s), x_2'(s)), \quad x_2'(s) := \frac{\mathrm{d}x_2}{\mathrm{d}x_1}(s)$$

を定めます．この曲線を微分して $\Phi^{(1)}$ の定める $\mathcal{J}^{(1)}$ のベクトル場 $V^{(1)}$ を求めます．

$$\frac{\mathrm{d}}{\mathrm{d}s}\bm{x}^{(1)}(s) = \left(\frac{\mathrm{d}x_1}{\mathrm{d}s}, \frac{\mathrm{d}x_2}{\mathrm{d}s}, \frac{\mathrm{d}}{\mathrm{d}s}x_2'(s) \right)$$
$$= \left(V_1(x_1, x_2), V_2(x_1, x_2), \frac{\mathrm{d}}{\mathrm{d}s}x_2'(s) \right).$$

ここで

$$\frac{\mathrm{d}}{\mathrm{d}s}x_2'(s) = \frac{\mathrm{d}}{\mathrm{d}s}\left(\frac{\mathrm{d}x_2}{\mathrm{d}s} \Big/ \frac{\mathrm{d}x_1}{\mathrm{d}s} \right)$$
$$= \left\{ \frac{\mathrm{d}}{\mathrm{d}s}\left(\frac{\mathrm{d}x_2}{\mathrm{d}s}\right)\frac{\mathrm{d}x_1}{\mathrm{d}s} - \frac{\mathrm{d}x_2}{\mathrm{d}s}\frac{\mathrm{d}}{\mathrm{d}s}\left(\frac{\mathrm{d}x_1}{\mathrm{d}s}\right) \right\} \Big/ \left(\frac{\mathrm{d}x_1}{\mathrm{d}s} \right)^2$$
$$= \left(\frac{\mathrm{d}V_2}{\mathrm{d}s}V_1 - V_2\frac{\mathrm{d}V_1}{\mathrm{d}s} \right) \Big/ (V_1)^2$$

と計算して

$$\frac{\mathrm{d}V_j}{\mathrm{d}s} = \frac{\partial V_j}{\partial x_1}\frac{\mathrm{d}x_1}{\mathrm{d}s} + \frac{\partial V_j}{\partial x_2}\frac{\mathrm{d}x_2}{\mathrm{d}s} = \frac{\partial V_j}{\partial x_1}V_1 + \frac{\partial V_j}{\partial x_2}V_2, \quad (j=1,2)$$

を代入すれば

$$\frac{\mathrm{d}}{\mathrm{d}s}x_2' = \frac{\partial V_2}{\partial x_1} + \left(\frac{\partial V_2}{\partial x_2} - \frac{\partial V_1}{\partial x_1}\right)\frac{\mathrm{d}x_2}{\mathrm{d}x_1} - \frac{\partial V_1}{\partial x_2}\left(\frac{\mathrm{d}x_2}{\mathrm{d}x_1}\right)^2$$

が得られます．

定義 9.5　ベクトル場 $V = V_1\partial_1 + V_2\partial_2$ に対し，

$$V^{(1)} = V_1\partial_1 + V_2\partial_2 + V_2^{(1)}\partial_{2'}, \quad \partial_{2'} = \frac{\partial}{\partial x_2'},$$

$$V_2^{(1)} = \frac{\partial V_2}{\partial x_1} + \left(\frac{\partial V_2}{\partial x_2} - \frac{\partial V_1}{\partial x_1}\right)\frac{\mathrm{d}x_2}{\mathrm{d}x_1} - \frac{\partial V_1}{\partial x_2}\left(\frac{\mathrm{d}x_2}{\mathrm{d}x_1}\right)^2 \tag{9.7}$$

で定まる $\mathcal{J}^{(1)}$ のベクトル場 $V^{(1)}$ を V の (1 次の) **延長**とよぶ．

例 9.6　例 9.1 から例 9.4 に対し，ベクトル場の延長を求めておく．

- $V = \partial_1$ の延長は $V^{(1)} = V$．
- $V = x_2\partial_2$ の延長は $V^{(1)} = x_2\partial_2 + x_2'\partial_{2'}$．
- $W = x_1\partial_1 + x_2\partial_2$ の延長は $W^{(1)} = W$．
- $V = -x_2\partial_1 + x_1\partial_2$ の延長は

$$V^{(1)} = -x_2\partial_1 + x_1\partial_2 + \{1 + (x_2')^2\}\partial_{2'}.$$

演習 9.7　ベクトル場

$$V = (a_{11}x_1 + a_{12}x_2)\partial_1 + (a_{21}x_1 + a_{22}x_2)\partial_2$$

の延長を計算せよ．ただし $a_{11}, a_{12}, a_{21}, a_{22}$ は定数とする．

9.4　不変微分方程式

第 8.5 節で考察した 1 径数変換群による不変図形の概念をまねて，次の定義を行います．

定義 9.8　$\Phi = \{\phi(s)\}$ を 1 径数変換群とする．実数 s に対し，集合

$$\mathcal{S}^{(1)} = \{(x_1, x_2, x_2') \mid F(x_1, x_2, x_2') = 0\}$$

が条件
$$(x_1, x_2, x_2') \in \mathcal{S}^{(1)} \Longrightarrow F(\phi^{(1)}(s)(x_1, x_2, x_2')) = 0$$
をみたすとき，常微分方程式 (9.3) は $\phi(s)$ で**不変**であるという．さらにすべての実数 s に対し $\mathcal{S}^{(1)}$ が $\phi(s)$ で不変であるとき，(9.3) は 1 径数変換群 Φ で**不変**であるという．(9.3) が Φ-不変であるとき，Φ を (9.3) の**対称性** (symmetry) とよぶ．

これが「解を解に写す」ことの厳密な定義です．前の章で証明した命題 8.16, 定理 8.19 と同様に次の事実が成立します．

定理 9.9 常微分方程式 $F(x_1, x_2, x_2') = 0$ が 1 径数変換群 Φ で不変ならば，Φ のベクトル場 V に対し $V^{(1)}(F) = 0$.

定理 9.10 函数 $F : \mathcal{J}^{(1)} \to \mathbb{R}$ は等位線 $F = 0$ 上で条件
(1) $(\partial_1 F, \partial_2 F, \partial_{x_2'} F) \neq (0, 0, 0)$,
(2) $V^{(1)}(F) = 0$,
をみたすとする．このとき $F(x_1, x_2, x_2') = 0$ は Φ で不変な微分方程式である．

冒頭に挙げた [予想] は，上で定めた「対称性」をもつ常微分方程式は解ける (求積できる) ということを意味します．「はじめに」に，"微分方程式の解けるしくみを対称性とよぶ" と書いてあったことを思い出してください．

9.5 不変微分方程式の例

[予想] を検証する準備は整いました．前の節で定義した「常微分方程式の対称性」をよりよく理解するためには，ここで具体的な例について調べておくことがよいでしょう．抽象的な議論に慣れている読者や，予想の検証をはやく学びたい読者は，この節をとばして次の節に進んでください．

例 9.1 から例 9.4 で扱った 1 径数変換群で不変な常微分方程式を調べます．
いくつかの例においては (9.3) を (9.2) の形に書き直して計算を行います．す

なわち
$$F(x_1, x_2, x_2') = x_2' - f(x_1, x_2)$$
と定め，$\mathcal{S}^{(1)} = \{(x_1, x_2, x_2') \mid F(x_1, x_2, x_2') = 0\}$ が $\Phi^{(1)}$ で不変であるための条件を求めます．

演習 9.11 常微分方程式 $F(x_1, x_2, x_2') = x_2' - f(x_1, x_2) = 0$ が 1 径数変換群 Φ を対称性にもてば，Φ のベクトル場 V に対し
$$V_1 f_{x_1} + V_2 f_{x_2} - \partial_1 V_2 - (\partial_2 V_2 - \partial_1 V_1)f + (\partial_2 V_1)f^2 = 0 \qquad (9.8)$$
をみたすことを確かめよ．（ヒント：$V^{(1)}(F) = 0 \iff$ (9.8) であることを確かめる）．

例 9.12 (**不定積分**) 例 9.1 の 1 径数変換群 Φ で不変な常微分方程式を求めてみよう．Φ のベクトル場 $V = \partial_2$ の延長は V である．定理 9.10 の条件 (1), (2) を
$$\mathcal{S}^{(1)} = \{(x_1, x_2, x_2') \mid F(x_1, x_2, x_2') = 0\}$$
上で考察する．まず条件 (2) より
$$V^{(1)}(F) = \partial_2 F = F_{x_2} = 0.$$
次に条件 (1) より
$$\partial_1 F \neq 0, \quad \partial_{2'} F \neq 0$$
なので F は x_1 と x_2' に依存する函数であることがわかる．したがって Φ を対称性にもつ常微分方程式[2]は $F(x_1, x_2') = 0$ で与えられる．(9.3) を (9.2) の形に書き直してから計算を行う．
$$F(x_1, x_2) = x_2' - f(x_1, x_2)$$
として計算すると，$0 = V^{(1)}(F) = -f_{x_2}$ であるから $f_{x_2} = 0$．条件 (2) は
$$\partial_1 F = -f_{x_1} \neq 0, \quad \partial_{2'} F = -1 \neq 0$$
と書き直せる．したがって f は x_1 のみに依存する函数である．$f(x_1, x_2) = \alpha(x_1)$ と書き変えれば

---

[2] すなわち x_2 軸方向の平行移動で不変な常微分方程式．

$$x_2' = \alpha(x_1)$$

となる．これは 8 章で扱った (8.1)，すなわち 1 章の (1.1) にほかならない．前章の定理 8.1，例 8.8 をもう一度，ふりかえって例 9.12 と見比べよ．

例 9.13 (変数分離形)　例 9.2 の 1 径数変換群を対称性にもつ常微分方程式 $\mathcal{S}^{(1)} = \{(x_1, x_2, x_2') \mid F(x_1, x_2, x_2') = 0\}$ を求める．例 9.2 のベクトル場 V の延長は $V^{(1)} = x_2 \partial_2 + x_2' \partial_{2'}$ であるから，定理 9.10 の条件 (2) は

$$V^{(1)}(F) = x_2 F_{x_2} + x_2' F_{x_2'} = 0$$

となる．一方，定理 9.10 の条件 (1) は $F_{x_1} \neq 0, F_{x_2'} \neq 0$ となる．例 8.9 を参考にして，たとえば $F(x_1, x_2, x_2') = x_2'/x_2$ と選んでみると，$V^{(1)}(F) = 0$ をみたしていることが確かめられる．より一般に x_1 と x_2'/x_2 の函数 $g(x_1, x_2'/x_2)$ を用いて $F(x_1, x_2, x_2') = g(x_1, x_2'/x_2)$ とおけば $V^{(1)}(F) = 0$ である．これを x_2' について解けば $x_2' = f(x_1)$ と表せる．これは変数分離形である．定理 8.2 と見比べよ．

例 9.14 (同次形)　例 9.3 のベクトル場 W の延長は $W^{(1)} = W$ である．この 1 径数変換群を対称性にもつ常微分方程式 $\mathcal{S}^{(1)} = \{F = x_2' - f = 0\}$ を求めてみよう．$W^{(1)}(F) = -x_1 f_{x_1} - x_2 f_{x_2}$ であるから，例 8.9 と命題 8.12 でみたように，$f(x_1, x_2)$ は x_2/x_1 の函数 g を用いて $f(x_1, x_2) = g(x_2/x_1)$ と表せる．したがって，Φ で不変な常微分方程式は

$$x_2' = g(x_2/x_1) \tag{9.9}$$

で与えられる．これは同次形 (第 1 の章末問題 1.16 で扱った)．ここで

$$(y_1, y_2) = (x_2/x_1, \log x_1), \quad x_1 > 0 \tag{9.10}$$

とおき，変数を (x_1, x_2) から (y_1, y_2) に変えてみよう．微分積分学で「座標変換」について学んだ読者は $(x_1, x_2) \mapsto (y_1, y_2)$ が座標変換[3]であることを確認してみてもらいたい．

さて，任意の函数 h に対し

---

[3] ヤコビ行列式が 0 でないこと．

$$\frac{\partial}{\partial x_1}h = \left\{-\frac{x_2}{(x_1)^2}\frac{\partial}{\partial y_1} + \frac{1}{x_1}\frac{\partial}{\partial y_2}\right\}h,$$

$$\frac{\partial}{\partial x_2}h = \frac{1}{x_1}\frac{\partial}{\partial y_1}h$$

なので $W^{(1)} = W = \partial_{y_2}$ と書き直せる．(9.3) の代わりに常微分方程式

$$\tilde{F}(y_1, y_2) = \frac{\mathrm{d}y_2}{\mathrm{d}y_1} - \tilde{f}(y_1, y_2) = 0$$

を考察対象とすれば $W^{(1)}(\tilde{F}) = 0$ より

$$\frac{\mathrm{d}y_2}{\mathrm{d}y_1} = \tilde{f}(y_1)$$

が得られる．このことから，章末問題 1.16 で与えた同次形 (9.9) の解法を導くことができる．実際，$y_1 = x_2/x_1$ とおくと $x_2 = y_1 x_1$ より

$$\frac{\mathrm{d}x_2}{\mathrm{d}x_1} = y_1 + x_1\frac{\mathrm{d}y_1}{\mathrm{d}x_1}$$

と計算でき，(9.9) は変数分離形

$$\frac{\mathrm{d}y_1}{\mathrm{d}x_1} = \frac{g(y_1) - y_1}{x_1}$$

に書き直された．変数変換 (9.10) はベクトル場 W が $W = \partial_{y_2}$ という表示をもつように座標変換を施して得られていることに注意されたい．この条件をみたす座標系 (y_1, y_2) はベクトル場の W の**標準座標系**とよばれている．

標準座標系の存在については次の定理が知られています（証明は [26, p. 67] を見てください）．

定理 9.15 $V \in \mathfrak{X}(\mathbb{R}^2)$ に対し $V_p \neq 0$ ならば $p \in \mathbb{R}^2$ の近傍で定義された座標系 (y_1, y_2) を用いて $V = \partial/\partial y_2$ と表すことができる．

例 9.16 (回転不変な常微分方程式)　回転群 SO(2) で不変な常微分方程式を考える．$V = -x_2\partial_1 + x_1\partial_2$ の延長は $V^{(1)} = V + \{1 + (x_2')^2\}\partial_{2'}$ であるから，$F = x_2' - f$ に対し

$$V^{(1)}(F) = 1 + (x_2')^2 + x_2 f_{x_1} - x_1 f_{x_2} = 0$$

9.5 不変微分方程式の例

を得るが，このままでは f を求めるのは難しい．そこで註 8.11 のときのように極座標

$$(x_1, x_2) = (r\cos\theta, r\sin\theta)$$

を使う．$V = \partial_\theta$ と書き直せるから $V^{(1)} = V = \partial_\theta$．常微分方程式

$$\tilde{F}(r,\theta,\theta') = \frac{\mathrm{d}\theta}{\mathrm{d}r} - \tilde{f}(r,\theta) = 0$$

が SO(2) で不変であるための条件は $V^{(1)}(\tilde{F}) = -\tilde{f}_\theta = 0$ なので

$$\frac{\mathrm{d}\theta}{\mathrm{d}r} = \tilde{f}(r) \tag{9.11}$$

が SO(2) で不変な常微分方程式の (一般の) 形である．この方程式の解は

$$\theta(r) = \int \tilde{f}(r)\,\mathrm{d}r + C, \quad C\text{ は定数}$$

と求められる．

$$\frac{\mathrm{d}x_2}{\mathrm{d}x_1} = \frac{\sin\theta + r\cos\theta\,\theta'}{\cos\theta - r\sin\theta\,\theta'}$$

を $\theta' = \mathrm{d}\theta/\mathrm{d}r$ について解くと

$$\frac{\mathrm{d}\theta}{\mathrm{d}r} = -\frac{x_2 - x_1 x_2'}{r(x_1 + x_2 x_2')}$$

なので，これを (9.11) に代入して

$$\tilde{f}(r) = -\frac{x_2 - x_1 x_2'}{r(x_1 + x_2 x_2')}.$$

$g(r) = r\tilde{f}(r)$ とおいて，この式を x_2' について解けば

$$\frac{\mathrm{d}x_2}{\mathrm{d}x_1} = \frac{x_2 + g(r)x_1}{x_1 - g(r)x_2}$$

が得られる．

命題 9.17 回転群で不変な常微分方程式は

$$\frac{\mathrm{d}x_2}{\mathrm{d}x_1} = \frac{x_2 + g(r)x_1}{x_1 - g(r)x_2}$$

で与えられる．ここで $g(r)$ は $r = \sqrt{x_1^2 + x_2^2}$ のみに依存する関数．この常微

分方程式は極座標 (r,θ) を用いて，変数分離形
$$\frac{\mathrm{d}\theta}{\mathrm{d}r} = \frac{1}{r}g(r)$$
に書き直される．

極座標 (r,θ) は次の性質をもっていることを注意しておきます．
(1) 曲線 "$r = $ 一定" は回転 $j(s) = \exp(sJ)$ で写りあう，
(2) 曲線 "$\theta = $ 一定" は $\Phi = \{j(s)\}$ の軌道である，
(3) Φ のベクトル場は $\partial/\partial\theta$ で与えられる．

より一般に次の定理が成立します．

定理 9.18 常微分方程式 $F(x_1, x_2, x_2') = 0$ が 1 径数変換群 $\Phi = \{\phi(s)\}$ で不変であるとき，条件
(1) 曲線 "$y_1 = $ 一定" は $\phi(s)$ で写りあう，
(2) 曲線 "$y_2 = $ 一定" は Φ の軌道である，
(3) Φ のベクトル場は $\partial/\partial y_2$ で与えられる，
をみたす座標系 (y_1, y_2) をとることで $F(x_1, x_2, x_2') = 0$ は変数分離形
$$\frac{\mathrm{d}y_2}{\mathrm{d}y_1} = g(y_1)$$
に書き直せる．

例 9.14 の座標系 (y_1, y_2) はここで挙げた条件をみたしていることを確かめてください．

9.6 予想の検証

微分方程式 (9.1) を
$$\mathcal{S}^{(1)} = \{(x_1, x_2, x_2') \mid F(x_1, x_2, x_2') = 0\},$$
$$F(x_1, x_2, x_2') = x_2' - \frac{X_1(x_1, x_2)}{X_2(x_1, x_2)}$$

という図形として扱います．いま $\mathcal{S}^{(1)}$ が 1 径数変換群 $\varPhi = \{\phi(s)\}$ で不変だとします．$\varPhi$ のベクトル場 V と (9.1) に対応するベクトル場 X が $(X\,|\,V) \neq 0$ をみたすと仮定します．$\mu = (X|V)^{-1}$ とおきます．

$$\operatorname{curl}(\mu X) = \mu_{x_1} X_2 - \mu_{x_2} X_1 + \mu \operatorname{curl} X$$

を用いて計算すると

$$\operatorname{curl}(\mu X) = -(X|V)^{-2}\left\{ X_2 \partial_1 (X|V) - X_1 \partial_2 (X|V) - (X|V)\operatorname{curl} X \right\}$$

ですから，μ が積分因子であるための必要十分条件は

$$X_2 \partial_1 (X|V) - X_1 \partial_2 (X|V) - (X|V)\operatorname{curl} X = 0. \tag{9.12}$$

ここで $j = 1,\,2$ に対して

$$\partial_j (X|V) = \sum_{i=1}^{2}(\partial_j X_i) V_i + \sum_{i=1}^{2} X_i (\partial_j V_i)$$

なので (9.12) の左辺は

$$(X_2)^2 (\partial_1 V_2) - (X_1)^2 (\partial_2 V_1) + X_1 X_2 (\partial_1 V_1 - \partial_2 V_2)$$
$$+ V_1\{(\partial_1 X_1) X_2 - (\partial_1 X_2) X_1\} + V_2\{(\partial_2 X_1) X_2 - (\partial_2 X_2) X_1\} \tag{9.13}$$

と計算されます．

一方，(9.8) に $f = -X_1/X_2$ を代入すると

$$-\frac{V_1}{(X_2)^2}\{(\partial_1 X_1) X_2 - X_1 (\partial_1 X_2)\}$$
$$-\frac{V_2}{(X_2)^2}\{(\partial_2 X_1) X_2 - X_1 (\partial_2 X_2)\} - \partial_1 V_2$$
$$+ (\partial_2 V_2 - \partial_1 V_1)\frac{X_1}{X_2} + \partial_2 V_1 \left(\frac{X_1}{X_2}\right)^2 = 0.$$

この両辺に $-(X_2)^2$ をかけると

$$(X_2)^2 (\partial_1 V_2) - (X_1)^2 (\partial_2 V_1) + X_1 X_2 (\partial_1 V_1 - \partial_2 V_2)$$
$$+ V_1\{(\partial_1 X_1) X_2 - (\partial_1 X_2) X_1\} + V_2\{(\partial_2 X_1) X_2 - (\partial_2 X_2) X_1\} = 0 \tag{9.14}$$

が得られました．(9.13) と (9.14) を見比べて，次の定理が得られます．

定理 9.19 (リーの定理 **(1874)**)　常微分方程式

$$X_1(x_1, x_2) + X_2(x_1, x_2)\frac{\mathrm{d}x_2}{\mathrm{d}x_1} = 0$$

が1径数変換群 $\varPhi = \{\phi(s)\}$ で不変であるとする. $\varPhi$ のベクトル場 $V = V_1\partial_1 + V_2\partial_2$ が

$$(X|V) = X_1V_1 + X_2V_2 \neq 0$$

をみたすならば,この微分方程式は積分因子 $\mu(x_1, x_2) = (X|V)^{-1}$ をもつ.

これはリーによって [45] において発表された定理です.

定理 9.18, 定理 9.19 がともに,述べていることは

> 対称性をもつ微分方程式は求積できる.

ですから,この本の「はじめに」で書いたセリフ

> 微分方程式の解けるしくみを「対称性」とよぶ.

にきちんとした意味をつけることができました. 常微分方程式を不変にする1径数変換群の存在が微分方程式の解けるしくみであるといえたのです.

参考図書

この章では定理 9.19 の証明を与えました. リーの原論文 [45] にある証明方法ではなく,ジェット空間と延長を用いた証明を紹介しました[4]. リーのもともとの証明方法は [46] に収録されています[5]. また日本語 (訳) で読めるものには [43] があります[6]. 対称空間論の教科書として有名な本 [36] の第 2 章 8 節

---

[4] この証明方法もリーは与えています.

[5] [46] の概要は E. O. Lovett による書評:*Lie's differential equations*, Bull. Amer. Math. Soc. **4** (1898), no.4, 155–167 で見ることができます.

[6] 岩波講座「基礎数学」の月報に掲載された次の 2 編も参考になります.
吉田耕作,「思い出すことなど」, (月報 23), 1979, pp. 1–4,
―――,「Lie の定理について」, (月報 24), 1979, pp. 10–11.
後者は次の一文で結ばれています. "Lie が幾何や微分方程式に関連させながら変換群論を築いた初心は忘るべからずと思われます."

(Perspectives) にも「リーの定理」は紹介されています.

延長については [48], [49] が参考になります. この章を執筆する上でこの 2 冊を参考にしました. 延長や対称性を微分形式を駆使して研究する方法もあります (微分式系の理論). 微分式系の理論については [47], [50] を紹介しておきます.

[読者の研究課題] 以下のベクトル場の定める 1 径数 (局所) 変換群で不変な常微分方程式はどのようなものか調べよ[7].

- $V = x_1 \partial_1,$
- $V = x_1 \partial_1 - x_2 \partial_2,$
- $V = \exp\left\{ \int \beta(x_1) \, \mathrm{d}x_1 \right\} \partial_1.$

---

[7] [43] を参照.

第10章

射影変換とベクトル場

　前の章で対称性 (**1径数変換群による不変性**) があれば常微分方程式を解くことができることを証明しました．とくに，1階線型常微分方程式が解けるしくみを解明できました．ところで，リッカチ方程式は**特殊解が1つ**わかっていれば，解けることを第1章で説明しました．続く第2章では射影変換との関係を説明したことを思い出してください．第2章の内容と第9章の内容を見比べると次のような考えが浮かぶでしょう．

> リッカチ方程式の対称性とよぶべきものがあるならば，それは射影変換による不変性のことである．

この考えに基づき，この章と次の章でリッカチ方程式と射影変換について改めて調べてみましょう．この章では，函数が射影変換で不変であるかどうかを判定する方法を求めることを目標にします．

　それにはまず，射影変換についての理解を深めておくことが必要です．そこで特殊線型群 $\mathrm{SL}_2\mathbb{R} = \{X \in \mathrm{M}_2\mathbb{R} \mid \det X = 1\}$ について詳しく調べることから始めます．

10.1　岩澤分解

　行列 $X = (x_{ij}) \in \mathrm{M}_2\mathbb{R}$ を列ベクトルを2本並べたもの，つまり

10.1 岩澤分解

$$X = (\boldsymbol{x}_1, \boldsymbol{x}_2), \quad \boldsymbol{x}_1 = \begin{pmatrix} x_{11} \\ x_{21} \end{pmatrix}, \ \boldsymbol{x}_2 = \begin{pmatrix} x_{12} \\ x_{22} \end{pmatrix}.$$

と考えることにします．

命題 10.1 $X = (\boldsymbol{x}_1, \boldsymbol{x}_2) \in \mathrm{M}_2 \mathbb{R}$ に対し $\boldsymbol{x}_1 /\!/ \boldsymbol{x}_2 \Longleftrightarrow \det X = 0$.

証明

$$\begin{aligned}
\det X = 0 &\Longleftrightarrow x_{11} x_{22} = x_{12} x_{21} \\
&\Longleftrightarrow x_{11} : x_{21} = x_{12} : x_{22} \\
&\Longleftrightarrow \boldsymbol{x}_1 /\!/ \boldsymbol{x}_2.
\end{aligned}$$
∎

また $\det X \neq 0$ ならば $\boldsymbol{x}_1$, $\boldsymbol{x}_2$ のどちらもゼロベクトルではありません．たとえば，もし $\boldsymbol{x}_1 = \boldsymbol{0}$ ならば

$$\det X = x_{11} x_{22} - x_{12} x_{21} = 0 \times x_{22} - x_{12} \times 0 = 0$$

となりますから矛盾です．以下，正則な行列 $X (\det X \neq 0)$ を考えます．

$$\boldsymbol{q}_1 = \frac{1}{\|\boldsymbol{x}_1\|} \boldsymbol{x}_1 = \frac{1}{\sqrt{x_{11}^2 + x_{21}^2}} \boldsymbol{x}_1 \neq \boldsymbol{0}$$

とおきます．この $\boldsymbol{q}_1$ を用いて

$$\tilde{\boldsymbol{q}}_2 = \boldsymbol{x}_2 - (\boldsymbol{x}_2 | \boldsymbol{q}_1) \boldsymbol{q}_1$$

とおきます．このベクトル $\tilde{\boldsymbol{q}}_2$ もゼロベクトルではありません．実際，もし $\tilde{\boldsymbol{q}}_2 = \boldsymbol{0}$ であれば $\boldsymbol{x}_2 /\!/ \boldsymbol{q}_1$ ですから，$\boldsymbol{x}_1 /\!/ \boldsymbol{x}_2$ ということになり $\det X \neq 0$ に矛盾します．この事実は $\tilde{\boldsymbol{q}}_2$ を計算して確かめることもできます．実際

$$\begin{aligned}
\tilde{\boldsymbol{q}}_2 &= \begin{pmatrix} x_{12} \\ x_{22} \end{pmatrix} - \frac{x_{11} x_{12} + x_{21} x_{22}}{x_{11}^2 + x_{21}^2} \begin{pmatrix} x_{11} \\ x_{21} \end{pmatrix} \\
&= \frac{\det X}{x_{11}^2 + x_{21}^2} \begin{pmatrix} -x_{21} \\ x_{11} \end{pmatrix}.
\end{aligned}$$

より

$$\|\tilde{\boldsymbol{q}}_2\| = \frac{|\det X|}{\|\boldsymbol{x}_1\|}$$

なので $\tilde{\boldsymbol{q}}_2 \neq \boldsymbol{0}$ です．$\tilde{\boldsymbol{q}}_2$ は

$$\tilde{\boldsymbol{q}}_2 = \frac{\det X}{\|\boldsymbol{x}_1\|^2} J\boldsymbol{x}_1$$

と書き直せます．J はこの本で頻繁に登場している原点を中心とする 90° 度回転を表す行列です．ここで $\boldsymbol{q}_2 = \tilde{\boldsymbol{q}}_2 / \|\tilde{\boldsymbol{q}}_2\|$ とおきます．このベクトルは

$$\boldsymbol{q}_2 = \frac{\mathrm{sign}(\det X)}{\|\boldsymbol{x}_1\|} J\boldsymbol{x}_1, \quad \mathrm{sign}(\det X) = \frac{\det X}{|\det X|}$$

と計算されます．行列 Q を $Q = (\boldsymbol{q}_1, \boldsymbol{q}_2)$ で定めると

$$(\boldsymbol{q}_1|\boldsymbol{q}_1) = (\boldsymbol{q}_2|\boldsymbol{q}_2) = 1, \quad (\boldsymbol{q}_1|\boldsymbol{q}_2) = 0$$

なので $Q \in \mathrm{O}(2)$，つまり Q は直交行列[1]です．

$$\begin{cases} \boldsymbol{x}_1 = \|\boldsymbol{x}_1\| \boldsymbol{q}_1 \\ \boldsymbol{x}_2 = (\boldsymbol{x}_2|\boldsymbol{q}_1)\boldsymbol{q}_1 + \dfrac{|\det X|}{\|\boldsymbol{x}_1\|} \boldsymbol{q}_2 \end{cases}$$

という関係にありますが，行列を使って次のように表すことができます．

$$X = QR,$$

$$Q = \left(\frac{1}{\sqrt{x_{11}^2 + x_{21}^2}} \boldsymbol{x}_1, \frac{\mathrm{sign}(\det X)}{\sqrt{x_{11}^2 + x_{21}^2}} J\boldsymbol{x}_1 \right), \tag{10.1}$$

$$R = \begin{pmatrix} \sqrt{x_{11}^2 + x_{21}^2} & \dfrac{x_{11}x_{12} + x_{21}x_{22}}{\sqrt{x_{11}^2 + x_{21}^2}} \\ 0 & \dfrac{|\det X|}{\sqrt{x_{11}^2 + x_{21}^2}} \end{pmatrix}. \tag{10.2}$$

Q は直交行列なので，その行列式は ± 1 です[2]．実際に $\det Q = \pm 1$ であることを確かめておきましょう．Q の行列式を計算すると

$$\begin{aligned} \det Q &= \frac{\mathrm{sign}(\det X)}{x_{11}^2 + x_{21}^2} \det(\boldsymbol{x}_1, J\boldsymbol{x}_1) \\ &= \frac{\mathrm{sign}(\det X)}{x_{11}^2 + x_{21}^2} (x_{11}^2 + x_{21}^2) = \mathrm{sign}(\det X) = \pm 1. \end{aligned}$$

---

[1] 第 4 章の演習 4.21 で定義しました．
[2] ${}^t\!AA = E$ の両辺の行列式を計算すると $(\det A)^2 = 1$ が得られます．

とくに $\det X = 1$ ならば $\det Q = 1$ です.

ここで
$$\mathrm{T}_2^+ \mathbb{R} = \{T = (t_{ij}) \in \mathrm{M}_2 \mathbb{R} \mid t_{21} = 0, \ t_{11}, t_{22} > 0\}$$
とおきます. 明らかに $\mathrm{T}_2^+ \mathbb{R}$ は単位行列 E を含んでいます. またどの要素 $T \in \mathrm{T}_2^+ \mathbb{R}$ も逆行列 T^{-1} をもち, T^{-1} も $\mathrm{T}_2^+ \mathbb{R}$ の要素です. さらに積について閉じています. すなわち
$$T_1, T_2 \in \mathrm{T}_2^+ \mathbb{R} \Longrightarrow T_1 T_2 \in \mathrm{T}_2^+ \mathbb{R}.$$
したがって $\mathrm{T}_2^+ \mathbb{R}$ は $\mathrm{GL}_2 \mathbb{R}$ の部分群です.

註 10.2 (三角行列) 行列 $A = (a_{ij}) \in \mathrm{M}_2 \mathbb{R}$ が $a_{21} = 0$ をみたすとき, 上三角行列とよぶ. 同様に $a_{12} = 0$ のとき A を下三角行列とよぶ.

定理 10.3 (グラム–シュミット分解) $X \in \mathrm{GL}_2 \mathbb{R}$ は $X = QR$ ($Q \in \mathrm{O}(2)$, $R \in \mathrm{T}_2^+ \mathbb{R}$) とただ一通り (**一意的**) に分解できる. この分解を X の**グラム–シュミット分解** (または **QR 分解**) という. この分解を
$$\mathrm{GL}_2 \mathbb{R} = \mathrm{O}(2) \cdot \mathrm{T}_2^+ \mathbb{R}$$
と表す.

証明 分解できることは既に示した. あとは一意性のみ.
$$X = Q_1 R_1 = Q_2 R_2, \quad Q_i \in \mathrm{O}(2), \ R_i \in \mathrm{T}_2^+ \mathbb{R}$$
と 2 通りに分解できると仮定する. $R_1 = (r_{ij}), R_2 = (\tilde{r}_{ij})$ と表す. $Y = R_1 R_2^{-1} = Q_1^{-1} Q_2 = (\boldsymbol{y}_1 \ \boldsymbol{y}_2)$ とおくと
$$Y = R_1 R_2^{-1} = \begin{pmatrix} \dfrac{r_{11}}{\tilde{r}_{11}} & \dfrac{-r_{11}\tilde{r}_{12} + \tilde{r}_{11}r_{12}}{\tilde{r}_{11}\tilde{r}_{22}} \\ 0 & \dfrac{r_{22}}{\tilde{r}_{22}} \end{pmatrix}.$$
$Y = Q_1^{-1} Q_2$ より $\|\boldsymbol{y}_1\| = 1$, すなわち $r_{11}/\tilde{r}_{11} = 1$ でなければならない. したがって $r_{11} = \tilde{r}_{11}$. これより

$$\boldsymbol{y}_2 = \begin{pmatrix} -\dfrac{\tilde{r}_{12}}{\tilde{r}_{22}} + \dfrac{r_{12}}{\tilde{r}_{22}} \\ \dfrac{r_{22}}{\tilde{r}_{22}} \end{pmatrix}$$

次に $(\boldsymbol{y}_1|\boldsymbol{y}_2) = 0$ より $\tilde{r}_{12} = r_{12}$ を得る. ゆえに $\boldsymbol{y}_2 = (0, r_{22}/\tilde{r}_{22})$. 最後に $\|\boldsymbol{y}_2\|$ $= 1$ より $r_{22} = \tilde{r}_{22}$. 以上より $R_1 = R_2$. これより $Q_1 = Q_2$ も得られる. ∎

$X \in \mathrm{SL}_2\mathbb{R}$ のグラム–シュミット分解を詳しく見ておきます. その準備のために

$$\mathrm{ST}_2^+\mathbb{R} = \{R \in \mathrm{T}_2^+\mathbb{R} \mid \det R = 1\}$$

とおきます. $\mathrm{ST}_2^+\mathbb{R}$ は特殊線型群 $\mathrm{SL}_2\mathbb{R}$ の部分群です.

系 10.4 $\mathrm{SL}_2\mathbb{R}$ は

$$\mathrm{SL}_2\mathbb{R} = \mathrm{SO}(2) \cdot \mathrm{ST}_2^+\mathbb{R}$$

と分解される. すなわち $X \in \mathrm{SL}_2\mathbb{R}$ は $X = QR$ ($Q \in \mathrm{SO}(2)$, $R \in \mathrm{ST}_2^+\mathbb{R}$) と一意的に分解できる.

グラム–シュミット分解 $X = QR$ における R をさらに分解します.

$$a(X) = \begin{pmatrix} \sqrt{x_{11}^2 + x_{21}^2} & 0 \\ 0 & \dfrac{|\det X|}{\sqrt{x_{11}^2 + x_{21}^2}} \end{pmatrix}$$

とおくと

$$R = a(X)n(X), \quad n(X) = \begin{pmatrix} 1 & \dfrac{x_{11}x_{12} + x_{21}x_{22}}{x_{11}^2 + x_{21}^2} \\ 0 & 1 \end{pmatrix}$$

と分解できます. ここで (10.1) において

$$\frac{1}{\sqrt{x_{11}^2 + x_{21}^2}} \boldsymbol{x}_1 = \begin{pmatrix} \cos\theta \\ \sin\theta \end{pmatrix}$$

とおくと

10.1 岩澤分解

$$\frac{\mathrm{sign}(\det X)}{\sqrt{x_{11}^2 + x_{21}^2}} J\boldsymbol{x}_1 = \mathrm{sign}(\det X) \begin{pmatrix} -\sin\theta \\ \cos\theta \end{pmatrix}$$

なので

$$Q = \begin{pmatrix} \cos\theta & -\mathrm{sign}(\det X)\sin\theta \\ \sin\theta & \mathrm{sign}(\det X)\cos\theta \end{pmatrix}$$

と書き直せます.

$X \in \mathrm{SL}_2\mathbb{R}$ の場合を調べます. このとき $Q = \exp(\theta J)$ です. また

$$a(X) = \exp\begin{pmatrix} \log\sqrt{x_{11}^2 + x_{21}^2} & 0 \\ 0 & -\log\sqrt{x_{11}^2 + x_{21}^2} \end{pmatrix}.$$

さらに

$$n(X) = \exp\begin{pmatrix} 0 & \dfrac{x_{11}x_{12} + x_{21}x_{22}}{x_{11}^2 + x_{21}^2} \\ 0 & 0 \end{pmatrix}$$

と書き直せます. ここで第 4 章の例 4.3 で扱った行列

$$N = \begin{pmatrix} 0 & 1 \\ 0 & 0 \end{pmatrix}$$

を用いて

$$G_N = \{\exp(tN) \mid t \in \mathbb{R}\,\}$$

とおきます. さらに

$$H = \begin{pmatrix} 1 & 0 \\ 0 & -1 \end{pmatrix} \tag{10.3}$$

とおき

$$G_H = \{\exp(sH) \mid s \in \mathbb{R}\}$$

を考えます.

演習 10.5 (群論的演習問題) 例 4.6 で扱った行列

$$\hat{J} = \begin{pmatrix} 0 & 1 \\ 1 & 0 \end{pmatrix}$$

の定める 1 径数群 $G_{\hat{J}} = \mathrm{SO}^+(1,1)$ は G_H と同型であることを示せ[3]．

次の定理が得られます ($Q = k(X)$ と表記します)．

定理 10.6 (岩澤分解)　$X \in \mathrm{SL}_2\mathbb{R}$ は $X = k(X)a(X)n(X)$,

$$k(X) \in \mathrm{SO}(2), \quad a(X) \in G_H, \quad n(X) \in G_N$$

と一意的に分解できる．この分解を X の**岩澤分解**とよぶ．また

$$\mathrm{SL}_2\mathbb{R} = \mathrm{SO}(2) \cdot G_H \cdot G_N$$

を $\mathrm{SL}_2\mathbb{R}$ の**岩澤分解**とよぶ．

証明　一意性だけを確かめればよい．

$$X = k_1(X)a_1(X)n_1(X) = k_2(X)a_2(X)n_2(X)$$

と 2 通りの分解をもつと仮定する．

$$a_i(X) = \begin{pmatrix} e^{s_i} & 0 \\ 0 & e^{-s_i} \end{pmatrix}, \quad n_i(X) = \begin{pmatrix} 1 & t_i \\ 0 & 1 \end{pmatrix}$$

とおくと

$$k_1(X)^{-1}k_2(X) = a_1(X)n_1(X)n_2(X)^{-1}a_2(X)^{-1}. \tag{10.4}$$

この右辺を計算すると

$$\begin{pmatrix} e^{s_1-s_2} & e^{s_1+s_2}(t_1-t_2) \\ 0 & e^{s_2-s_1} \end{pmatrix}.$$

一方，左辺は $k_1(X)^{-1}k_2(X) \in \mathrm{SO}(2)$ だから $(e^{s_1-s_2}, 0)$ は長さ 1 のベクトルのはず．したがって $s_1 = s_2$．ゆえに $t_1 = t_2$ を得る．以上より $a_1(X) = a_2(X)$ かつ $n_1(X) = n_2(X)$．ということは (10.4) より $k_1(X) = k_2(X)$．　∎

---

[3] 記法 $\mathrm{SO}^+(1,1)$ は第 4 章の章末問題 4.24 で定めました．

岩澤分解から，どの $X \in \mathrm{SL}_2\mathbb{R}$ も 3 つの指数函数の積で表せることがわかりました[4]．

[岩澤分解] 定理 10.6 は連結半単純リー群に対する岩澤分解[5]とよばれる次の定理の特別な場合である (詳しくは [36, 6 章, Theorem 5.1] などを参照)．

定理 10.7 G を連結半単純リー群とする．G の中心が有限群であるならば，$G = KAN$ と分解できる．ここで K は G の極大コンパクト部分群，A は可換な閉部分群，N は冪零な閉部分群．$S = AN$ は G は G の可解な閉部分群であり N を正規部分群として含む．S を G の**岩澤部分群**とよぶ．

[専門的な注釈] 岩澤部分群 S は数空間と同相であること，G は直積空間 $K \times S$ と同相であることがわかる．この事実から連結半単純リー群の位相を調べることは，コンパクト部分群 K の位相を調べることに帰着される．

10.2 線型リー群

$\mathrm{SL}_2\mathbb{R}$ や $\mathrm{T}_2^+\mathbb{R}$ など，$\mathrm{GL}_2\mathbb{R}$ の部分群をこれまでに扱ってきました．改めて復習しておきます[6]．$\mathrm{GL}_2\mathbb{R}$ の部分集合 G が

- G は単位行列 E を含む，
- $A, B \in G \Longrightarrow AB \in G$,
- $A \in G \Longrightarrow A^{-1} \in G$,

をみたすとき，$\mathrm{GL}_2\mathbb{R}$ の**部分群**であると言い表す．

この本では行列値函数の微分積分を行っていますから，単に部分群 (演算に関する性質) というだけでなく，極限操作に関する「よい性質」を備えた部分群を考えることが適切です．

---

[4] 一般の連結線型リー群について同様の結果が得られます．[39, p. 104] を参照．

[5] 岩澤健吉, *On some types of topological groups*, Ann. of Math. **50** (1949), 507–558.

[6] 註 2.6 参照．

定義 10.8 部分群 $G \subset \mathrm{GL}_2\mathbb{R}$ が，条件

> どの収束する点列 $\{X_n\} \subset G$ に対しても，その極限 $X = \lim_{n\to\infty} X_n$ は G に収まる．

をみたすとき**閉部分群**であるという．

たとえば $\mathrm{SL}_2\mathbb{R}$ が閉部分群であることを証明しましょう．まず次の補題を示します．

補題 10.9 行列式 $\det : \mathrm{M}_2\mathbb{R} \to \mathbb{R}$ は連続函数である．

証明 $X = (x_{ij}) \in \mathrm{M}_2\mathbb{R}$ に収束する点列 $X_n = ((x_{ij})_n)$ に対し

$$\lim_{n\to\infty} \det X_n = \lim_{n\to\infty} \{(x_{11})_n(x_{22})_n - (x_{12})_n(x_{21})_n\}$$
$$= x_{11}x_{22} - x_{12}x_{21} = \det X = \det\left(\lim_{n\to\infty} X_n\right).$$

したがって $\det$ は $\mathrm{M}_2\mathbb{R}$ 上の連続函数． ∎

$\{X_n\} \subset \mathrm{SL}_2\mathbb{R}$ が極限 $X = \lim_{n\to\infty} X_n$ をもつとします．$\det$ が連続函数であることを利用して

$$\det\left(\lim_{n\to\infty} X_n\right) = \lim_{n\to\infty} \det X_n = \lim_{n\to\infty} 1 = 1.$$

したがって $X \in \mathrm{SL}_2\mathbb{R}$．すなわち $\mathrm{SL}_2\mathbb{R}$ は閉部分群です．

演習 10.10 $\mathrm{SO}(2), G_H, G_N$ が閉部分群であることを確かめよ．

定義 10.11 $\mathrm{GL}_2\mathbb{R}$ の閉部分群を (2次の) **線型リー群**とよぶ．

[**一般のリー群**] 複素数を成分とする n 次正則行列の全体を $\mathrm{GL}_n\mathbb{C}$ で表す．$\mathrm{GL}_n\mathbb{C}$ の閉部分群を**線型リー群**とよぶ．一般のリー群は次のように定義される．

定義 10.12 G は群であり同時に滑らかな多様体 (C^∞ 多様体) であるとする．

群演算写像 $\mu : G \times G \to G$ および，反転写像 $\mathrm{s} : G \to G$
$$\mu(a,b) = ab, \quad \mathrm{s}(a) = a^{-1}$$
がともに C^∞ 写像であるとき G をリー群とよぶ．

10.3　リー環

$X \in \mathrm{M}_2\mathbb{R}$ に対し，1 径数群 $G_X = \{\exp(tX) \mid t \in \mathbb{R}\}$ は $\mathrm{GL}_2\mathbb{R}$ に含まれていました．実際，命題 4.14 より $\det \exp(tX) = \exp\{\mathrm{tr}\,(tX)\}$ でしたから $\det \exp(tX) > 0$ です．1 径数群 G_X は $\mathrm{GL}_2\mathbb{R}$ 内の**曲線**
$$t \longmapsto \exp(tX) \in \mathrm{GL}_2\mathbb{R}$$
とみなすことができます．

ここで次の定義を与えます．

定義 10.13　線型リー群 $G \subset \mathrm{GL}_2\mathbb{R}$ に対し
$$\mathfrak{g} = \{X \in \mathrm{M}_2\mathbb{R} \mid G_X \subset G\}$$
と定め，$\mathfrak{g}$ を G の**リー環** (またはリー代数) とよぶ．

$\mathfrak{g}$ は g の対応するドイツ文字 (フラクトゥール体) です[7]．

定義から明らかに $\mathrm{GL}_2\mathbb{R}$ のリー環は $\mathrm{M}_2\mathbb{R}$ です．次に $\mathrm{SL}_2\mathbb{R}$ のリー環 $\mathfrak{sl}_2\mathbb{R}$ を求めます．
$$X \in \mathfrak{sl}_2\mathbb{R} \iff G_X \subset \mathrm{SL}_2\mathbb{R}$$
$$\iff \text{すべての実数 } t \text{ に対し } \det \exp(tX) = 1.$$
ここで命題 4.14 より
$$\det \exp(tX) = \exp\{\mathrm{tr}\,(tX)\} = \exp\{t(\mathrm{tr}\,X)\}$$
なので $X \in \mathfrak{sl}_2\mathbb{R}$ であるための必要十分条件は，
$$\text{すべての実数 } t \text{ に対し } t(\mathrm{tr}\,X) = 0.$$

---

[7] 線型リー群をアルファベット大文字 (たとえば G) で表すとき，そのリー環を対応するフラクトゥール体の小文字 ($\mathfrak{g}$) で表すのはシュバレーの教科書 [35] が用いた記法です．

すなわち tr $X = 0$.

命題 10.14 $\mathrm{SL}_2\mathbb{R}$ のリー環は
$$\mathfrak{sl}_2\mathbb{R} = \{X \in \mathrm{M}_2\mathbb{R} \mid \mathrm{tr}\, X = 0\}$$
で与えられる.

命題 10.15 1径数群 G_A のリー環は
$$\mathfrak{g}_A = \{tA \mid t \in \mathbb{R}\} = \mathbb{R}A$$
で与えられる.

註 10.16（線型代数学的注意） 4.3 節では, $X \in \mathrm{M}_2\mathbb{R}$ を $X = X_\circ + X_\times$, ただし
$$X_\times = \frac{\mathrm{tr}\, X}{2} E, \quad X_\circ = X - X_\times$$
と分解した. $X_\circ$ の固有和は 0 であるから $X_\circ \in \mathfrak{sl}_2\mathbb{R}$. このことから $\mathrm{M}_2\mathbb{R}$ を 2 つの線型部分空間 $\mathfrak{sl}_2\mathbb{R}$ と $\mathbb{R}E = \{aE \mid a \in \mathbb{R}\}$ の直和に分解できることがわかる.

演習 10.17 行列値函数 $F(t) : \mathbb{R} \to \mathrm{SL}_2\mathbb{R}$ に対し $F(t)^{-1}\dot{F}(t)$ と $\dot{F}(t)F(t)^{-1}$ はともにリー環 $\mathfrak{sl}_2\mathbb{R}$ に値をもつことを確かめよ[8]. （ヒント：$\mathrm{tr}\,(F(t)^{-1}\dot{F}(t)) = \mathrm{tr}\,(\dot{F}(t)F(t)^{-1}) = 0$ を示す）.

10.4 1次分数変換への応用

行列 $A = (a_{ij})$ に対し
$$T_A(x) = \frac{a_{11}x + a_{12}}{a_{21}x + a_{22}}$$

---

[8] $\mathrm{SL}_2\mathbb{R}$ のリー環 $\mathfrak{sl}_2\mathbb{R}$ が $\mathrm{SL}_2\mathbb{R}$ の左移動で不変な C^∞ 級ベクトル場 (左不変ベクトル場) 全体と一致することを意味しています. より一般に, リー群 G の「左不変ベクトル場全体」と G のリー環 $\mathfrak{g}$ は同一視できます. 演習 12.4, 12.5 も参照.

で定まる $\mathbb{R}P^1$ 上の変換を A の定める 1 次分数変換 (または**射影変換**) とよびました (第 2 章).

関数 $f : \mathbb{R}P^1 \to \mathbb{R}$ に対し射影変換で不変な関数という概念を定義します.

定義 10.18 行列 $A \in \mathrm{GL}_2\mathbb{R}$ に対し関数 f が

$$f(T_A(x)) = f(x), \quad x \in \mathbb{R}P^1$$

をみたすとき f は射影変換 T_A で不変であるという. とくにすべての $A \in \mathrm{GL}_2\mathbb{R}$ に対し f が T_A で不変のとき f を**射影不変函数**とよぶ.

$\mathrm{GL}_2\mathbb{R}$ の閉部分群

$$\mathrm{A}(1) = \left\{ \begin{pmatrix} a_{11} & a_{22} \\ 0 & 1 \end{pmatrix} \,\middle|\, a_{11} \neq 0 \right\}$$

で 1 次分数変換を考えます. $A \in \mathrm{A}(1)$ ならば

$$T_A(x) = a_{11} x + a_{12}$$

ですから, $x \in \mathbb{R}$ ならば $T_A(x) \in \mathbb{R}$ です. $A \in \mathrm{A}(1)$ による 1 次分数変換を $\mathbb{R}$ の**アフィン変換**とよびます.

関数 $f : \mathbb{R} \to \mathbb{R}$ がすべての $A \in \mathrm{A}(1)$ に対し T_A で不変なとき, f を**アフィン不変函数**といいます.

$\mathrm{A}(1)$ の部分群

$$\mathrm{GL}_1\mathbb{R} = \left\{ \begin{pmatrix} a & 0 \\ 0 & 1 \end{pmatrix} \,\middle|\, a \neq 0 \right\}$$

の要素 A による 1 次分数変換を $\mathbb{R}$ の**線型変換**とよびます.

アフィン変換群 $\mathrm{A}(1)$, 線型変換群 $\mathrm{GL}_1\mathbb{R}$ はともに線型リー群で, それぞれ

$$\mathfrak{a}(1) = \left\{ \begin{pmatrix} u & v \\ 0 & 0 \end{pmatrix} \,\middle|\, u, v \in \mathbb{R} \right\}, \quad \mathfrak{gl}_1\mathbb{R} = \left\{ \begin{pmatrix} u & 0 \\ 0 & 0 \end{pmatrix} \,\middle|\, u \in \mathbb{R} \right\}$$

をリー環にもちます.

10.5 直線上のベクトル場

数平面 $\mathbb{R}^2(x_1, x_2)$ の接ベクトル，ベクトル場を第 5 章で考察しました．数直線 $\mathbb{R}$ においても同様に接ベクトルやベクトル場を定義できます．数直線上の点 p に対し

$$T_p\mathbb{R} = \{\overrightarrow{pq} \mid q \in \mathbb{R}\}$$

とおきます．$T_p\mathbb{R}$ の要素を点 p における $\mathbb{R}$ の**接ベクトル**とよびます．接ベクトル $\overrightarrow{pq}$ に対し，$v = q - p$ とおき

$$\overrightarrow{pq} = v_p, \quad v = q - p$$

と書くことにします．逆に勝手に選んだ実数 u に対し $r = p + u$ とおきます．すると $\overrightarrow{pr} = u_p$ と表すことができます．そこで v_p を v を成分にもつ p における接ベクトルとよぶことにします．すると $\mathbb{R}^2$ のときと同様に

$$T_p\mathbb{R} = \{v_p \mid v \in \mathbb{R}\}$$

と表示することができます．

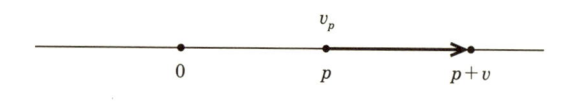

図 1

滑らかな函数 $f : \mathbb{R} \to \mathbb{R}$ と数直線上の点 p, v に対し

$$v_p(f) = \left.\frac{\mathrm{d}}{\mathrm{d}t}\right|_{t=0} f(p + tv)$$

と定め f の p における v **方向微分**とよびます．x を数直線 $\mathbb{R}$ の座標函数とすると

$$v_p(f) = \left.\frac{\mathrm{d}}{\mathrm{d}t}\right|_{t=0} f(p + tv)$$

$$= \left.\frac{\mathrm{d}f}{\mathrm{d}x}(p + tv)\frac{\mathrm{d}}{\mathrm{d}t}(p + tv)\right|_{t=0} = \frac{\mathrm{d}f}{\mathrm{d}x}(p)v$$

です．とくに $v=1$ と選んでみると

$$1_p(f) = \left.\frac{\mathrm{d}}{\mathrm{d}x}\right|_p f$$

です．

図 2

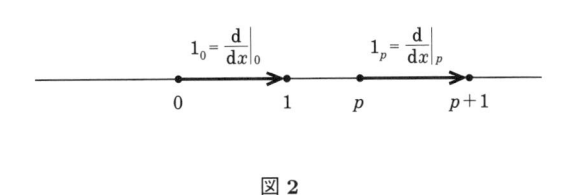

函数 f に「点 p における微分係数 $\dfrac{\mathrm{d}f}{\mathrm{d}x}(p)$」を対応させる規則を $\left.\dfrac{\mathrm{d}}{\mathrm{d}x}\right|_p$ と表記することにします：

$$\left.\frac{\mathrm{d}}{\mathrm{d}x}\right|_p : f \longmapsto \frac{\mathrm{d}f}{\mathrm{d}x}(p).$$

接ベクトル v_p による f の方向微分は

$$v_p(f) = v\left.\frac{\mathrm{d}}{\mathrm{d}x}\right|_p f$$

と表せます．そこで第 5 章と同様に

$$v_p = v\left.\frac{\mathrm{d}}{\mathrm{d}x}\right|_p$$

と表すことにします．第 5 章の演習問題 5.12 と同様に次のことが言えます．確かめてみてください．

命題 10.19 接ベクトル v_p による座標函数 x の方向微分は v である．

$\mathbb{R}^2$ のときと同様に次の定義を行います．

定義 10.20 $\mathbb{R}$ の各点 p に，p における接ベクトル V_p を対応させる写像 V を $\mathbb{R}$ 上の**ベクトル場**とよぶ．

$\mathbb{R}$ のベクトル場 V は $V = v\dfrac{\mathrm{d}}{\mathrm{d}x}$ と表せます．この表示式における函数 v をベクトル場 V の**係数** (または**成分**) とよびます．係数 v が滑らかな函数であるベクトル場 V を滑らかなベクトル場とよびます．また $\mathbb{R}$ 上の滑らかなベクトル場全体を $\mathfrak{X}(\mathbb{R})$ で表します．

$$\mathfrak{X}(\mathbb{R}) = \left\{ V = v\frac{\mathrm{d}}{\mathrm{d}x} \;\middle|\; v : \mathbb{R} \to \mathbb{R} \text{ は } C^\infty \text{函数} \right\}.$$

10.6 　射影変換の定めるベクトル場

$A \in \mathrm{M}_2\mathbb{R}$ とします．$a(t) = \exp(tA)$ を用いて射影直線上の変換 $\phi_A(t) : \mathbb{R}P^1 \to \mathbb{R}P^1$ を

$$\phi_A(t)(x) = T_{a(t)}(x)$$

で定めます．ここで $T_{a(t)}$ は $a(t)$ による 1 次分数変換を表します．第 2 章の命題 2.1 で述べた 1 次分数変換の性質から

$$\phi_A(s)\phi_A(t)(x) = T_{a(s)}(T_{a(t)}(x)) = T_{a(t)a(s)}(x)$$
$$= T_{a(t+s)}(x) = \phi_A(s+t)(x)$$

をみたしますから $\Phi(A) = \{\phi_A(t)\}$ は $\mathbb{R}P^1$ 上の 1 径数変換群を定めています．

簡単のため，無限遠点 ∞ が登場しない範囲で 1 次分数変換を考えることにしましょう．すなわち，$\phi_A(t) = T_{a(t)} : \mathbb{R} \to \mathbb{R}$ となる範囲で $\Phi(A)$ を考察します．

$\Phi(A)$ の定める $\mathbb{R}$ 上のベクトル場 $\xi(A) :$

$$\xi(A)(f) = \frac{\mathrm{d}}{\mathrm{d}t}\bigg|_{t=0} f(T_{a(t)}(x))$$

を求めてみます．$A \in \mathfrak{sl}_2\mathbb{R}$ は

$$A = \begin{pmatrix} a & b \\ c & -a \end{pmatrix}$$

と表示できます．第 4.3 節で $\exp(tA)$ の計算公式 (4.1)–(4.3) を作っておきました．それらを利用して $\xi(A)$ を計算します．$\xi(A)$ の係数は $\xi(A)(x)$ で計算で

きます．では $\det A = 0$ のときに $\xi(A)(x)$ を計算してみましょう．(4.1) より
$$T_{a(t)}(x) = \frac{(1+ta)x + tb}{tcx + 1 - ta}$$
です．この両辺を t で微分します．
$$\begin{aligned}\frac{\mathrm{d}}{\mathrm{d}t}\bigg|_{t=0} x(T_{a(t)}(x)) &= \frac{\mathrm{d}}{\mathrm{d}t}\bigg|_{t=0} \frac{(ax+b)t + x}{(cx-a)t + 1} \\ &= \frac{(ax+b)\{(cx-a)t+1\} - \{(ax+b)t+x\}(cx-a)}{\{(cx-a)t+1\}^2}\bigg|_{t=0} \\ &= -cx^2 + 2ax + b.\end{aligned}$$
したがって
$$\xi(A) = (-cx^2 + 2ax + b)\frac{\mathrm{d}}{\mathrm{d}x}.$$
実は $\det A > 0$, $\det A < 0$ のときも同じ結果が得られます．

命題 10.21 $A = \begin{pmatrix} a & b \\ c & -a \end{pmatrix} \in \mathfrak{sl}_2\mathbb{R}$ に対し
$$\xi(A) = (-cx^2 + 2ax + b)\frac{\mathrm{d}}{\mathrm{d}x}. \tag{10.5}$$

演習 10.22 (4.2), (4.3) を利用して $\det A > 0$, $\det A < 0$ のときも (10.5) が成立することを確かめよ．

岩澤分解の応用として，次の判定定理が証明できます．

定理 10.23 函数 $f : \mathbb{R} \to \mathbb{R}$ が射影不変であるための必要十分条件は
$$\xi(J)(f) = \xi(H)(f) = \xi(N)(f) = 0$$
である．

演習 10.24 この事実を確かめよ（ヒント：岩澤分解と第 8 章の定理 8.7 の証明を参照）．

10.7　力学への応用*

数直線上の質点の運動を考察しましょう[9]．時刻 t における質量 m の質点の位置を $x(t)$ で表します．質点の速度ベクトル場，加速度ベクトル場はそれぞれ

$$x'(t) = \dot{x}(t) \frac{\mathrm{d}}{\mathrm{d}x}\bigg|_{x(t)}, \quad x''(t) = \ddot{x}(t) \frac{\mathrm{d}}{\mathrm{d}x}\bigg|_{x(t)}$$

で与えられます．ベクトル場 $F = f\dfrac{\mathrm{d}}{\mathrm{d}x} \in \mathfrak{X}(\mathbb{R})$ で与えられる力がこの質点に働くとき，質点は運動方程式

$$mx''(t) = F|_{x(t)} \tag{10.6}$$

にしたがいます．運動方程式を成分を用いて表すと

$$m\ddot{x}(t) \frac{\mathrm{d}}{\mathrm{d}x}\bigg|_{x(t)} = f(x(t)) \frac{\mathrm{d}}{\mathrm{d}x}\bigg|_{x(t)}$$

ですから，運動方程式は $x(t)$ に関する 2 階常微分方程式

$$m\ddot{x}(t) = f(x(t)) \tag{10.7}$$

にほかなりません．ここで函数 $p(t)$ を $p(t) = m\dot{x}(t)$ で定め，(10.6) の**運動量**とよびます．また

$$U(x) = -\int_{x_0}^{x} f(u)\,\mathrm{d}u, \quad x_0 = x(0)$$

で定まる函数 U を (10.6) の**位置エネルギー**（またはポテンシャルエネルギー）とよびます．$K(x(t)) = \dfrac{1}{2}m\dot{x}(t)^2$ を**運動エネルギー**とよびます．

さて，$q(t) = x(t)$ と書き直します．すると (10.6) は

$$\dot{q}(t) = \frac{1}{m}p(t), \quad \dot{p}(t) = f(q(t))$$

と書き直せます．ここで (q, p) を座標系にもつ数平面 $\mathbb{R}^2(q, p)$ を考え，(10.6) の**相平面**とよびます[10]．数直線上の質点の運動を相平面内の曲線として捉え直すことができます．

---

[9] 例 6.12 と見比べてください．

[10] 物理学の教科書では「位相平面」という名称を使っているものがあります．

10.7 力学への応用*

$$\boldsymbol{r}(t) = (q(t), p(t))$$

で相平面内の曲線 $\boldsymbol{r}(t)$ を定めます．この曲線を (10.6) の**解軌道**とよびます．解軌道の接ベクトル場は

$$\boldsymbol{r}'(t) = \dot{q}(t)\frac{\partial}{\partial q} + \dot{p}(t)\frac{\partial}{\partial p} = \frac{1}{m}p(t)\frac{\partial}{\partial q} + f(q(t))\frac{\partial}{\partial p}$$

で与えられます．相平面上の函数 $H(q,p)$ を

$$H(q,p) = U(q) + \frac{1}{2m}p^2$$

で定めましょう．すると

$$\frac{\partial H}{\partial q} = -f(q), \quad \frac{\partial H}{\partial p} = \frac{1}{m}p$$

ですから運動方程式 (10.6) は

$$\dot{q}(t) = \frac{\partial H}{\partial p}, \quad \dot{p}(t) = -\frac{\partial H}{\partial q} \tag{10.8}$$

という連立の一階微分方程式に書き換えられます．いまベクトル場 $X_H \in \mathfrak{X}(\mathbb{R}^2(q,p))$ を

$$X_H = -J\operatorname{grad} H = \frac{\partial H}{\partial p}\frac{\partial}{\partial q} - \frac{\partial H}{\partial q}\frac{\partial}{\partial p}$$

で定めれば (10.8) はベクトル場 X_H の積分曲線の方程式にほかなりません．2 階常微分方程式 (10.7) をベクトル場の積分曲線の方程式

$$\boldsymbol{r}'(t) = (X_H)_{\boldsymbol{r}(t)} \tag{10.9}$$

に書き直すことができたことに注意してください．(10.8) や (10.9) を**ハミルトン方程式**とよびます．ベクトル場 X_H は H を**ハミルトン函数**にもつ**ハミルトン・ベクトル場**とよばれています．ハミルトン方程式については [25], [26], [27] を参照してください．

例 6.21 では縮まない渦無しの完全流体の速度場 V に対し $V = \operatorname{grad}\varphi = -J\operatorname{grad}\psi$ をみたす函数 φ と ψ を扱いました．V は ψ をハミルトン函数にもつハミルトン・ベクトル場です．

参考図書

　この章では 2 次の特殊線型群 $\mathrm{SL}_2\mathbb{R}$ を扱いました．[39] では 3 次の特殊直交群 (回転群)SO(3) についての具体的な計算を通じて線型リー群とそのリー環について学ぶことができます．この章に続いて [39] を読み進めることができるでしょう．

　一般のリー群については [37] を参考書として推薦しておきます．位相空間論について既に学んでいる読者には [40] もよいでしょう．多様体論・リーマン多様体の初歩を学んだ経験があれば (英文ですが)[34] も推薦できます．わずか本文 127 ページでリー群・リー環・等質空間の微分幾何学を解説しています．著者自身は [81] と [38] を最初に読みました．

　相平面を用いた解軌道の考察については [16, 6 章] で問題演習を積まれるとよいでしょう．ハミルトン方程式は連立微分方程式

$$\dot{q}_i(t) = \frac{\partial H}{\partial p_i}, \quad \dot{p}_i(t) = -\frac{\partial H}{\partial q_i}, \quad i = 1, 2, \cdots, n$$

に一般化されます．n を自由度とよびます．この本では取り扱いませんが，ハミルトン方程式に対するリーの定理 (9.19) が得られています．ハミルトン方程式に対する「対称性」とは，ハミルトン方程式を保つ n 径数変換群 (正準変換からなる n 径数変換群) のことです．正準変換について考察するためには微分形式を学んでおくことが有効です．ハミルトン方程式の「対称性」については [48] を参考書として紹介しておきます．

第11章

リッカチ方程式の解けるひみつ

　この章では，この本の当面の課題であった「リッカチ方程式の解けるしくみ」を射影変換で解明します．

　1階線型常微分方程式の解けるしくみは積分因子と対称性 (1 径数変換群による不変性) で解明できました．リッカチ方程式は積分因子を用いて求積できる方程式ではありません．線型常微分方程式とリッカチ方程式の「違い」にも目を向けていきます．

11.1　リー型微分方程式

　前の章で定義した「射影変換の定めるベクトル場」を復習しておきます．

　$G \subset \mathrm{GL}_2\mathbb{R}$ を線型リー群とし，そのリー環を $\mathfrak{g}$ で表します．このとき $A \in \mathfrak{g}$ に対し，$\mathbb{R}$ 上のベクトル場 $\xi(A)$ を

$$\xi(A)_p(f) = \left.\frac{\mathrm{d}}{\mathrm{d}t}\right|_{t=0} f(T_{\exp(tA)}(p))$$

で定義しました．対応 $A \longmapsto \xi(A)$ により写像 $\xi \colon \mathfrak{g} \to \mathfrak{X}(\mathbb{R})$ が定まります．

　命題 10.21 で次の結果を得ていました．

例 11.1 (SL$_2\mathbb{R}$ による射影変換)

$$A = \begin{pmatrix} a & b \\ c & -a \end{pmatrix} \in \mathfrak{sl}_2\mathbb{R}$$

に対し

$$\xi(A) = (-cx^2 + 2ax + b)\frac{\mathrm{d}}{\mathrm{d}x}.$$

次にアフィン変換を考えます.

例 11.2 (アフィン変換) $A = \begin{pmatrix} u & v \\ 0 & 0 \end{pmatrix} \in \mathfrak{a}(1)$ に対し

$$A^n = \begin{pmatrix} u^n & u^{n-1}v \\ 0 & 0 \end{pmatrix}, \quad n = 1, 2, \cdots$$

となるので

$$\exp(tA) = \begin{cases} \begin{pmatrix} e^{tu} & \dfrac{v}{u}(e^{tu} - 1) \\ 0 & 1 \end{pmatrix}, & u \neq 0, \\ \begin{pmatrix} 1 & tv \\ 0 & 1 \end{pmatrix}, & u = 0, \end{cases}$$

と計算される. したがって

$$\xi(A) = (ux + v)\frac{\mathrm{d}}{\mathrm{d}x}$$

が得られる.

区間 $I \subset \mathbb{R}$ で定義された滑らかな函数 $x = x(t) : I \to \mathbb{R}$ を考えます. $x(t)$ は数直線 $\mathbb{R}$ 上の点の運動と思うことができます. そこで

$$x'(t) = \frac{\mathrm{d}x}{\mathrm{d}t}(t)\frac{\mathrm{d}}{\mathrm{d}x}\bigg|_{x(t)} \tag{11.1}$$

とおくと x' は $x(t)$ に沿って定義されたベクトル場です. これを運動 $x(t)$ の**接ベクトル場**とよびます (第 6 章で定義した平面曲線の接ベクトル場と見比べてください).

一方, 区間 I で定義され $\mathfrak{g}$ に値をもつ滑らかな函数 $A(t)$ を考えます. $A(t)$ を用いて $x(t)$ に沿って定義されたベクトル場 $\xi(A(t))$ を考えられます.

ベクトル場の積分曲線をまねて

$$x'(t) = \xi(A(t))_{x(t)} \tag{11.2}$$

という式を考えます．この方程式を線型リー群 G におけるリー型微分方程式とよびます．

11.2　斉次方程式

線型変換群 $\mathrm{GL}_1\mathbb{R}$ におけるリー型微分方程式を調べます．

$$A(t) = \begin{pmatrix} \beta(t) & 0 \\ 0 & 0 \end{pmatrix}$$

に対し

$$\xi(A(t))_{x(t)} = \beta(t) x(t) \left.\frac{\mathrm{d}}{\mathrm{d}x}\right|_{x(t)}$$

となります．これと (11.1) を比較してリー型微分方程式 (11.2) は斉次線型微分方程式

$$\dot{x}(t) = \beta(t) x(t) \tag{11.3}$$

であることがわかります．(11.3) の初期条件 $x(0) = c$ をみたす解を求めることから始めます．まず，初期条件

$$x(0) = 1 \tag{11.4}$$

をみたす (11.3) の解を $u(t)$ とします．(11.3) は変数分離形ですから

$$u(t) = \exp\left\{\int_0^t \beta(t)\,\mathrm{d}t\right\} > 0$$

と簡単に求められます．ここで

行列値函数 $S : \mathbb{R} \to \mathrm{GL}_1\mathbb{R}$ を

$$S(t) = \begin{pmatrix} u(t) & 0 \\ 0 & 1 \end{pmatrix}$$

で定めます．$S(t)$ を t で微分すると

$$\dot{S}(t) = \begin{pmatrix} \dot{u}(t) & 0 \\ 0 & 0 \end{pmatrix} = \begin{pmatrix} \beta(t) u(t) & 0 \\ 0 & 0 \end{pmatrix}$$

$$= \begin{pmatrix} \beta(t) & 0 \\ 0 & 0 \end{pmatrix} \begin{pmatrix} u(t) & 0 \\ 0 & 1 \end{pmatrix}$$

が得られます．したがって $S(t)$ は微分方程式

$$\frac{\mathrm{d}S}{\mathrm{d}t}(t) = A(t)S(t)$$

の初期条件 $S(0) = E$ をみたす解です．ここで，1 次分数変換を用いて $x(t) = T_{S(t)}(c)$ とおくと $x(t) = cu(t)$ であり，$x(t)$ は初期条件 $x(0) = c$ をみたす (11.3) の解を与えています．

11.3 定数変化法

続けてアフィン変換群 $A(1)$ におけるリー型微分方程式を考察します．

$$A(t) = \begin{pmatrix} \beta(t) & \alpha(t) \\ 0 & 0 \end{pmatrix}$$

に対するリー型微分方程式 $x'(t) = \xi(A(t))_{x(t)}$ は線型微分方程式

$$\dot{x}(t) = \alpha(t) + \beta(t)x(t) \tag{11.5}$$

であることが確かめられます．

(11.5) の解 $x(t)$ について次の定理を証明します．

定理 11.3 リー型微分方程式

$$x'(t) = \xi(A(t))_{x(t)}, \quad A(t) = \begin{pmatrix} \beta(t) & \alpha(t) \\ 0 & 0 \end{pmatrix}$$

の初期条件 $x(0) = c$ をみたす解は

$$\frac{\mathrm{d}S}{\mathrm{d}t}(t) = A(t)S(t) \tag{11.6}$$

の初期条件 $S(0) = E$ をみたす解 $S(t)$ を用いて $x(t) = T_{S(t)}(c)$ で与えられる．

証明 $S(t) = (s_{ij}(t))$ と表すと，(11.6) は

$$\dot{s}_{11}(t) = \beta(t)s_{11}(t), \quad \dot{s}_{12} = \beta(t)s_{12}(t) + \alpha(t)$$

と書き直せるから
$$\dot{x}(t) = \frac{\mathrm{d}}{\mathrm{d}t} T_{S(t)}(c) = \frac{\mathrm{d}}{\mathrm{d}t} \{s_{11}(t)c + s_{12}(t)\}$$
$$= \beta(t) \{s_{11}(t)c + s_{12}(t)\} + \alpha(t)$$
$$= \beta(t)x(t) + \alpha(t)$$
なので $x(t)$ はたしかに (11.5) の解である．あとは初期条件を確かめればよい．$S(0) = E$ であるから
$$x(0) = s_{11}(0)c + s_{12}(0) = c$$
を得る． ■

この定理の意味を説明します．まず $s_{11}(t)$ は $\dot{s}_{11}(t) = \beta(t) s_{11}(t)$ をみたしていますが，この方程式は (11.5) に付随する斉次微分方程式 (11.3) にほかなりません．さらに $s_{11}(t)$ は初期条件 $s_{11}(0) = 1$ をみたしています．したがって $s_{11}(t)$ は前の節で求めた $u(t)$ と一致します．$u(t) > 0$ であることに注意して $s_{12}(t)/u(t) = a(t)$ とおきます．すると
$$S(t) = \begin{pmatrix} s_{11}(t) & s_{12}(t) \\ 0 & 1 \end{pmatrix} = \begin{pmatrix} u(t) & 0 \\ 0 & 1 \end{pmatrix} \begin{pmatrix} 1 & a(t) \\ 0 & 1 \end{pmatrix}.$$
$s_{12}(t) = a(t)u(t)$ を $\dot{s}_{12}(t) = \beta(t) s_{12}(t) + \alpha(t)$ に代入すると $a(t)$ に関する微分方程式
$$\dot{a}(t) = \frac{\alpha(t)}{u(t)}$$
が得られます．初期条件 $s_{12}(0) = 0$ を考慮すれば
$$a(t) = \int_0^t \frac{\alpha(t)}{u(t)} \,\mathrm{d}t$$
と解けます．
$$S(t) = \begin{pmatrix} u(t) & u(t)a(t) \\ 0 & 1 \end{pmatrix}$$
を用いて $x(t) = T_{S(t)}(c)$ を計算すると

$$x(t) = cu(t) + u(t)\int_0^t \frac{\alpha(t)}{u(t)}\,\mathrm{d}t \tag{11.7}$$

となりますが，この式は定数変化法で求めた式 (第 1 章の (1.9) 式) と一致します．定理 11.3 は**定数変化法の言い換え**であることがわかりました．

さて (11.7) より，(11.5) の解 $x(t)$ は斉次方程式 (11.3) の解 $cu(t)$ と (11.5) の特殊解 $u(t)a(t)$ の和で表されることがわかります (この事実は第 1 章でも説明してあります)．斉次方程式 (11.3) の解 $cu(t)$ は，(11.3) が変数分離形なので，求積することができます．さらに $u(t)$ を用いて，定数変化法によって特殊解 $a(t)u(t)$ を求めることができます．

11.4　リッカチ方程式のひみつとは

特殊線型群 $\mathrm{SL}_2\mathbb{R}$ におけるリー型微分方程式を求めます．

$$A(t) = \begin{pmatrix} \beta(t) & \alpha(t) \\ -\gamma(t) & -\beta(t) \end{pmatrix}$$

とするとリー型微分方程式は，リッカチ方程式

$$\dot{x}(t) = \alpha(t) + 2\beta(t)x(t) + \gamma(t)x(t)^2 \tag{11.8}$$

になります．さてリッカチ方程式 (11.8) の特殊解 $u(t)$ が 1 つ見つかっているとします．このとき

$$x(t) - u(t) = \frac{1}{v(t)}$$

とおくと $v(t)$ は線型微分方程式

$$\dot{v}(t) = -2\{\beta(t) + \gamma(t)u(t)\}v(t) - \gamma(t) \tag{11.9}$$

をみたします (第 1 章の式 (1.11))．この線型微分方程式を解いて，(11.8) の一般解が求められます．$v(t)$ は (11.9) に付随する斉次微分方程式の解 $r(t)$ と (11.9) の特殊解 $s(t)$ を用いて $v(t) = cr(t) + s(t)$ と表せます (c は定数)．さらに，$p(t) = r(t)u(t)$，$q(t) = u(t)s(t) + 1$ とおくと (11.8) の解は

$$x(t) = \frac{p(t)c + q(t)}{r(t)c + s(t)}$$

で与えられました (第 1 章の式 (1.13)).

この事実からすると，リッカチ方程式についても定理 11.3 と同じことが成立しているはずです．

定理 11.4 リー型微分方程式

$$x'(t) = \xi(A(t))_{x(t)}, \quad A(t) = \begin{pmatrix} \beta(t) & \alpha(t) \\ -\gamma(t) & -\beta(t) \end{pmatrix}$$

の初期条件 $x(0) = c$ をみたす解は

$$\frac{dS}{dt}(t) = A(t)S(t) \tag{11.10}$$

の初期条件 $S(0) = E$ をみたす解 $S(t)$ を用いて $x(t) = T_{S(t)}(c)$ で与えられる．

証明 $S = (s_{ij})$ に対し

$$\dot{x}(t) = \frac{d}{dt}\left(\frac{s_{11}(t)c + s_{12}(t)}{s_{21}(t)c + s_{22}(t)}\right) = \alpha(t) + 2\beta(t)x(t) + \gamma(t)x(t)^2$$

となることが計算で確かめられる． ∎

この定理と第 1 章で説明した解法との関係を探ります．まず $S(t)$ をどのように求めるかを考えます．$S(t)$ は (11.10) の初期条件 $S(0) = E$ をみたす解ですから，一意的に定まります．でもこの「一意的」というのは「(11.10) の解」という観点から一意的ということです．リッカチ方程式の解 $x(t)$ を $x(t) = T_{S(t)}(c)$ と表示するという観点からは，実は一意的ではないのです．実際，行列値函数 $h: \mathbb{R} \to \mathrm{SL}_2\mathbb{R}$ ですべての t に対し

$$T_{h(t)}(c) = c$$

をみたすものを 1 つとってきます．すると

$$T_{S(t)h(t)}(c) = T_{S(t)}(T_{h(t)}(c)) = T_{S(t)}(c) = x(t)$$

となります．ここで次の定義をしておきます．

定義 11.5 $c \in \mathbb{R}$ とする．

$$(\mathrm{SL}_2\mathbb{R})_c = \{g \in \mathrm{SL}_2\mathbb{R} \mid T_g(c) = c\}$$

とおくと,これは $\mathrm{SL}_2\mathbb{R}$ の部分群である.また線型リー群である.この線型リー群を $\mathrm{SL}_2\mathbb{R}$ の c における**固定群**とよぶ[1].

0 における固定群を求めておきます.$g = (g_{ij})$ に対して

$$T_g(0) = 0 \iff \frac{g_{11}0 + g_{12}}{g_{21}0 + g_{22}} = 0$$

より $g_{12} = 0$.したがって

$$(\mathrm{SL}_2\mathbb{R})_0 = \left\{ \begin{pmatrix} w & 0 \\ z & 1/w \end{pmatrix} \mid w \neq 0 \right\}. \tag{11.11}$$

この固定群のリー環は

$$(\mathfrak{sl}_2\mathbb{R})_0 = \left\{ \begin{pmatrix} y & 0 \\ z & -y \end{pmatrix} \mid y, z \in \mathbb{R} \right\}$$

で与えられます.

リッカチ方程式の考察に戻ります.初期条件 $x(0) = c$ をみたすリッカチ方程式 (11.8) の解を求めます.それには定理 11.4 における $S(t)$ を求めて $x(t) = T_{S(t)}(c)$ とおけばよいのです.どのようにして $S(t)$ を求めるのでしょうか.

まず,

$$x(t) = T_{g(t)}(c), \quad g(0) = E$$

をみたす $g : \mathbb{R} \to \mathrm{SL}_2\mathbb{R}$ が 1 つ見つかっているとしましょう.すると上で説明したように,固定群 $(\mathrm{SL}_2\mathbb{R})_c$ に値をもつ行列値函数 h に対し $T_{g(t)h(t)}(c) = x(t)$ となります.そこで $S(t) = g(t)h(t)$ とおき,これが (11.10) の初期条件 $S(0) = E$ をみたす解になるように $h(t)$ を選べばよいということに気づきます.

$S(t) = g(t)h(t)$ の両辺を t で微分して

$$\dot{S}(t) = \dot{g}(t)h(t) + g(t)\dot{h}(t)$$

を得ますが

$$\dot{S}(t) = A(t)S(t) = A(t)g(t)h(t)$$

---

[1] 等方部分群 (isotropy subgroup) ともよばれます.固定群の役割については [9, p. 101] を参照してください.

ですから
$$\dot{g}(t)h(t) + g(t)\dot{h}(t) = A(t)g(t)h(t)$$
となります．これを書き換えると
$$\dot{h}(t)h(t)^{-1} = g(t)^{-1}A(t)g(t) - g(t)^{-1}\dot{g}(t).$$
ところで $h(t) \in (\mathrm{SL}_2\mathbb{R})_c$ なので $\dot{h}(t)h(t)^{-1}$ は固定群のリー環 $(\mathfrak{sl}_2\mathbb{R})_c$ に値をもちます．ここで記号の簡略化のために
$$(g^*A)(t) = g(t)^{-1}A(t)g(t) - g(t)^{-1}\dot{g}(t) \tag{11.12}$$
とおきます．$g(t)$ が 1 つ与えられていれば g^*A は計算できます．そうすれば $\dot{h}(t)h(t)^{-1} = (g^*A)(t)$ を解いて $h(t)$ が求められます．$g(t)$ が 1 つわかっているというのは，リッカチ方程式の特殊解が 1 つ求めてあるということにほかなりません．初期条件 $S(0) = E$ に注意すると $h(t)$ は微分方程式
$$\frac{dh}{dt}(t) = (g^*A)(t)\,h(t), \quad h(0) = E \tag{11.13}$$
の解であることがわかります．この微分方程式をもう一度よく見てください．$S(t)$ を求めるには，線型リー群 $\mathrm{SL}_2\mathbb{R}$ において (11.10) を解かねばなりませんが，実は $\mathrm{SL}_2\mathbb{R}$ より小さな線型リー群 $(\mathrm{SL}_2\mathbb{R})_c$ において (11.13) を解けば事足りるということを意味しています．微分方程式を解くにあたって，リー群を $\mathrm{SL}_2\mathbb{R}$ からその部分群 $(\mathrm{SL}_2\mathbb{R})_c$ に縮小して考えてよいというのです．この着想もリーによるもので，**リー簡約** (Lie reduction) とよばれています．簡約 (reduction) という考え方は微分方程式の対称性を考察する上で重要なものです．解析力学やシンプレクティック幾何学 (symplectic geometry) においてはシンプレクティック簡約 (symplectic reduction) という操作が考察されています．[29], [42] を見てください．

註 11.6 接続の微分幾何学[2]を学ぶと，A や g^*A の意味を明確に理解できる．A は**接続**とよばれるもので g^*A は A の g による**ゲージ変換**とよばれる[3]．特殊解から定まる $g(t)$ を用いて接続 A をゲージ変換すると g^*A は固定群のリー環に値をもつと説明される．

---
[2]接続の幾何学について学びたい方には [79] を薦めます．
[3]ここで g^*A と書いたものは接続の幾何学の標準的記法では，$(g^{-1})^*A$ と書かれます．$g(t)^{-1} = k(t)$ とおくと (11.12) は $g^{-1}Ag - g^{-1}\dot{g} = kAk^{-1} + \dot{k}k^{-1}$ と書き直せます．

ここまでの観察をもとに $S(t)$ を求めてみましょう. まず, 特殊解 $u(t)$ が1つ与えられているとします. この特殊解は初期条件 $u(0) = 0$ をみたすものとします. $u(t)$ を用いて

$$g(t) = \begin{pmatrix} 1 & u(t) \\ 0 & 1 \end{pmatrix}$$

とおきます. すると $T_{g(t)}(0) = u(t)$ で $g(0) = E$ をみたします. そこで 0 における固定群 $(\mathrm{SL}_2\mathbb{R})_0$ に値をもつ行列値関数 $h(t)$ に対して微分方程式 $\dot{h}h^{-1} = g^*A$ を解きましょう. まず $h : \mathbb{R} \to (\mathrm{SL}_2\mathbb{R})_0$ は

$$h(t) = \begin{pmatrix} w(t) & 0 \\ z(t) & 1/w(t) \end{pmatrix}$$

と表示することができます. したがって

$$\dot{h}h^{-1} = \frac{d}{dt}\begin{pmatrix} w & 0 \\ z & w^{-1} \end{pmatrix}\begin{pmatrix} w^{-1} & 0 \\ -z & w \end{pmatrix}$$
$$= \begin{pmatrix} \dot{w}\,w^{-1} & 0 \\ (\dot{z}w + z\dot{w})w^{-2} & -\dot{w}\,w^{-1} \end{pmatrix}.$$

一方

$$g^*A = g^{-1}Ag - g^{-1}\dot{g} = \begin{pmatrix} \beta + \gamma u & 0 \\ -\gamma & -\beta - \gamma u \end{pmatrix}$$

なので, $h(t)$ は

$$\dot{w}(t) = \{\beta(t) + \gamma(t)u(t)\}w(t), \tag{11.14}$$

$$\dot{z}(t)w(t) + z(t)\dot{w}(t) = -w(t)^2\gamma(t) \tag{11.15}$$

を解けば求められます. まず (11.14) より

$$w(t) = \exp\left\{\int_0^t \beta(t) + \gamma(t)u(t)\,dt\right\}$$

と求められます. これを (11.15) に代入して計算すれば

$$z(t) = -\frac{1}{u(t)}\int_0^t \gamma(t)u(t)^2\,dt$$

と $z(t)$ を求められます. 以上より $S(t)$ は

$$S(t) = g(t)h(t)$$
$$= \begin{pmatrix} w(t) + u(t)z(t) & u(t)w(t)^{-1} \\ z(t) & w(t)^{-1} \end{pmatrix}$$

となるので (11.8) の初期条件 $x(0) = c$ をみたす解は

$$x(t) = T_{S(t)}(c) = \frac{\{w(t) + u(t)z(t)\}c + u(t)w(t)^{-1}}{\{1 + cw(t)z(t)\}w(t)^{-1}}$$
$$= u(t) + \frac{cw(t)^2}{1 + cw(t)z(t)}$$

で与えられます.

ここで

$$\frac{1}{v(t)} = x(t) - u(t) = \frac{1 + cw(t)z(t)}{cw(t)^2}$$

とおくと $v(t)$ は (11.9) をみたすことが (少々長い計算で) 確かめられます. したがって定理 11.4 で得られた解法は第 1 章で説明した解法の言い換えであることがわかりました.

11.5　リーの夢

第 1 章から本章まで, 微分方程式の解けるしくみを線型リー群 (とくに 1 径数変換群) を用いて説明してきました.

ここで少しばかり歴史的なことを述べたいと思います. 歴史的注釈とは申せ, 厳密・正確にお話しするには群論・リー群論・ガロア理論についての予備知識が必要になりますので, ここでは厳密さは欠いた大まかな説明をすることにします.

代数方程式

$$x^n + a_1 x^{n-1} + a_2 x^{n-2} + \cdots + a_n = 0$$

を考えます. 簡単のためこの方程式は重根 (重解) をもたないとします. この方程式に対し, **ガロア群** (Galois group) とよばれる群が定義されます. ガロア群を調べることでこの代数方程式が解ける (四則演算と根号をとる操作で解を求められる) かどうかを判定できます (ガロア理論). ガロア群が**可解** (solvable)

であれば，四則演算と根号をとる操作で解を求められます．

リーは微分方程式の求積可能性を明確化する理論「微分ガロア理論」を構築しようと考えていました．その研究からリー群論・リー環論が生まれました．この章では数直線上の1次分数変換に対するリー型微分方程式を考察しましたが，リー型微分方程式は「多様体上にリー群が作用している」という設定で定義できる方程式です．参考までに挙げておきましょう．

定義 11.7 G を連結リー群，$\rho : G \times M \to M$ を G の多様体 M 上の滑らかな作用とする．このとき G のリー環 $\mathfrak{g}$ の要素 A に対し M 上のベクトル場 $\xi(A)$ を

$$\xi(A)_p(f) = \frac{d}{dt}\bigg|_{t=0} f(\rho(\exp(tA), p)), \quad f : M \to \mathbb{R}$$

で定めることができる．このとき M 内の曲線 $x(t)$ に対する常微分方程式[4)]

$$x'(t) = \xi(A)_{x(t)}$$

をリー型微分方程式とよぶ．

線型微分方程式 (11.5) とリッカチ方程式 (11.8) はともにリー型微分方程式で，どちらも解が初期値の1次分数変換による軌道

$$x(t) = T_{S(t)}(c)$$

として与えられます．ところが (11.5) は常に解を求積できるのに対し，(11.8) は，"特殊解が1つわかっていれば"求積できます．この違いは何に起因するのでしょうか．リー群論を用いると，これら2種類の常微分方程式の違いを明らかにすることができます．リーはリー群・リー環に対して可解という概念を導入しました．そして次の定理を示しています．

定理 11.8 (リーの定理) G を連結なリー群とする．G が可解リー群ならば G におけるリー型微分方程式は求積できる．

[4)] 多様体論の記法を使うと $x'(t) := x_{*t} \dfrac{d}{dt}\bigg|_t$.

アフィン変換群 A(1) や線型変換群 $GL_1\mathbb{R}$ は可解ですが，特殊線型群 $SL_2\mathbb{R}$ は可解ではなく，(可解とは対照的な) 単純 (simple) という性質をもつリー群です．

(有限次元) 微分ガロア理論は，複素線型常微分方程式についてはピカールとヴェッシオにより完成されました[5]．ピカール–ヴェッシオ理論はコルチン (E. R. Kolchin) により「微分体のガロア理論」へと抽象化されていきます[6][51], [52]．

ところが (線型偏微分方程式を対象とする) 無限次元微分ガロア理論については，長い空白の期間がありました．空白期間の経緯については梅村浩氏が以前に雑誌『数学セミナー』に書かれた記事

梅村浩，「微分方程式のガロア理論——その起源と発展」，『数学セミナー』，1992 年 7 月号，pp. 40–43

をご覧ください．この記事のあと，ピカール–ヴェッシオ理論を含み，ピカール–ヴェッシオ理論では扱えない非線型微分方程式にも適応できる有限次元微分ガロア理論を梅村氏が構築されました．梅村氏は無限次元微分ガロア理論も発表されています．また，マルグランジュ (B. Malgrange) という人が Galois groupoid という概念を用いた理論を発表しています．

参考図書

梅村理論については

梅村浩 (H. Umemura), *Birational automorphism groups and differential equations*, Nagoya Math. J. 119 (1990), 1–80,

＿＿＿, *Galois theory of algebraic and differential equations*, Nagoya Math. J. 144 (1996), 1–58,

＿＿＿, *Differential Galois theory of infinite dimension*, Nagoya Math. J. 144 (1996), 59–135.

を見てください．ピカール–ヴェッシオ理論については [53] を挙げておきます．

---

[5] Chales Émile Picard (1856–1941), Ernest Vessiot (1865–1951).

[6] 微分体における強正規拡大の理論．コルチンの理論には非線型常微分方程式も含まれています．

リー型微分方程式については [42] を参考書として挙げておきます．この本の執筆においても [42] を参考にしました．

微分ガロア理論については次の文献を参照してください．

梅村浩, 『ガロア——偉大なる曖昧さの理論』現代数学社, 2011.

J. Sauloy, *Differential Galois theory through Riemann–Hilbert correspondence——An elementary introduction*, Graduate Studies in Mathematics, 177, American Mathematical Society, 2016.

第12章

リウヴィル方程式

リッカチ方程式 $\dot{x}(t) = \alpha(t) + 2\beta(t)x(t) + \gamma(t)x(t)^2$ の解 $x(t)$ は初期値 $x(0) = c$ の1次分数による軌道 $x(t) = T_{S(t)}(c)$ で与えられることがわかりました．線型リー群を用いて微分方程式の解を与えることができたのです．線型リー群を用いて解を求めることができる非線型常微分方程式には，リッカチ方程式のほかにはどのようなものがあるのでしょうか．この章では，$SL_2\mathbb{R}$ のグラム–シュミット分解を利用して，1次元**リウヴィル方程式**とよばれる2階常微分方程式[1]

$$\ddot{x}(t) = 2e^{-4x(t)} \tag{12.1}$$

の解法を与えます．

12.1　グラム–シュミット分解

第10章で $SL_2\mathbb{R}$ の部分群 $ST_2^+\mathbb{R}$ を

$$ST_2^+\mathbb{R} = \left\{ \begin{pmatrix} u & v \\ 0 & 1/u \end{pmatrix} \mid u > 0,\ v \in \mathbb{R} \right\}$$

---

[1] 2変数函数 $x = x(t,s)$ に関する偏微分方程式 $x_{tt} - x_{ss} = 2e^{-4x(s,t)}$ をリウヴィル方程式とよびます [77, p. 116], [78, p. 45]．この名称は Joseph Liouville (1809–1892) の次の論文に由来します．
　J. Liouville, *Sur l'equation aux differences partielles* $\dfrac{\mathrm{d}^2 \log \lambda}{\mathrm{d}u \mathrm{d}v} \pm \dfrac{\lambda}{2a^2} = 0$, J. Math. Pures Appl. 18 (1853), 71–72.
　$\ddot{x}(t) = 2e^{-4x(t)}$ はリウヴィル方程式で x が s に依存しないという条件を課して得られる方程式なので1次元リウヴィル方程式とよびます．

で定めました．$\mathrm{ST}_2^+\mathbb{R}$ は線型リー群であり，そのリー環は

$$\mathfrak{st}_2^+\mathbb{R} = \left\{ \begin{pmatrix} s & w \\ 0 & -s \end{pmatrix} \middle| s, w \in \mathbb{R} \right\}$$

で与えられます．

行列 $A \in \mathrm{SL}_2\mathbb{R}$ は

$$A = Q(A)R(A), \quad Q(A) \in \mathrm{SO}(2), \ R(A) \in \mathrm{ST}_2^+\mathbb{R}$$

と一意的に分解されました (グラム–シュミット分解)．この分解は $A = (\boldsymbol{a}_1, \boldsymbol{a}_2)$ $= (a_{ij})$ と表すと (10.1) と (10.2) より

$$Q(A) = \left(\frac{1}{\sqrt{a_{11}^2 + a_{21}^2}} \boldsymbol{a}_1, \frac{1}{\sqrt{a_{11}^2 + a_{21}^2}} J\boldsymbol{a}_1 \right), \tag{12.2}$$

$$R(A) = \begin{pmatrix} \sqrt{a_{11}^2 + a_{21}^2} & \dfrac{a_{11}a_{12} + a_{21}a_{22}}{\sqrt{a_{11}^2 + a_{21}^2}} \\ 0 & \dfrac{1}{\sqrt{a_{11}^2 + a_{21}^2}} \end{pmatrix}.$$

と具体的に計算されます．

$\mathrm{SL}_2\mathbb{R}$ のリー環は

$$\mathfrak{sl}_2\mathbb{R} = \left\{ X = \begin{pmatrix} x_{11} & x_{12} \\ x_{21} & -x_{11} \end{pmatrix} \middle| x_{11}, x_{12}, x_{21}, x_{22} \in \mathbb{R} \right\}$$

で与えられます．$X = (x_{ij}) \in \mathfrak{sl}_2\mathbb{R}$ を $X = X_- + X_0 + X_+$，

$$X_+ = x_{12} \begin{pmatrix} 0 & 1 \\ 0 & 0 \end{pmatrix} = x_{12}N, \quad X_- = x_{21} \begin{pmatrix} 0 & 0 \\ 1 & 0 \end{pmatrix} = x_{21}{}^tN,$$

$$X_0 = \begin{pmatrix} x_{11} & 0 \\ 0 & -x_{11} \end{pmatrix} = x_{11}H$$

と分解します．その分解に即して

$$\mathfrak{n}_+ = \{bN \mid b \in \mathbb{R}\}, \quad \mathfrak{n}_- = \{c\,{}^tN \mid c \in \mathbb{R}\}, \quad \mathfrak{h} = \{aH \mid a \in \mathbb{R}\}$$

とおきます．$\mathfrak{h}$ は $G_H = \{\exp(tH) \mid t \in \mathbb{R}\}$ のリー環です．$\mathfrak{h}$ は $\mathfrak{sl}_2\mathbb{R}$ のカルタ

ン部分環とよばれるものです．

線型代数学で線型空間・線型部分空間について学んだ読者は

$$\mathfrak{sl}_2\mathbb{R} = \mathfrak{n}_- \oplus \mathfrak{h} \oplus \mathfrak{n}_+ \tag{12.3}$$

が直和分解であることに気づくでしょう．直和分解 (12.3) を $\mathfrak{sl}_2\mathbb{R}$ の $\mathfrak{h}$ に関する**ルート空間分解**とよびます．

グラム–シュミット分解 $\mathrm{SL}_2\mathbb{R} = \mathrm{SO}(2) \cdot \mathrm{ST}_2^+\mathbb{R}$ に対応したリー環 $\mathfrak{sl}_2\mathbb{R}$ の分解を求めてみます．回転群 $\mathrm{SO}(2)$ のリー環は

$$\mathfrak{so}(2) = \left\{ aJ = a \begin{pmatrix} 0 & -1 \\ 1 & 0 \end{pmatrix} \,\middle|\, a \in \mathbb{R} \right\}$$

です．$X \in \mathfrak{sl}_2\mathbb{R}$ を

$$X = X_\mathrm{K} + X_\mathrm{T}, \quad X_\mathrm{K} \in \mathfrak{so}(2),\ X_\mathrm{T} \in \mathfrak{st}_2^+\mathbb{R} \tag{12.4}$$

となるように分解してみます．まずルート空間分解を利用して $X = X_- + X_0 + X_+$ と分解します．これを利用して

$$X = (X_- - {}^tX_-) + ({}^tX_- + X_0 + X_+)$$

と分解してみます．

$$X_\mathrm{K} = (X_- - {}^tX_-), \quad X_\mathrm{T} = ({}^tX_- + X_0 + X_+)$$

とおくと

$$X_\mathrm{K} = \begin{pmatrix} 0 & -x_{21} \\ x_{21} & 0 \end{pmatrix} \in \mathfrak{so}(2),$$

$$X_\mathrm{T} = \begin{pmatrix} x_{11} & x_{12} + x_{21} \\ 0 & -x_{11} \end{pmatrix} \in \mathfrak{st}_2^+\mathbb{R}$$

となっています．

線型空間について学んだ読者は次の事実を確かめてみてください．

命題 12.1 $\mathfrak{sl}_2\mathbb{R}$ は 2 つの線型部分空間 $\mathfrak{so}(2)$ と $\mathfrak{st}_2^+\mathbb{R}$ の直和である：

$$\mathfrak{sl}_2\mathbb{R} = \mathfrak{so}(2) \oplus \mathfrak{st}_2^+\mathbb{R}.$$

したがって $X = X_\mathrm{K} + X_\mathrm{T}$ は直和分解です．

12.2 随伴作用

行列 $A \in \mathrm{M}_2\mathbb{R}$ に対し 1 径数群 $G_A = \{\exp(tA) \mid t \in \mathbb{R}\}$ を考えます．G_A は $\mathrm{GL}_2\mathbb{R}$ の部分群であり，とくに線型リー群です．$a(t) = \exp(tA)$ を用いて，数平面 $\mathbb{R}^2$ 上の変換 $\phi(t)$ を

$$\phi(t)\boldsymbol{x} = a(t)\boldsymbol{x}$$

で定めることができました．$\{\phi(t) \mid t \in \mathbb{R}\}$ は $\mathbb{R}^2$ の 1 径数変換群です．

次に，$a(t)$ を用いて射影直線 $\mathbb{R}P^1$ 上の変換を

$$\psi(t)x = T_{a(t)}(x)$$

で定めることができました．$\{\psi(t) \mid t \in \mathbb{R}\}$ は $\mathbb{R}P^1$ の 1 径数変換群です．

今度は G_A を使ってリー環 $\mathfrak{sl}_2\mathbb{R}$ 上の変換を定めてみます．

$$\mathrm{Ad} : \mathrm{GL}_2\mathbb{R} \times \mathrm{M}_2\mathbb{R} \to \mathrm{M}_2\mathbb{R}$$

を $\mathrm{Ad}(g)X = gXg^{-1}$ と定義します．すると

$$\mathrm{Ad}(gh)X = (gh)X(gh)^{-1} = g(hXh^{-1})g^{-1} = \mathrm{Ad}(g)\mathrm{Ad}(h)X,$$

が成立しています．Ad を $\mathrm{GL}_2\mathbb{R}$ の $\mathrm{M}_2\mathbb{R}$ 上の**随伴作用**とよびます．

$$\mathrm{tr}\,(\mathrm{Ad}(g)X) = \mathrm{tr}\,(gXg^{-1}) = \mathrm{tr}(Xgg^{-1}) = \mathrm{tr}\,X$$

に注意すると

$$X \in \mathfrak{sl}_2\mathbb{R} \implies \mathrm{Ad}(g)X \in \mathfrak{sl}_2\mathbb{R}$$

がわかります．とくに $\mathrm{SL}_2\mathbb{R}$ の $\mathfrak{sl}_2\mathbb{R}$ 上への随伴作用

$$\mathrm{Ad} : \mathrm{SL}_2\mathbb{R} \times \mathfrak{sl}_2\mathbb{R} \to \mathfrak{sl}_2\mathbb{R}$$

が定まります．

そこで Ad と G_A を用いて $\mathfrak{sl}_2\mathbb{R}$ の 1 径数変換群 $\{\varphi(t) \mid t \in \mathbb{R}\}$ を

$$\varphi(t)X = \mathrm{Ad}(a(t))X = a(t)Xa(t)^{-1}$$

で定めることができます．

12.3 リウヴィル方程式

1次元リウヴィル方程式 (12.1) と特殊線型群を結びつけるために，まず次の行列値函数を用意します．

$$L(t) = \begin{pmatrix} y(t) & z(t) \\ z(t) & -y(t) \end{pmatrix}. \tag{12.5}$$

定義から $L(t)$ はリー環 $\mathfrak{sl}_2\mathbb{R}$ に値をもつことがわかります．$L(t)$ を分解 $\mathfrak{sl}_2\mathbb{R} = \mathfrak{so}(2) \oplus \mathfrak{st}_2^+\mathbb{R}$ に沿って

$$L(t) = L_\mathrm{K}(t) + L_\mathrm{T}(t)$$

と分解します．すると

$$L_\mathrm{K}(t) = \begin{pmatrix} 0 & -z(t) \\ z(t) & 0 \end{pmatrix}$$

と計算できます．ここで $M(t) = L_\mathrm{K}(t)$ とおき，

$$[L(t), M(t)] = L(t)M(t) - M(t)L(t) \tag{12.6}$$

を計算してみると

$$[L(t), M(t)] = \begin{pmatrix} 2z(t)^2 & -2y(t)z(t) \\ -2y(t)z(t) & -2z(t)^2 \end{pmatrix}$$

となります．一方，$L(t)$ を t で微分すると

$$\frac{\mathrm{d}L}{\mathrm{d}t}(t) = \begin{pmatrix} \dot{y}(t) & -\dot{z}(t) \\ \dot{z}(t) & \dot{y}(t) \end{pmatrix}$$

すると

$$\frac{\mathrm{d}L}{\mathrm{d}t}(t) = [L(t), M(t)] \tag{12.7}$$

は

$$\dot{y}(t) = 2z(t)^2, \quad \dot{z}(t) = -2y(t)z(t) \tag{12.8}$$

という連立常微分方程式になります．

166   第 12 章 リウヴィル方程式

定義 12.2 (12.7) を**ラックス方程式**とよぶ.

(12.7) は連立常微分方程式 (12.8) を行列値函数を用いて書き直したものです. (12.7) を (12.8) の**ラックス表示**とよびます.
とくに

$$y(t) = \dot{x}(t), \quad z(t) = \exp\{-2x(t)\}$$

と選ぶと (12.8) は 1 次元リウヴィル方程式 (12.1) になります.

$$L(t) = \begin{pmatrix} \dot{x}(t) & e^{-2x(t)} \\ e^{-2x(t)} & -\dot{x}(t) \end{pmatrix}$$

に関するラックス方程式 $\mathrm{d}L/\mathrm{d}t = [L, L_\mathrm{K}]$ を 1 次元リウヴィル方程式のラックス表示とよびます.

ここでラックス方程式の解法を与えます.

定理 12.3 $L : \mathbb{R} \to \mathfrak{sl}_2\mathbb{R}$ に対するラックス方程式

$$\frac{\mathrm{d}L}{\mathrm{d}t}(t) = [L(t), L_\mathrm{K}(t)], \quad L(0) = L_0$$

の初期条件 $L(0) = L_0 \in \mathfrak{sl}_2\mathbb{R}$ をみたす解は次の手順で求められる.

(1) $g(t) = \exp(tL_0)$ を**グラム–シュミット分解**する

$$g(t) = Q(g(t))R(g(t)).$$

(2) $Q(t)^{-1} = Q(g(t))^{-1}$ を用いて初期値 L_0 の随伴作用による軌道を求める.

$$L(t) = \mathrm{Ad}(Q(t)^{-1})L_0.$$

証明 $L(t) = Q(t)^{-1} L_0 Q(t)$ を t で微分すると

$$\begin{aligned}
\dot{L} &= -(Q^{-1}\dot{Q}Q^{-1})L_0 Q + Q^{-1} L_0 \dot{Q} \\
&= -(Q^{-1}\dot{Q})(Q^{-1}L_0 Q) + (Q^{-1}L_0 Q)(Q^{-1}\dot{Q}) \\
&= -(Q^{-1}\dot{Q})L + L(Q^{-1}\dot{Q}) \\
&= [L, Q^{-1}\dot{Q}].
\end{aligned}$$

ところで $g(t) = \exp(tL_0)$ であるから $\dot{g}(t) = L_0 g(t)$. したがって

$$L_0 = \dot{g}g^{-1} = (QR)\dot{}(QR)^{-1}$$
$$= (\dot{Q}R + Q\dot{R})R^{-1}Q^{-1} = \dot{Q}Q^{-1} + Q(\dot{R}R^{-1})Q^{-1}.$$

この両辺に $\mathrm{Ad}(Q^{-1})$ を施して

$$L(t) = \mathrm{Ad}(Q^{-1})L_0 = Q^{-1}\dot{Q} + \dot{R}R^{-1}.$$

ここで $Q^{-1}\dot{Q}$ は $\mathfrak{so}(2)$ に, $\dot{R}R^{-1}$ は $\mathfrak{st}_2^+\mathbb{R}$ に値をもつので (この証明のあとに挙げる 2 題の演習問題[2]を参照),

$$Q^{-1}\dot{Q} = L_\mathrm{K}, \quad \dot{R}R^{-1} = L_\mathrm{T}$$

がわかる. したがって $L(t)$ はラックス方程式の解である. ∎

演習 12.4 行列値函数 $X(t): \mathbb{R} \to \mathrm{SO}(2)$ に対し $X(t)^{-1}\dot{X}(t)$ はリー環 $\mathfrak{so}(2)$ に値をもつことを確かめよ. (ヒント:

$$X(t) = \begin{pmatrix} \cos\theta(t) & -\sin\theta(t) \\ \sin\theta(t) & \cos\theta(t) \end{pmatrix}$$

と表し $X^{-1}\dot{X}$ を計算せよ.)

演習 12.5 行列値函数 $Y(t): \mathbb{R} \to \mathrm{ST}_2^+\mathbb{R}$ に対し $\dot{Y}(t)Y(t)^{-1}$ はリー環 $\mathfrak{st}_2^+\mathbb{R}$ に値をもつことを確かめよ. (ヒント:

$$Y(t) = \begin{pmatrix} u(t) & v(t) \\ 0 & 1/u(t) \end{pmatrix}$$

と表し $\dot{Y}Y^{-1}$ を計算せよ.)

12.4　リウヴィル方程式を解く

実際にラックス方程式を解いてみましょう. 初期値を

---

[2] 演習 10.17 と見比べてください.

$$L_0 = \begin{pmatrix} 0 & v \\ v & 0 \end{pmatrix} = v\hat{J}, \ v > 0$$

と選びます.

$$g(t) = \exp(tL_0) = \begin{pmatrix} \cosh(vt) & \sinh(vt) \\ \sinh(vt) & \cosh(vt) \end{pmatrix}.$$

$g(t)$ のグラム–シュミット分解 $g(t) = Q(g(t))R(g(t))$ における SO(2) 部分 $Q(t) := Q(g(t))$ は (12.2) を用いて

$$Q(t) = \frac{1}{\sqrt{\cosh(2vt)}} \begin{pmatrix} \cosh(vt) & -\sinh(vt) \\ \sinh(vt) & \cosh(vt) \end{pmatrix}$$

と計算されます. したがって $L(t)$ は

$$L(t) = \mathrm{Ad}(Q(t)^{-1})L_0 = \frac{v}{\cosh(2vt)} \tilde{Q}^{-1} \hat{J} \tilde{Q}(t),$$

$$\tilde{Q}(t) = \begin{pmatrix} \cosh(vt) & -\sinh(vt) \\ \sinh(vt) & \cosh(vt) \end{pmatrix}$$

で求められます. ここで

$\tilde{Q}(t)^{-1} \hat{J} \tilde{Q}(t)$
$$= \begin{pmatrix} \cosh(vt) & \sinh(vt) \\ -\sinh(vt) & \cosh(vt) \end{pmatrix} \begin{pmatrix} 0 & 1 \\ 1 & 0 \end{pmatrix} \begin{pmatrix} \cosh(vt) & -\sinh(vt) \\ \sinh(vt) & \cosh(vt) \end{pmatrix}$$
$$= \begin{pmatrix} 2\cosh(vt)\sinh(vt) & -\sinh(vt)^2 + \cosh(vt)^2 \\ -\sinh(vt)^2 + \cosh(vt)^2 & -2\cosh(vt)\sinh(vt) \end{pmatrix}$$
$$= \begin{pmatrix} \sinh(2vt) & 1 \\ 1 & -\sinh(2vt) \end{pmatrix}$$

なので, 以上より

$$L(t) = \begin{pmatrix} v\tanh(2vt) & \dfrac{v}{\cosh(2vt)} \\ \dfrac{v}{\cosh(2vt)} & -v\tanh(2vt) \end{pmatrix}.$$

すなわち

$$y(t) = v\tanh(2vt), \quad z(t) = \frac{v}{\cosh(2vt)}$$

が得られました.

演習 12.6 $y(t) = v\tanh(2vt)$, $z(t) = v/\cosh(2vt)$ は (12.8) をみたすことを確認せよ.

ここまでの結果を 1 次元リウヴィル方程式 (12.1) に適用しましょう.

$$\exp\{-2x(t)\} = z(t) = \frac{v}{\cosh(2vt)}$$

ですから (12.1) の解

$$x(t) = \frac{1}{2}\{\log\cosh(2vt) - \log v\}$$

が得られます.

定理 12.7 1 次元リウヴィル方程式 (12.1) の初期条件 $x(0) = x_0$, $\dot{x}(0) = 0$ をみたす解は

$$x(t) = \frac{1}{2}\log\cosh(2e^{-2x_0}t) + x_0$$

で与えられる.

12.5 戸田格子へ

この章で考察した 1 次元リウヴィル方程式は, 戸田格子とよばれる微分方程式の最も単純な場合です.

1967 年の論文[3]で, 戸田盛和はこんにち**戸田格子**とよばれている指数型相互作用をもつ格子-模型を発表しました. 戸田格子の運動方程式

$$\ddot{x}_n(t) = -2e^{2(x_n(t)-x_{n+1}(t))} + 2e^{2(x_{n-1}(t)-x_n(t))}, \quad n = 0, \pm 1, \pm 2, \cdots$$

を**戸田格子方程式**, または戸田方程式とよびます.

---

[3] 戸田盛和 (M. Toda), *Vibration of a chain with nonlinear interaction*, J. Phys. Soc. Japan 22 (1967), 431–436.

戸田方程式において n の範囲を $1 \leqq n \leqq N$ に限定したもの

$$\ddot{x}_1(t) = -2e^{2(x_1(t)-x_2(t))},$$
$$\ddot{x}_j(t) = -2e^{2(x_j(t)-x_{j+1}(t))} + 2e^{2(x_{j-1}(t)-x_j(t))}, \quad j = 2, \cdots, N-1,$$
$$\ddot{x}_N(t) = 2e^{2(x_{N-1}(t)-x_N(t))},$$

(ただし $x_0 = -\infty$, $x_{N+1} = +\infty$ とみなした) を**有限非周期的戸田方程式**とよびます[4]. 有限非周期的戸田方程式は**戸田分子方程式**ともよばれています. ここで

$$q_i = x_i - \frac{x_1 + x_2 + \cdots + x_N}{N+1}, \quad p_i = \dot{q}_i, \quad i = 1, 2, \cdots, N$$

と従属変数を変更します. すると戸田方程式は次のようになります.

$$\begin{aligned}
\dot{q}_i(t) &= p_i(t), \quad i = 1, 2, \cdots, N, \\
\dot{p}_1(t) &= -2e^{2(q_1(t)-q_2(t))}, \\
\dot{p}_j(t) &= -2e^{2(q_j(t)-q_{j+1}(t))} + 2e^{2(q_{j-1}(t)-q_j(t))}, \quad j = 2, \cdots, N-1, \\
\dot{p}_N(t) &= 2e^{2(q_{N-1}(t)-q_N(t))}.
\end{aligned} \quad (12.9)$$

新しい従属変数は

$$q_1 + q_2 + \cdots + q_N = p_1 + p_2 + \cdots + p_N = 0$$

をみたしています. $(q_1, q_2, \cdots, q_N, p_1, p_2, \cdots, p_N)$ で表示した戸田分子方程式を, 戸田分子方程式の**重心枠表示**とよびます ([73, p. 3]). $N = 2$ のとき, $q_2 = -q_1$ ですから $q_2(t) = x(t)$ とおくと戸田分子方程式は1次元リウヴィル方程式 $\ddot{x}(t) = 2e^{-4x(t)}$ となることを確かめてください. この章で説明したグラム–シュミット分解を用いた1次元リウヴィル方程式の解法は戸田分子方程式に一般化されています.

参考図書

戸田格子については戸田氏自身の著作 [75], [76], [77] が教科書として推薦できます.

グラム–シュミット分解を用いた戸田分子方程式の解法は, 戸田格子方程式に

---

[4] 「戸田方程式において境界条件 $q_n = +\infty$ $(n \geqq N+1)$, $q_n = -\infty$ $(n \leqq 0)$ を課したものが戸田分子方程式である」という表現が用いられています.

ついても得られており，AKS の方法[5]とよばれています．AKS の方法については [57], [73] を紹介しておきます．

戸田分子方程式についてはモーザー[6]による精密な研究があります．モーザーの研究については [66] に詳しく解説されています．戸田分子方程式と数値解析の関わりについては [65], [66] がよい参考書です．

戸田格子の発明の経緯については [77, pp. 77–78] と

戸田盛和 (談)，「戸田格子の誕生した頃」，『数学セミナー』, 2008 年 3 月号, pp. 6–9

に語られています．

戸田格子は数理科学のさまざまな場面に登場しています．

特集「ひろがる可積分系の世界　戸田方程式の 30 年」,『数理科学』, 1997 年 3 月号

特集「戸田格子 40 年」,『数学セミナー』, 2008 年 3 月号

が参考になります．

章末問題

問題 12.8 $2N$ 次元数空間 $\mathbb{R}^{2N}$ の座標系を $(\boldsymbol{q}, \boldsymbol{p}) = (q_1, q_2, \cdots, q_N, p_1, p_2, \cdots, p_N)$ で表す．函数 H を

$$H(\boldsymbol{q}, \boldsymbol{p}) = \frac{1}{2} \sum_{n=1}^{N} p_n^2 + \sum_{n=1}^{N-1} \exp\{2(q_n - q_{n+1})\}$$

で定めると，H に関するハミルトン方程式

$$\frac{dq_n}{dt} = \frac{\partial H}{\partial p_n}, \quad \frac{dp_n}{dt} = -\frac{\partial H}{\partial q_n}$$

は戸田分子方程式と一致することを確かめよ．

---

[5] M. Adler, *On a trace functional for formal pseudo differential operators and the symplectic structure of the Korteweg-de Vries type equations*, Invent. Math. 50 (1978/79), no. 3, 219–248.

B. Kostant, *The solution to a generalized Toda lattice and representation theory*, Adv. in Math. 34 (1979), no. 3, 195–338.

W. W. Symes, *Systems of Toda type, inverse spectral problems, and representation theory*, Invent. Math. 59 (1980), no. 1, 13–51. Addendum 63 (1981), no. 3, 519.

[6] Jürgen Moser (1928–1999).

第13章

KdV方程式

射影変換を用いて $\mathbb{R}P^1$ 内の点の運動を調べます．また点の運動をさらに時間発展させることから，KdV 方程式とよばれる非線型波動方程式が導かれることを説明します．

13.1 点の運動

区間 I で定義され，射影直線 $\mathbb{R}P^1$ に値をもつ函数 $f(t)$ が $\dot f(t) \neq 0$ をみたすとき $\mathbb{R}P^1$ 内の**運動** (motion) とよびます．2 つの運動 $f, g : I \to \mathbb{R}P^1$ に対し，ある $A = (a_{ij}) \in \mathrm{GL}_2\mathbb{R}$ が存在して

$$g(t) = T_A(f(t)) = \frac{a_{11}f(t) + a_{12}}{a_{21}f(t) + a_{22}}, \quad t \in I$$

が成立するとき，f と g は**射影合同**であると定めます．2 つの運動 f と g が射影合同であるための必要十分条件を求めましょう．

$$g(t) = T_A(f(t)) = \frac{a_{11}f(t) + a_{12}}{a_{21}f(t) + a_{22}}$$

とします．この両辺を t で微分すると

$$\dot g = \frac{\{(a_{11}f + a_{12})^{\cdot}(a_{21}f + a_{22}) - (a_{11}f + a_{12})(a_{21}f + a_{22})^{\cdot}\}}{(a_{21}f + a_{22})^2}$$

$$= \frac{(a_{11}a_{22} - a_{12}a_{21})\dot f}{(a_{21}f + a_{22})^2} = \frac{\det A \, \dot f}{(a_{21}f + a_{22})^2}.$$

したがって

$$\dot{g} = \frac{\det A \, \dot{f}}{(a_{21}f + a_{22})^2}. \tag{13.1}$$

さらに t で微分して

$$\ddot{g} = \frac{\det A}{(a_{21}f + a_{22})^4} [\ddot{f}(a_{21}f + a_{22})^2 - \dot{f}\{2(a_{21}f + a_{22})(a_{21}f)^{\cdot}\}]$$
$$= \frac{\det A}{(a_{21}f + a_{22})^3}\{\ddot{f}(a_{21}f + a_{22}) - 2a_{21}\dot{f}^2\}.$$

これらの結果から

$$\frac{\ddot{g}}{\dot{g}} = \frac{1}{\dot{f}(a_{21}f + a_{22})}\{\ddot{f}(a_{21}f + a_{22}) - 2a_{21}\dot{f}^2\}$$
$$= \frac{\ddot{f}}{\dot{f}} - \frac{2a_{21}\dot{f}}{a_{21}f + a_{22}}.$$

したがって

$$\frac{\ddot{g}}{\dot{g}} = \frac{\ddot{f}}{\dot{f}} - \frac{2a_{21}\dot{f}}{a_{21}f + a_{22}}. \tag{13.2}$$

この式の両辺をさらに t で微分すると

$$\left(\frac{\ddot{g}}{\dot{g}}\right)^{\cdot} = \left(\frac{\ddot{f}}{\dot{f}}\right)^{\cdot} - \frac{2a_{21}\{\ddot{f}(a_{21}f + a_{22}) - a_{21}\dot{f}^2\}}{(a_{21}f + a_{22})^2}. \tag{13.3}$$

一方,(13.2) より

$$\left(\frac{\ddot{g}}{\dot{g}}\right)^2 = \left(\frac{\ddot{f}}{\dot{f}}\right)^2 - \frac{4a_{21}\{\ddot{f}(a_{21}f + a_{22}) - a_{21}\dot{f}^2\}}{(a_{21}f + a_{22})^2}.$$

ですから,これと (13.3) を見比べて

$$\left(\frac{\ddot{g}}{\dot{g}}\right)^{\cdot} - \frac{1}{2}\left(\frac{\ddot{g}}{\dot{g}}\right)^2 = \left(\frac{\ddot{f}}{\dot{f}}\right)^{\cdot} - \frac{1}{2}\left(\frac{\ddot{f}}{\dot{f}}\right)^2$$

が得られます.

定義 13.1

$$\mathrm{S}_t(f) = \left(\frac{\ddot{f}}{\dot{f}}\right)^{\cdot} - \frac{1}{2}\left(\frac{\ddot{f}}{\dot{f}}\right)^2$$

とおく．$S_t(f)$ を f の**シュワルツ微分**とよぶ．

註 13.2 $S(f) = S_t(f)dt^2$ も f のシュワルツ微分とよばれる．

定理 13.3 $\mathbb{R}P^1$ 内の運動 $f(t)$ と $g(t)$ が射影合同であるための必要十分条件は $S_t(f) = S_t(g)$ である．

証明 補題を 2 つ用意する．

補題 13.4 $S_t(f) = 0$ ならば，ある行列 $A \in \mathrm{GL}_2\mathbb{R}$ ($\det A = \pm 1$) を用いて $f(t) = T_A(t)$ と表される．

証明 $S_t(f) = 0$ より
$$\left(\frac{\ddot{f}}{\dot{f}}\right)^{\cdot} = \frac{1}{2}\left(\frac{\ddot{f}}{\dot{f}}\right)^2.$$
ここで $h = \ddot{f}/\dot{f}$ とおくとこの常微分方程式は
$$\dot{h} = \frac{1}{2}h^2$$
と書き直せる．変数分離形なので
$$h(t) = -\frac{2}{t+c}, \quad c \in \mathbb{R}$$
とすぐに解ける．f についての方程式に書き直すと
$$\frac{\ddot{f}}{\dot{f}} = -\frac{2}{t+c}.$$
これも変数分離形なので即座に
$$\dot{f}(t) = \frac{a}{(t+c)^2}$$
と解ける．$\dot{f} \neq 0$ なので $a \neq 0$．結局
$$f(t) = \int \frac{a}{(t+c)^2}\,dt = -\frac{a}{t+c} + b, \quad b \in \mathbb{R}$$
$$= \frac{bt + (bc - a)}{t+c}$$

を得る．そこで
$$A = \frac{1}{\sqrt{|a|}} \begin{pmatrix} b & bc-a \\ 1 & c \end{pmatrix}$$
とおけば，$\det A = \pm 1$ で $f(t) = T_A(t)$ である．∎

補題 13.5 運動 $f(t)$ において変数変換 $t = t(s)$ $(dt/ds > 0)$ を行うとシュワルツ微分は次のように変わる．

$$S_t(f) = S_s(f)\left(\frac{ds}{dt}\right)^2 + S_t(s). \tag{13.4}$$

証明 s に関する微分演算を $'$ で表す．$\dot{f} = f'\dot{s}$ より
$$\frac{\ddot{f}}{\dot{f}} = \frac{f''}{f'}\dot{s} + \frac{\ddot{s}}{\dot{s}}$$
を得る．この式を用いて $S_t(f)$ を計算すると (13.4) を得る．∎

(定理 13.3 の証明) (13.4) より
$$S_t(f) = S_g(f)\dot{g}(t)^2 + S_t(g).$$
この式で $S_t(f) = S_t(g)$ とすると $S_g(f) = 0$. 補題 13.4 よりある $B \in \mathrm{GL}_2\mathbb{R}$ を用いて $f = T_B(g)$ と表すことができる．$B^{-1} = A$ とおけば $g = T_A(f)$ である．∎

$\mathbb{R}P^1$ 内の運動は，シュワルツ微分で決定されることがわかりました．

13.2 射影曲率

$\mathbb{R}P^1$ 内の運動 $x(t)$ に対し，その斉次座標ベクトル場を
$$\boldsymbol{x}(t) = [x_1(t) : x_2(t)] = [1 : x(t)]$$
で表します．$x(t) = x_2(t)/x_1(t)$ に注意してください．ここで曲線を表す径数 t を別の径数 s に取り換えると

ですから

$$\det\left(\frac{\mathrm{d}\boldsymbol{x}}{\mathrm{d}t}(t), \boldsymbol{x}(t)\right) = \det\left(\frac{\mathrm{d}\boldsymbol{x}}{\mathrm{d}s}(s), \boldsymbol{x}(s)\right)\frac{\mathrm{d}s}{\mathrm{d}t}$$

となります. そこで

$$s = \int \det\left(\frac{\mathrm{d}\boldsymbol{x}}{\mathrm{d}t}(t), \boldsymbol{x}(t)\right) \mathrm{d}t \tag{13.5}$$

と選べば

$$\det(\boldsymbol{x}'(s), \boldsymbol{x}(s)) = 1, \quad \boldsymbol{x}'(s) = \frac{\mathrm{d}\boldsymbol{x}}{\mathrm{d}s}(s) \tag{13.6}$$

が成立します. (13.5) で定義された径数 s を運動 x の**射影弧長径数**とよびます. 以下, 射影弧長径数 s で運動を径数表示します. (13.6) の両辺を s で微分すると

$$\det(\boldsymbol{x}''(s), \boldsymbol{x}(s)) = 0$$

ですから $\boldsymbol{x}''(s)$ と $\boldsymbol{x}(s)$ は線型従属ということがわかります[1]. したがって

$$\boldsymbol{x}''(s) = u(s)\boldsymbol{x}(s) \tag{13.7}$$

をみたす函数 $u(s)$ が存在します. この函数 $u(s)$ を運動 $x(s)$ の**射影曲率**とよびます. (13.7) より

$$x_1''(s) = u(s)x_1(s), \quad x_2''(s) = u(s)x_2(s)$$

です. ここに $x_2(s) = x_1(s)x(s)$ を代入すると

$$\frac{x''(s)}{x'(s)} = -\frac{2x_1'(s)}{x_1(s)}$$

が得られます. これを用いて $x(s)$ のシュワルツ微分を計算すると

$$\mathrm{S}_s(x(s)) = -\frac{2x_1''(s)}{x_1(s)}.$$

すなわち

---

[1] 第 10 章の命題 10.1 を利用.

$$x_1''(s) = -\frac{1}{2}\mathrm{S}_s(x(s))x_1(s)$$

ですから射影曲率は $u(s) = -\mathrm{S}_s(x(s))/2$ で与えられることがわかりました.

特殊線型群 $\mathrm{SL}_2\mathbb{R}$ に値をもつ函数

$$\mathcal{F}(s) = (\boldsymbol{x}'(s), \boldsymbol{x}(s))$$

を運動 $x(s)$ の**射影フレネ標構**とよびます. 射影フレネ標構のみたす微分方程式

$$\frac{\mathrm{d}\mathcal{F}}{\mathrm{d}s}(s) = \mathcal{F}(s)\,\mathcal{U}(s), \quad \mathcal{U}(s) = \begin{pmatrix} 0 & 1 \\ u(s) & 0 \end{pmatrix} \tag{13.8}$$

を**射影フレネの公式**とよびます.

13.3　運動の連続変形

$\mathbb{R}P^1$ 内の点の運動 $x(s)$ を連続的に変形してみます. $x(s)$ の斉次座標ベクトル場 $\boldsymbol{x}(s) = [x_1(s) : x_2(s)] = [1 : x(s)]$ を用いて計算します. いま $\boldsymbol{x}(s)$ が時間の経過につれて変化しているとします. 時間経過を表す径数を t とすると

$$(s, t) \longmapsto \boldsymbol{x}(s, t)$$

という 2 つの径数に依存する写像 $\boldsymbol{x}(s, t)$ が定まります. t を 1 つ固定すれば $s \mapsto \boldsymbol{x}(s, t)$ は $\mathbb{R}P^1$ の運動ですから, $\boldsymbol{x}(s, t)$ は運動を集めたもの (1 径数族) です. ここで次の仮定をおきます.

[仮定]　各 t に対し s は運動 $s \longmapsto \boldsymbol{x}(s, t)$ の射影弧長径数である.

つまり s はすべての t に対し**共通の射影弧長径数**ということです. この仮定から, $\boldsymbol{x}(s, t)$ は

$$\det(\boldsymbol{x}_s(s, t), \boldsymbol{x}(s, t)) = 1, \quad \boldsymbol{x}_s(s, t) = \frac{\partial \boldsymbol{x}}{\partial s}(s, t)$$

をみたします. したがって $\mathcal{F}(s, t) = (\boldsymbol{x}_s(s, t), \boldsymbol{x}(s, t))$ は

$$\frac{\partial}{\partial s}\mathcal{F}(s, t) = \mathcal{F}(s, t)\,\mathcal{U}(s, t), \quad \mathcal{U}(s, t) = \begin{pmatrix} 0 & 1 \\ u(s, t) & 0 \end{pmatrix}$$

をみたします．$\boldsymbol{x}(s,t)$ の時間に伴う変化を

$$\frac{\partial \boldsymbol{x}}{\partial t}(s,t) = f(s,t)\frac{\partial \boldsymbol{x}}{\partial s}(s,t) + g(s,t)\boldsymbol{x}(s,t) \tag{13.9}$$

で表します．すると

$$\partial_t(\partial_s \boldsymbol{x}) = \partial_s(\partial_t \boldsymbol{x}) = \partial_s(g\boldsymbol{x} + f\boldsymbol{x}_s)$$
$$= g_s \boldsymbol{x} + g\boldsymbol{x}_s + f_s \boldsymbol{x}_s + f\boldsymbol{x}_{ss}$$
$$= (f_s + g)\boldsymbol{x}_s + (g_s + uf)\boldsymbol{x}.$$

したがって $\mathcal{F}(s,t)$ は

$$\frac{\partial}{\partial t}\mathcal{F}(s,t) = \mathcal{F}(s,t)\mathcal{V}(s,t),$$
$$\mathcal{V}(s,t) = \begin{pmatrix} f_s(s,t) + g(s,t) & f(s,t) \\ g_s(s,t) + u(s,t)f(s,t) & g(s,t) \end{pmatrix}$$

をみたします．$\mathcal{F}(s,t) \in \mathrm{SL}_2\mathbb{R}$ なので，演習 10.17 より $\mathcal{V}(s,t) = \mathcal{F}^{-1}\mathcal{F}_t \in \mathfrak{sl}_2\mathbb{R}$ となります．すなわち，$\mathrm{tr}\,\mathcal{V} = 0$．したがって $2g + f_s = 0$ なので [仮定] をみたす運動の時間経過は

$$\boldsymbol{x}_t = f\boldsymbol{x}_s - \frac{1}{2}f_s \boldsymbol{x},$$

で与えられます．このとき $\mathcal{V}$ は

$$\mathcal{V} = \begin{pmatrix} f_s/2 & f \\ -f_{ss}/2 + uf & -f_s/2 \end{pmatrix}$$

で与えられます．

ここで

$$\frac{\partial}{\partial s}\frac{\partial}{\partial t}\mathcal{F} - \frac{\partial}{\partial t}\frac{\partial}{\partial s}\mathcal{F} = O$$

の左辺を計算すると，

$$\partial_s(\mathcal{F}_t) - \partial_t(\mathcal{F}_s) = \partial_s(\mathcal{F}\mathcal{V}) - \partial_t(\mathcal{F}\mathcal{U})$$
$$= \mathcal{F}_s \mathcal{V} + \mathcal{F}\mathcal{V}_s - \mathcal{F}_t \mathcal{U} - \mathcal{F}\mathcal{U}_t$$
$$= \mathcal{F}\mathcal{U}\mathcal{V} + \mathcal{F}\mathcal{V}_s - \mathcal{F}\mathcal{V}\mathcal{U} - \mathcal{F}\mathcal{U}_t$$
$$= \mathcal{F}(\mathcal{V}_s - \mathcal{U}_t + \mathcal{U}\mathcal{V} - \mathcal{V}\mathcal{U})$$

ですから

13.3 運動の連続変形

$$\mathcal{F}(\mathcal{V}_s - \mathcal{U}_t + \mathcal{U}\mathcal{V} - \mathcal{V}\mathcal{U}) = O$$

が導かれます．この両辺に $\mathcal{F}^{-1}$ を左からかけてやると

$$\mathcal{V}_s - \mathcal{U}_t + [\mathcal{U}, \mathcal{V}] = O \tag{13.10}$$

が得られます．ここで

$$[\mathcal{U}, \mathcal{V}] = \mathcal{U}\mathcal{V} - \mathcal{V}\mathcal{U} \tag{13.11}$$

とおきました．記法 $[\cdot, \cdot]$ は第 12 章の (12.6) でも使用したことを思い出してください．(13.10) を連立偏微分方程式

$$\mathcal{F}_s = \mathcal{F}\mathcal{U}, \quad \mathcal{F}_t = \mathcal{F}\mathcal{V} \tag{13.12}$$

の**積分可能条件**とよびます．

第 6 章 (定理 6.16) で,「ポアンカレの補題」を紹介しました．長方形領域上で定義された**渦無し**のベクトル場 X に対し, ポテンシャルの存在を保証する定理でした．行列値函数に対する「ポアンカレの補題」に相当するものが次の定理です．

定理 13.6(フロベニウスの定理) リー環 $\mathfrak{sl}_2\mathbb{R}$ に値をもつ函数

$$\mathcal{U}(s,t), \mathcal{V}(s,t) : \mathbb{R}^2 \to \mathfrak{sl}_2\mathbb{R}$$

に対し連立偏微分方程式 (13.12) の解 $\mathcal{F}: \mathbb{R}^2 \to \mathrm{SL}_2\mathbb{R}$ が存在するための必要十分条件は (13.10) である．

「ポアンカレの補題」における渦無しという条件が, 行列の積が可換ではないことを反映して, 積分可能条件 (13.10) に置き換えられています．

積分可能条件を計算すると,

$$u_t - 2uf_s - u_s f + \frac{1}{2}f_{sss} = 0$$

が得られます．とくに $f = 2u$ と選ぶと積分可能条件は

$$u_t - 6uu_s + u_{sss} = 0 \tag{13.13}$$

となります.この偏微分方程式は**コルテヴェーグ–ド・フリース方程式**[2] (Korteweg–de Vries equation) とよばれています (KdV **方程式**と略称). KdV 方程式は非線型波動の代表的なモデルを与えるものです.

$f = 2u$ のとき,(13.9) は

$$\frac{\partial \boldsymbol{x}}{\partial t}(s;t) = 2u(s,t)\boldsymbol{x}_s(s,t) - u_s(s,t)\boldsymbol{x}(s,t)$$

となります.非同次座標 $x = x_2/x_1$ を使ってこの式を書き換えると

$$x_t(s,t) = 2u(s,t)x_s(s,t)$$

となります.この方程式は曲線の微分幾何学とは独立に,クリチェヴェルとノヴィコフによって発見され**クリチェヴェル–ノヴィコフ方程式**あるいは**シュワルツ微分 KdV 方程式** (Schwarzian KdV equation) とよばれています[3].

定理 13.7 射影直線 $\mathbb{R}P^1$ 内の運動の滑らかな連続変形

$$x_t(s,t) = 2u(s,t)x_s(s,t)$$

に伴う射影曲率 $u(s,t)$ の時間発展は KdV 方程式

$$u_t - 6uu_s + u_{sss} = 0$$

にしたがう.

$u(s,t)$ を KdV 方程式 (13.13) の解とします.すると連立偏微分方程式

$$\mathcal{F}_s = \mathcal{F}\mathcal{U}, \quad \mathcal{F}_t = \mathcal{F}\mathcal{V},$$

$$\mathcal{U} = \begin{pmatrix} 0 & 1 \\ u & 0 \end{pmatrix}, \quad \mathcal{V} = \begin{pmatrix} u_s & 2u \\ -u_{ss} + 2u^2 & -u_s \end{pmatrix}$$

は積分可能条件をみたしています (KdV 方程式が積分可能条件!) ので,解 $\mathcal{F}(s,t)$ が存在します.$\mathcal{F}$ の 2 列目の列ベクトル $\boldsymbol{x}$ から [仮定] をみたす運動の連続変形 $x = x_2/x_1 : \mathbb{R}^2 \to \mathbb{R}P^1$ が得られます.

---

[2] D. J. Korteweg and G. de Vries, *On the change of form of long waves advancing in a rectangular canal, and on a new type of long stationary waves*, Phil. Mag. 39 (1895), 422–443.

[3] I. M. Krichever and S. P. Novikov, *Holomorphic bundles over algebraic curves, and nonlinear equations*, Russian Math. Surveys 35 (1980), no. 6, 53–80 (1981).

[かなり専門的な注意 (接続の幾何学)]　(s,t) を座標系にもつ数平面 $\mathbb{R}^2(s,t)$ に対し

$$P = \mathbb{R}^2 \times \mathrm{SL}_2\mathbb{R} = \{((s,t), X) \mid (s,t) \in \mathbb{R}^2,\ X \in \mathrm{SL}_2\mathbb{R}\}$$

を考える．これは $\mathbb{R}^2$ と $\mathrm{SL}_2\mathbb{R}$ の直積集合とよばれるものである．$\mathrm{SL}_2\mathbb{R}$ を構造群にもつ $\mathbb{R}^2(s,t)$ 上の**主ファイバー束**とよばれるものの例でもある．主ファイバー束には**接続**とよばれるものが定義できる．いまの場合

$$\mathcal{A} := \mathcal{U}\,ds + \mathcal{V}\,dt$$

が P 上の接続を与えている．接続 $\mathcal{A}$ の曲率形式 $F_\mathcal{A}$ が

$$F_\mathcal{A} := (\mathcal{V}_s - \mathcal{U}_t + [\mathcal{U}, \mathcal{V}])\,ds \wedge dt$$

で定義される．曲率形式の定め方から次の言い換えができる．

$$(\mathcal{U}, \mathcal{V}) \text{ が積分可能条件をみたす} \iff F_\mathcal{A} = 0.$$

この事実から

$$\mathcal{V}_s - \mathcal{U}_t + [\mathcal{U}, \mathcal{V}] = O$$

を KdV 方程式の**零曲率表示**と言い表す．このように，積分可能条件 (フロベニウスの定理) を接続の微分幾何学を用いて説明することができる．

13.4　逆散乱法へ

x と t を独立変数にもつ函数 $v(s,t)$ に関する偏微分方程式

$$v_t - 6v^2 v_s + v_{sss} = 0 \tag{13.14}$$

は**変形 KdV 方程式** (modified KdV equation) とよばれています (mKdV 方程式と略称)．mKdV 方程式も非線型波動の研究で大事な方程式です．非線型波動の研究において，KdV 方程式と mKdV 方程式がどのようにして導かれるかについては [56], [76] に詳しく説明されています．

　この章では KdV 方程式が射影直線上の点の運動から導けることを説明しました．mKdV 方程式はアフィン幾何学における平面曲線の連続変形から導ける

ことが知られています[4].

註 13.8 (13.14) の第 2 項の符号を変えた方程式

$$v_t + 6v^2 v_s + v_{sss} = 0 \tag{13.15}$$

を mKdV 方程式とよび，(13.14) を非収束型 mKdV 方程式ともよぶこともある．(13.14) と (13.15) の性質は大きく異なる．[69, 14 章] を参照．

KdV 方程式にせよ mKdV 方程式にせよ，非線型の偏微分方程式です．この本でいままで扱ってきた解けるしくみをもつ常微分方程式のように「解法」がすぐにみつかるようには思えません．

ところが，1966 年にロバート・ミウラが次の注目すべき事実を発見しました[5].

定理 13.9 (R. ミウラ (1968)) $v(s,t)$ を mKdV 方程式 (13.14) の解とする．関数 $u(s,t)$ を

$$u(s,t) := v_s(s,t) + v(s,t)^2 \tag{13.16}$$

で定めると $u(s,t)$ は KdV 方程式 (13.13) の解である．

証明 $u = v_s + v^2$ を使って計算すると

$$u_t - 6u u_s + u_{sss}$$
$$= \partial_s(v_t - 6v^2 v_s + v_{sss}) + 2v(v_t - 6v^2 v_s + v_{sss})$$

となるので v が (13.15) をみたせば u は (13.13) の解．■

対応 $v \mapsto u$ は mKdV 方程式の解空間から KdV 方程式の解空間への写像を定めています．この対応 $v \mapsto u$ を**ミウラ変換**とよびます．

---

[4] K. S. Chou and C. Qu, *Integrable equations arising from motions of plane curves*, Physica D 162 (2002), 9–33.

[5] 論文が刊行されたのは 1968 年．
R. Miura, *Korteweg-de Vries equation and generalizations I. A remarkable explicit nonlinear transformation*, J. Math. Phys. 60 (1968), 1202–1204.

註 13.10 (専門的注釈) KdV 方程式の解空間は，ある種の無限次元グラスマン多様体である．一方，mKdV 方程式の解空間はある種の無限次元旗多様体である．無限次元旗多様体から無限次元グラスマン多様体への自然な射影がミウラ変換と一致することが知られている (ウィルソンの定理[6])．

2005 年にミウラ氏が来日されたときに九州大学応用力学研究所で講演されました．研究所の及川正行氏，辻英一氏が講演を録画され，及川氏と梶原健司氏 (九州大学) が講演記録を整理し日本語訳を作られました[7]．その講演記録から引用します

> さて私がこの結果を見つけたとき，ちょっとびっくりはしましたが，実を言うとこれは役に立たないだろうと考えました．というのは，私がやっていることは，解けない非線形方程式と，解けない別の非線形方程式の間を変換しているだけだからです．だから何の役に立つのか．これが逆散乱法の出発点でした．

このミウラ変換が KdV 方程式の解法理論を生みだすきっかけとなるのです．KdV 方程式の解 u が最初に与えられているときミウラ変換 (13.16) は v に関する**リッカチ方程式**と思うことができます．そこで

$$v = \frac{\psi_s}{\psi}$$

とおいてみます．するとリッカチ方程式 $v_s - u + v^2 = 0$ は

$$\psi_{ss} - u\psi = 0 \tag{13.17}$$

という 2 階線型微分方程式に書き換えられます[8]．

---

[6] G. Wilson, *Infinite-dimensional Lie groups and algebraic geometry in soliton theory*, New developments in the theory and application of solitons, Philos. Trans. Roy. Soc. London Ser. A 315 (1985), no. 1533, 393–404.

[7] 雑誌『数学セミナー』に掲載．
R. ミウラ，「ソリトンと逆散乱法：歴史的視点から (1), (2)」，『数学セミナー』2008 年 8 月号，pp. 32–38, 9 月号，44–49 (梶原健司・及川正行 [訳])．

[8] 第 1 章でさりげなく予告していました．

演習 13.11 リッカチ方程式 $\dot{x}(t)+x(t)^2+r(t)=0$ において $x(t)=\dot{\psi}(t)/\psi(t)$ とおくと，この方程式は変数係数の 2 階線型常微分方程式 $\ddot{\psi}(t)+r(t)\psi(t)=0$ に書き直せることを確かめよ．この書き換えを**リッカチ方程式の線型化**とよぶ．

座標 (t,s,u) をもつ 3 次元数空間 $\mathbb{R}^3(t,s,u)$ を考えます．$\lambda\in\mathbb{R}$ に対し $\phi(\lambda):\mathbb{R}^3\to\mathbb{R}^3$ を

$$\phi(\lambda)(t,s,u)=(\tilde{t},\tilde{s},\tilde{u})=(t,s+6\lambda t,u-\lambda)$$

と定めます．$\{\phi(\lambda)\mid\lambda\in\mathbb{R}\}$ は $\mathbb{R}^3(t,s,u)$ の 1 径数変換群を定めていることを確かめてみてください．この 1 径数変換群は KdV 方程式を不変にしています．実際，

$$\frac{\partial\tilde{u}}{\partial\tilde{t}}=\frac{\partial\tilde{u}}{\partial t}\frac{\partial t}{\partial\tilde{t}}+\frac{\partial\tilde{u}}{\partial s}\frac{\partial s}{\partial\tilde{t}}=\frac{\partial\tilde{u}}{\partial t}-6\lambda\frac{\partial\tilde{u}}{\partial s}$$

$$=\frac{\partial u}{\partial t}-6\lambda\frac{\partial u}{\partial s},$$

$$\frac{\partial\tilde{u}}{\partial\tilde{s}}=\frac{\partial\tilde{u}}{\partial t}\frac{\partial t}{\partial\tilde{s}}+\frac{\partial\tilde{u}}{\partial s}\frac{\partial s}{\partial\tilde{s}}=\frac{\partial\tilde{u}}{\partial s}=\frac{\partial u}{\partial s}$$

を使って計算すると

$$\tilde{u}_{\tilde{t}}-6\tilde{u}\tilde{u}_{\tilde{s}}+\tilde{u}_{\tilde{s}\tilde{s}\tilde{s}}=u_t-6uu_s+u_{sss}$$

が確かめられます．変換 $\phi(\lambda):(t,s,u)\mapsto(\tilde{t},\tilde{s},\tilde{u})$ に呼応して (13.17) は

$$-\psi_{ss}+u\psi=\lambda\psi$$

と変わります．ここで微分作用素 L を

$$L=-\frac{\partial^2}{\partial s^2}+u(s,t)$$

で定め，u をポテンシャルにもつ**スツルム–リウヴィル作用素**(または 1 次元**シュレディンガー作用素**) とよびます．リッカチ方程式の線型化は L に関する方程式

$$L\psi=\lambda\psi \tag{13.18}$$

と書き変えられたのです．この方程式を L の**固有値問題**とよびます．この問題において λ を L の固有値，ψ を固有値 λ に対応する L の固有関数とよびます．

固有値 λ は時間変数 t に依存する可能性がありますが，u がある種の境界条

13.4 逆散乱法へ

件 (**急減少**, あるいは**周期的**) をみたせば, λ は s にも t にも依存しない定数であることが証明されます ([69, p. 115], [76] を見てください).

KdV 方程式の解 u から L の**散乱データ**とよばれる量 (固有値・反射係数・透過係数) が求められます. 逆に散乱データを指定し, L のポテンシャル u を求めることが可能であることがガードナー, グリーン, クラスカル, ミウラの 4 人の共同研究で証明されました (**逆散乱法**, 1967 年). 無限可積分系とよばれる分野が始動したのです[9)].

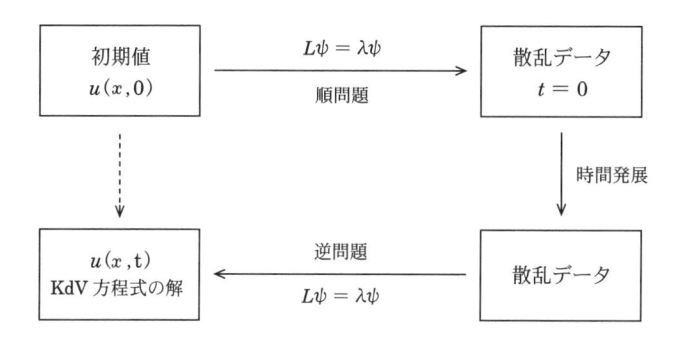

```
┌─────────┐   Lψ = λψ    ┌─────────┐
│  初期値  │ ──────────> │ 散乱データ │
│ u(x,0)  │    順問題     │  t = 0  │
└─────────┘              └─────────┘
     ╎                         │
     ╎                         │ 時間発展
     ▼                         ▼
┌─────────┐    逆問題     ┌─────────┐
│ u(x,t)  │ <────────── │ 散乱データ │
│KdV方程式の解│   Lψ = λψ   │         │
└─────────┘              └─────────┘
```

図 1 逆散乱法

KdV 方程式を不変にする 1 径数変換群 $\{\phi(\lambda)\}$ を用いましたが, KdV 方程式は, もっと大きな対称性をもっています. 特殊線型群 $SL_2\mathbb{R}$ を**無限次元化**したリー群 ($SL_2\mathbb{R}$ の**ループ群**)

$$\varLambda SL_2\mathbb{R} = \{\gamma : \mathbb{R} \setminus \{0\} \to SL_2\mathbb{R}\}$$

による対称性をもちます. さらにこの群に 1 次元の拡大 (**中心拡大**) を施した群による対称性をもちます. $\varLambda SL_2\mathbb{R}$ を中心拡大して得られるリー群のリー環は $A_1^{(1)}$ 型の**アフィン・リー環**とよばれるものです. 正確な定義については [63], [41, §5] を見てください.

[9)] C. S. Gardner, J. M. Greene, M. D. Kruskal and R. M. Miura, *Method for solving the Korteweg–de Vries equation*, Phys. Rev. Lett. 19 (1967), 1095–1097.

―――, *Korteweg–de Vries equations and generalizations* VI. *Method for exact solution*, Comm. Pure Appl. Math. 27 (1974), 93–133.

註 13.12 (連続極限)　前章で紹介した戸田格子と KdV 方程式の間には興味深い関係がある．戸田格子にある種の連続極限をとることで KdV 方程式を導くことができる．詳細は [75, 3.11 節]，[76, 19 章]，[77, pp. 112–114] を参照されたい．

註 13.13 (複比とシュワルツ微分)　第 1 章で射影直線上の 4 点に対する複比を (1.21) で定めた．また複比が射影変換で不変であることを示した．複比とシュワルツ微分の間に何か関係があることを期待してもよいだろう．実は複比はシュワルツ微分の**離散的類似**と考えられることが知られている[10]．整数全体 $\mathbb{Z}$ で定義された写像 $x_n : \mathbb{Z} \to \mathbb{R}P^1$ に対し，複比を用いて射影曲率の離散版 (**差分射影曲率**) を定義できる．そして KdV 方程式の離散化である差分 KdV 方程式を導くことができる[11]．

13.5　最後に

KdV 方程式は，もともと浅い水面を伝わる波 (浅水波) の数学的モデルとして提出された微分方程式です．浅水波の方程式のもつ (無限個の) 対称性がミウラ変換をきっかけに解明されていったのです．KdV 方程式は射影直線上の点の

---

[10] 詳細については以下の文献を参照してください．

L. D. Faddeev and L. A. Takhtajan, *Liouville model on the lattice*, in: Field Theory, Quantum Gravity and Strings (Meudon/Paris, 1984/1985), Lecture Notes in Phys. **246** (1986), Springer Verlag, pp. 166–179.

F. Nijhoff, *On some "Schwarzian" equations and their discrete analogues*, in: Algebraic Aspects of Integrable Systems in memory of Irene Dorfman, (A. S. Fokas and I. M. Gelfand eds.), Progress in Nonlinear Differential Equations and Their Applications **26**, Birkhäuser, 1997, pp. 237–260.

F. Nijhoff and H. Capel, *The discrete Korteweg–de Vries equation*, Acta Appl. Math. **39** (1995), 133–158.

[11] 差分 KdV 方程式については，

R. Hirota, *Nonlinear partial difference equations. I. A difference analogue of the Korteweg–de Vries equations*, J. Phys. Soc. Japan **43** (1977), no.4, 1424–1433.

非自励系 KdV 方程式については，

N. Matsuura, Discrete KdV and discrete modified KdV equations arising from motions of planar discrete curves, *International Mathematics Research Notices*, rnr080, 18 pages (doi:10.1093/imrn/rnr080).

梶原健司 (K. Kajiwara)・太田泰広 (Y. Ohta), *Bilinearization and Casorati determinant solution to the non-autonomous discrete KdV equation*, J. Phys. Soc. Japan **77** (2008), no. 5, 054004 (9 ページ).

運動のほかにも量子重力理論とも関係をもつことが知られています[12]. mKdV 方程式, KdV 方程式はともに「曲線の微分幾何学」を用いて導けます[13].

ミウラ変換を「曲線の微分幾何学」を用いて発見することは**容易**です. しかしこれは**後知恵**です. ミウラ変換を知っていて微分幾何の知識があれば「容易に発見できる」ということです. ミウラ氏が研究された当時は「曲線の微分幾何学」との関わりはまだ知られていなかったのです[14].

「後知恵」といいましたが, 微分幾何学との関係が明らかになったことで, ソリトン方程式を微分幾何学的に研究するという新たな分野 (**可積分幾何**) が生まれます. たとえばバーガース方程式, 澤田–小寺方程式などのソリトン方程式を曲線の微分幾何を用いて研究することができます. またサイン・ゴルドン方程式

$$-u_{tt} + u_{xx} = \sin u$$

は曲面の微分幾何学を用いて研究できます.

逆にソリトン方程式の理論・研究手法を微分幾何学に応用する研究も盛んです.

たとえば, サイン・ゴルドン方程式の仲間である

$$u_{xx} + u_{yy} + \sinh u = 0$$

は平均曲率一定曲面を記述する方程式です. この方程式の 2 重周期解を詳細に調べることによって, 平均曲率一定な輪環面 (トーラス) が分類されました.

より一般に, リーマン面で定義され, 複素射影空間に値をもつ調和写像は, 戸田格子を 2 次元化した方程式を用いた構成法が研究されています. とくに輪環面で定義された調和写像の構成は第 12 章で紹介した方法 (AKS の方法) を用いて行われます. 詳しいことは [57] を見てください. 戸田格子と量子コホモロジー理論との関わりについては [58] をすすめます[15].

---

[12] M. Kontsevich, *Intersection theory on the moduli space of curves and the matrix Airy functions*, Commun. Math. Phys. 147 (1992), 1–23.

[13] mKdV 方程式 (13.15) については, [9, 5 章], [59] に解説を書きましたのでご参照ください.

[14] ではどうやって発見したのでしょうか？ ミウラ氏の講演録をぜひお読みください.

[15] 2 次元化された戸田方程式と微分幾何の関係については
拙稿,「戸田格子と幾何学」,『数学セミナー』, 2008 年 3 月号, pp. 21–25.
―――,「戸田方程式と微分幾何」, 九州大学応用力学研究所研究集会報告, "戸田格子 40 周年. 非線形波動研究の歩みと展望", **19** ME-S2 (2008), 47–62.
を見てください.

参考図書

　無限可積分系の研究分野についての優れた，そして同時に大変読みやすい案内書を薩摩順吉氏と上野喜三雄氏が書かれています [54], [55]．逆散乱法について詳しく学んでみたい読者には [56], [74], [76] をすすめます．線型代数学・多変数の微分積分学・複素函数論について学んでいる読者は，この章まで読み終えていれば [63] へと進むことができると思います．

　リッカチ方程式はさまざまな場面に登場します．この本ではリッカチ方程式が活躍する場面を網羅することはできません．この本で取り上げられなかったリッカチ方程式の活躍の中から 2 つだけ文献案内をしておきます (どちらも行列値函数に対するリッカチ方程式です)．

(1) 部分多様体の微分幾何学への応用[16]

(2) システム制御理論への応用．[83, 5 章，6 章] を参考書として推薦しておきます．変分問題 (最適制御問題) から行列値函数に対するリッカチ方程式が導かれています．リッカチ方程式の解析を用いて H_∞ 制御問題とよばれる問題を解いていきます．

また無限可積分系理論においてはベックルンド変換とラックス形式がリッカチ方程式により結びついていることが知られています[17]．

章末問題

問題 13.14　mKdV 方程式 (13.15) において次の変数変換を考える．

$$(t, s) = \left(y, (3t)^{\frac{1}{3}} z \right).$$

---

[16] 阿部欣悦 (K. Abe), *Applications of a Riccati type differential equation to Riemannian manifolds with totally geodesic distributions*, Tôhoku Math. J. 25 (1973), 425–444.

[17] 次の 2 編の論文を参照してください．

　佐々木隆 (R. Sasaki), *Soliton equations and pseudospherical surfaces*, Nuclear Physics B 154 (1979), 343–357.

　和達三樹 (M. Wadati), 佐貫平二 (H. Sanuki) and 紺野公明 (K. Konno), *Simple deviation of Bäcklund transformations, Riccati form of inverse method*, Prog. Math. Phys. 53 (1975), 1652–1656.

　微分幾何学的解釈については，双曲サイン・ゴルドン方程式 (sinh-Gordon equation) の場合の説明が

　拙著 J. Inoguchi, *Darboux transformations on timelike constant mean curvature surfaces*, J. Geom. Phys. 32 (1999), 57–78

にあります．

13.5 最後に

いま $v(t,s)$ が
$$v = (3t)^{\frac{1}{3}} w(z), \quad w は z のみの函数$$
という形をしていると仮定する．この仮定のもとで (13.15) は w に関する常微分方程式
$$\ddot{w}(z) = 2w(z)^2 + zw(z) + \alpha, \quad \alpha は定数, \quad \ddot{w}(z) = \frac{\mathrm{d}^2 w}{\mathrm{d} z^2} \tag{13.19}$$
に書き直せることを確かめよ[18]．(13.19) は**パンルヴェⅡ型方程式**とよばれる．

問題 13.15 リッカチ方程式
$$\dot{w}(z) = -\frac{1}{2}z - w(z)^2 \tag{13.20}$$
の解 $w(z)$ はパンルヴェⅡ型方程式 (13.19) で $\alpha = -1/2$ と選んだものをみたすことを確かめよ．この $w(z)$ を $\alpha = -1/2$ に対する (13.19) の**リッカチ解**とよぶ．

問題 13.16 z の函数 $f(z)$ を用いて $w(z) = \dot{f}(z)/f(z)$ とおく．$w(z)$ がリッカチ方程式 (13.20) をみたすならば $f(z)$ は
$$\dot{f}(z) = -\frac{1}{2}zf(z)$$
をみたすことを示せ．

---

[18] mKdV 方程式から常微分方程式 (13.19) を導く操作を (13.15) の**相似簡約**とよびます．

付録 A

微分学

1 変数函数の微分学でこの本で必要となる事柄を手短にまとめておきます．証明は略し，事実のみを集めてあります．証明を学びたい読者は微分積分学の教科書 (たとえば [5] の 1,2 巻) を参照してください．この本を読み進める上では，この付録に挙げた事実を認めて計算を実行して行けばよいように執筆してあります．

いくつかの用語

2 つの実数 $a, b \in \mathbb{R}$，ただし $a \leqq b$ に対し

$$[a,b] = \{t \in \mathbb{R} \mid a \leqq t \leqq b\}$$

と定め，a を左端，b を右端にもつ**有界閉区間**とよびます．また $a < b$ のとき

$$(a,b) = \{t \in \mathbb{R} \mid a < t < b\}$$

を a を左端，b を右端にもつ**有界開区間** とよびます．

$$[a,b) = \{t \in \mathbb{R} \mid a \leqq t < b\},$$
$$(a,b] = \{t \in \mathbb{R} \mid a < t \leqq b\}$$

は**半開区間**とよばれます．無限開区間を次のように定めます．

$$(a, +\infty) = \{t \in \mathbb{R} \mid a < t\},$$
$$(-\infty, b) = \{t \in \mathbb{R} \mid t < b\}$$

で定めます．同様に無限閉区間を

$$[a, +\infty) = \{t \in \mathbb{R} \mid a \leqq t\},$$
$$(-\infty, b] = \{t \in \mathbb{R} \mid t \leqq b\}$$

で定めます．数直線 $\mathbb{R}$ は無限開区間 $(-\infty, +\infty)$ で表せることに注意してください．有界開区間と無限開区間をあわせて開区間とよびます．おなじ要領で，有界閉区間と無限閉区間をあわせて閉区間とよびます．開区間と閉区間を総称して**区間**とよびます．

A を数直線 $\mathbb{R}$ の部分集合，b を数直線の 1 点とします．

定義 A.1 すべての $a \in A$ に対し $a \leqq b$ が成立するとき b は A の**上界**であるという．

同様にして下界を次のように定めます．

すべての $a \in A$ に対し $a \geqq b$ が成立するとき b は A の**下界**であるという．

$$\mathrm{U}(A) = \{b \in \mathbb{R} \mid b \text{ は } A \text{ の上界}\},$$
$$\mathrm{L}(A) = \{c \in \mathbb{R} \mid c \text{ は } A \text{ の下界}\}$$

とおきます．$\mathrm{U}(A) \neq \varnothing$ のとき A は**上に有界**であるといいます．同様に $\mathrm{L}(A) \neq \varnothing$ のとき A は**下に有界**であるといいます．上下に有界であるとき A は**有界**であるといい表します．

上に有界な集合 A に対し $\mathrm{U}(A)$ の最小値を A の**上限**といい $\sup A$ で表します．同様に下に有界な集合 A に対し $\mathrm{L}(A)$ の最大値を A の**下限**といい $\inf A$ で表します．

導函数

導函数の定義を復習しましょう．

定義 A.2 開区間 $I = (a, b)$ で定義された函数 $f : I \to \mathbb{R}$ と I の一点 a に対し極限

$$\lim_{t \to a} \frac{f(t) - f(a)}{t - a}$$

が存在するとき f は $t = a$ において**微分可能**であるという．この極限を f の a における**微分係数**とよび $\dfrac{\mathrm{d}f}{\mathrm{d}t}(a)$ と表記する．とくに f が I のすべての点において微分可能ならば f は I で微分可能であるという．

半開区間や閉区間で定義された函数については次のように対応します．

定義 A.3 $f : [a, b) \to \mathbb{R}$ に対し右極限

$$\left(\frac{\mathrm{d}f}{\mathrm{d}t}\right)_{+}(a) = \lim_{t \to a+0} \frac{f(t) - f(a)}{t - a}$$

が存在するとき f は a において**右微分可能**であるという．$\dot{f}_{+}(a)$ を f の a における右微分係数とよぶ．

定義 A.4 函数 $f : [a, b) \to \mathbb{R}$ が (a, b) で微分可能でありさらに $t = a$ で右微分可能であるとき f は $[a, b)$ 上で微分可能であるという．このとき f の (a, b) 上の導函数 $\dot{f}(t)$ を

$$\frac{\mathrm{d}f}{\mathrm{d}t}(a) = \left(\frac{\mathrm{d}f}{\mathrm{d}t}\right)_{+}(a)$$

で $[a, b)$ に拡張する．

同様に左微分係数

$$\left(\frac{\mathrm{d}f}{\mathrm{d}t}\right)_{-}(a)$$

を定めて，$(a, b]$ 上の微分可能函数を定義できます．また左微分係数と右微分係数の両方を用いて閉区間 $[a, b]$ 上の微分可能函数を定めます．

区間 I で微分可能な函数 $f : I \to \mathbb{R}$ に対し，対応

$$a \longmapsto \frac{\mathrm{d}f}{\mathrm{d}t}(a)$$

により I 上の新しい函数が定まります．この函数を f の**導函数**とよび $\dfrac{\mathrm{d}f}{\mathrm{d}t}$ で表します．この本の本文では導函数を

$$\dot{f}(t) = \frac{\mathrm{d}f}{\mathrm{d}t}(t)$$

と表す方式を使っています[1]．導函数 $\dot{f}(t)$ がさらに I 上で微分可能であるとき，f は I で 2 回微分可能であるといい，$\dot{f}$ の導函数を

$$\ddot{f}(t) = \frac{\mathrm{d}^2 f}{\mathrm{d}t^2}(t)$$

で表します．$\ddot{f}$ を f の **2 階導函数**とよびます．この繰り返しで「n 回微分可能な函数」と n 階導函数 $f^{(n)}(t) = \dfrac{\mathrm{d}^n f}{\mathrm{d}t^n}(t)$ を定めます．

定義 A.5 n 階微分可能な函数 $f : I \to \mathbb{R}$ に対し $f^{(n)}$ が I で連続であるとき，f は I で **k 階連続微分可能**であるという．f は I で C^n **級**であるともいう．

定義 A.6 区間 I で定義された函数 f がすべての負でない整数 n について C^n 級であるとき f は C^∞ 級であるという．f は I で**滑らか** (smooth) であるともいう．f が I で連続であることを f は I で C^0 級であると言い表す．

テイラー展開

区間 I で定義された微分可能な函数 $x = f(t)$ を考えます．この函数の tx 平面におけるグラフが定める曲線を C とします．すなわち C は

$$\mathrm{C} = \{(t, x) \in \mathbb{R}^2 \mid x = f(t),\ x \in I\}$$

と表されます．C 上の一点 $\mathrm{A}(a, f(a))$ における C の接線 ℓ は

$$x = \dot{f}(a)(t - a) + f(a)$$

で与えられます．点 A の近くでは接線 ℓ と曲線 C は区別できないくらい近いのですから (図 1)．

---

[1] ニュートンは，時間変数 t に依存する量 x を**流量** (fluent) とよび，x の速度に当たる量である**流率** (fluxion) を $\dot{x}$ で表しました．その記法に由来します．

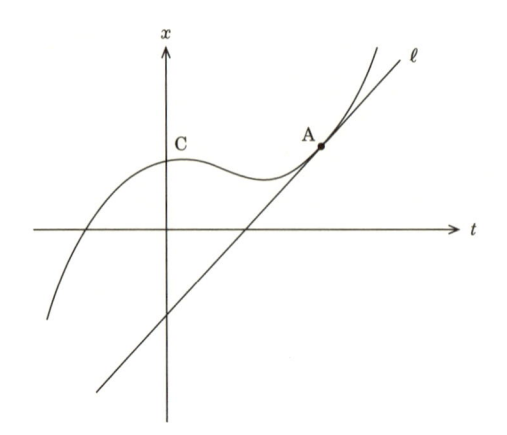

図 1

$$t \fallingdotseq a \Longrightarrow f(t) \fallingdotseq f(a) + \dot{f}(a)(t-a)$$

とはいえこの式はあくまでも近似です．この近似式を等式に書き直すことを考えます．それには平均値の定理が有効です．

定理 A.7（平均値の定理） 函数 $x = f(t)$ は $[a,b]$ で連続で，(a,b) で微分可能であるとする．このとき

$$\frac{f(b)-f(a)}{b-a} = \dot{f}(c) \tag{A.1}$$

をみたす $c \in (a,b)$ が存在する．

平均値の定理において $\theta = \dfrac{c-a}{b-a} < 1$ とおくと $0 < \theta < 1$ であり，

$$f(b) = f(a) + \dot{f}(a+\theta(b-a))$$

と書き直せることに注意しましょう．

系 A.8（平均値の定理の言い換え） 函数 $x = f(t)$ は $[a,b]$ で連続で，(a,b) で微分可能であるとする．このとき

$$f(b) = f(a) + \dot{f}(a + \theta(b-a)) \tag{A.2}$$

をみたす $\theta \in (0,1)$ が存在する．

a と b が近いときに $f(b)$ の値を $f(a)$ で代用したときの誤差は f の導函数を用いて (A.2) で求められるということが平均値の定理からわかりました．函数 $x = f(t)$ が 2 階微分可能であれば，近似の精度を上げることができます．

定理 A.9 函数 $x = f(t)$ は $[a,b]$ で 2 階微分可能であるとする．このとき
$$f(b) = f(a) + \dot{f}(a)(b-a) + \frac{\ddot{f}(a + \theta(b-a))}{2}(b-a)^2 \tag{A.3}$$
をみたす $\theta \in (0,1)$ が存在する．

より一般に次の定理が知られています[2]．

定理 A.10 (テイラーの定理)　函数 $x = f(t)$ は $[a,b]$ で n 階微分可能であるとする．このとき
$$f(b) = f(a) + \frac{\dot{f}(a)}{1!}(b-a) + \frac{\ddot{f}(a)}{2!}(b-a)^2$$
$$+ \cdots + \frac{f^{(n)}(a)}{n!}(b-a)^n + R_{n+1}(b),$$
$$R_{n+1}(b) = \frac{f^{(n+1)}(a + \theta(b-a))}{(n+1)!}(b-a)^{n+1}$$
をみたす $\theta \in (0,1)$ が存在する．$R_{n+1}(b)$ を $(n+1)$ 次剰余項とよぶ．

剰余項を調べることで次の結果が得られます．

定理 A.11　$x = f(t)$ が a を含む区間 I で滑らかであるとする．I の各点 $t \in I$ において
$$\lim_{n \to \infty} R_n(t) = 0$$
をみたすとき，f は I 上で無限級数

---

[2] Brook Taylor (1685–1731), *Methodus Incrementorum*, 1715, Colin Maclaurin (1698–1746), *A Treatise of Fluxions*, 1742.

$$f(t) = \sum_{n=0}^{\infty} \frac{f^{(n)}(a)}{n!}(t-a)^n \qquad (A.4)$$

で表すことができる．このとき $x = f(t)$ は I において**テイラー級数展開可能で**あるといい，無限級数 (A.4) を f の $t = a$ における**テイラー級数**とよぶ．

例 A.12 $(x = e^t)$ $x = e^t$ は $\mathbb{R} = (-\infty, +\infty)$ で C^∞ 級であり $f^{(n)}(t) = e^t$ をみたす．この函数は $a = 0$ において

$$e^t = \sum_{n=0}^{\infty} \frac{t^n}{n!} = 1 + \frac{t}{1} + \frac{t^2}{2!} + \cdots + \frac{t^n}{n!} + \cdots \qquad (A.5)$$

とテイラー級数展開される．

例 A.13 $(x = \cos t)$ $x = \cos t$ は $\mathbb{R}$ 上で C^∞ 級であり，$f^{(n)}(t) = \cos(t + n\pi/2)$ をみたす．とくに $f^{(2n)}(0) = (-1)^n$, $f^{(2n+1)}(0) = 0$．$x = \cos t$ は $t = 0$ でテイラー級数展開可能であり

$$\begin{aligned}\cos t &= \sum_{n=0}^{\infty} (-1)^n \frac{t^{2n}}{(2n)!} \\ &= 1 - \frac{t^2}{2} + \frac{t^4}{4!} + \cdots + (-1)^n \frac{t^{2n}}{(2n)!} + \cdots.\end{aligned} \qquad (A.6)$$

例 A.14 $(x = \sin t)$ $x = \sin t$ は $\mathbb{R}$ 上で C^∞ 級であり，$f^{(n)}(t) = \sin(t + n\pi/2)$ をみたす．とくに $f^{(2n+1)}(0) = (-1)^n$, $f^{(2n)}(0) = 0$．$x = \sin t$ は $t = 0$ でテイラー級数展開可能であり，その級数展開は次式で与えられる．

$$\begin{aligned}\sin t &= \sum_{n=0}^{\infty} (-1)^n \frac{t^{2n+1}}{(2n+1)!} \\ &= t - \frac{t^3}{3!} + \frac{t^5}{5!} + \cdots + (-1)^n \frac{t^{2n+1}}{(2n+1)!} + \cdots.\end{aligned} \qquad (A.7)$$

指数函数 e^t を用いて $\mathbb{R}$ 上の函数 $\cosh t$ と $\sinh t$ を

$$\cosh t = \frac{1}{2}(e^t + e^{-t}), \quad \sinh t = \frac{1}{2}(e^t - e^{-t}) \qquad (A.8)$$

で定め**双曲余弦函数**，**双曲正弦函数**とよびます．相加相乗平均の不等式より

$$\cosh t = \frac{1}{2}(e^t + e^{-t}) \geqq \sqrt{e^t e^{-t}} = 1$$

であることに注意しましょう．また

$$(\cosh t)^2 - (\sinh t)^2 = \frac{1}{4}\{(e^t + e^{-t})^2 - (e^t - e^{-t})^2\} = 1$$

をみたしています．この事実は第4章の例4.22で用います．双曲余弦函数・双曲正弦函数のテイラー級数展開は次で与えられます．

例 A.15 ($x = \cosh t$)　$x = \cosh t$ は $\mathbb{R}$ 上で C^∞ 級であり，$f^{(2n)}(t) = \cosh t$, $f^{(2n+1)}(t) = \sinh t$ をみたすので，とくに $f^{(2n)}(0) = 1$, $f^{(2n+1)}(0) = 0$．$x = \cosh t$ は $t = 0$ でテイラー級数展開可能であり

$$\cosh t = \sum_{n=0}^{\infty} \frac{t^{2n}}{(2n)!} = 1 + \frac{t^2}{2} + \frac{t^4}{4!} + \cdots + \frac{t^{2n}}{(2n)!} + \cdots. \tag{A.9}$$

例 A.16 ($x = \sinh t$)　$x = \sinh t$ は $\mathbb{R}$ 上で C^∞ 級であり，$f^{(2n)}(t) = \sinh t$, $f^{(2n+1)}(t) = \cosh t$ なので $f^{(2n+1)}(0) = 1$, $f^{(2n)}(0) = 0$．$x = \sinh t$ は $t = 0$ でテイラー級数展開可能であり

$$\begin{aligned}\sinh t &= \sum_{n=0}^{\infty} \frac{t^{2n+1}}{(2n+1)!} \\ &= t + \frac{t^3}{3!} + \frac{t^5}{5!} + \cdots + \frac{t^{2n+1}}{(2n+1)!} + \cdots.\end{aligned} \tag{A.10}$$

最後に対数函数のテイラー級数展開を説明しておきます．

例 A.17 ($x = \log(1+t)$)　$x = \log(1+t)$ は $(-1, +\infty)$ 上で C^∞ 級であり，

$$f^{(n)}(t) = (-1)^{n-1} \frac{(n-1)!}{(1+t)^n}.$$

この函数は $-1 < t \leqq 1$ においてテイラー級数展開可能であり，そのテイラー級数は

$$\begin{aligned}\log(1+t) &= \sum_{n=0}^{\infty} (-1)^{n-1} \frac{t^n}{n} \\ &= t - \frac{t^2}{2} + \frac{t^3}{3} + \cdots + (-1)^{n-1} \frac{t^n}{n} + \cdots\end{aligned} \tag{A.11}$$

で与えられる．

収束半径

無限級数 $\sum_{n=0}^{\infty} a_n t^n$ に対し

$$\alpha = \limsup_{n \to \infty} |a_n|^{\frac{1}{n}}$$

とおきます．

定理 A.18 R を

$$R = \begin{cases} \dfrac{1}{\alpha} & \alpha \neq 0, \quad +\infty \\ 0 & \alpha = +\infty \\ +\infty & \alpha = 0 \end{cases}$$

で定めると

(1) $(-R, R)$ において $\sum_{n=0}^{\infty} |a_n t^n|$ は収束する，

(2) $|t| > R$ ならば $\sum_{n=0}^{\infty} a_n t^n$ は収束しない．

この R を無限級数 $\sum_{n=0}^{\infty} a_n t^n$ の**収束半径**とよぶ．

収束半径の求め方として次の定理が有効です．

定理 A.19 無限級数 $\sum_{n=0}^{\infty} a_n t^n$ に対し

$$\alpha = \lim_{n \to \infty} \left| \frac{a_{n+1}}{a_n} \right|$$

が**存在するならば**，この級数の収束半径は $R = 1/\alpha$ である．ただし $\alpha = 0$ のときは $R = +\infty$, $\alpha = +\infty$ ならば $R = 0$ とする．

例 A.20 $e^t = \sum_{n=0}^{\infty} \dfrac{t^n}{n!}$, $\cos t = (-1)^n \dfrac{t^{2n}}{(2n)!}$, $\sin t = (-1)^n \dfrac{t^{2n+1}}{(2n+1)!}$, $\cosh t = \dfrac{t^{2n}}{(2n)!}$, $\sinh t = \dfrac{t^{2n+1}}{(2n+1)!}$ はどれも収束半径は $R = +\infty$ である．$\log(1+t) = \sum_{n=0}^{\infty} (-1)^n \dfrac{t^n}{n}$ の収束半径は 1 である．

無限級数 $\sum_{n=0}^{\infty} a_n t^n$ の収束半径が $R > 0$ (または $R = +\infty$) のとき,
$$f : (-R, R) \to \mathbb{R}; \quad t \longmapsto f(t) := \sum_{n=0} a_n t^n$$
で函数 $f(t)$ が定まります.この函数 $f(t)$ に対して次の定理が成立します[3)].

定理 A.21 $f(t) = \sum_{n=0}^{\infty} a_n t^n$ は $(-R, R)$ で C^∞ 級である.f の導函数は
$$\begin{aligned} f'(t) &= \frac{d}{dt} \sum_{n=0}^{\infty} a_n t^n \\ &= \sum_{n=0}^{\infty} \frac{d}{dt}(a_n t^n) = \sum_{n=1}^{\infty} a_n (n t^{n-1}) \end{aligned}$$
と計算される.この計算法を**項別微分**という.項別微分をくりかえし行うことで k 階導函数 $f^{(k)}(t)$ は
$$f^{(k)}(t) = \sum_{n=k}^{\infty} n(n-1)\cdots(n-k+1) a_n t^{n-k}, \quad k \geqq 1$$
と求められる.$f^{(k)}(t)$ の収束半径も R である.

この定理は第 3 章の定理 3.10 の証明で用います.

[3)]証明は,たとえば [5, 第 2 巻, p. 116, 定理 5] を参照.

付録 B

リッカチの方程式

1 階常微分方程式

$$\dot{x}(t) = \alpha(t) + 2\beta(t)x(t) + \gamma(t)x(t)^2 \tag{B.1}$$

をリッカチ方程式とよびました．この名称は 16～17 世紀を生きたベネチア共和国 (現在のイタリア) の数学者リッカチに因むものです．1724 年に発表した論文で，ある特別な種類のリッカチ方程式の解法を論じています．リッカチとは独立にダニエル・ベルヌーイ[1]もリッカチと同様の研究成果を得ています．ベルヌーイが 1724 年に刊行した『数学演習』の第 3 部でリッカチ方程式を論じています．この付録ではリッカチとベルヌーイによる「元祖リッカチ方程式の研究」を説明します ([10] を参考にしました)．

リッカチとベルヌーイが研究したのは

$$\alpha(t) = bt^m, \quad \beta(t) = 0, \quad \gamma(t) = -a, \quad a, b, m \in \mathbb{R}$$

の場合，すなわち

$$\dot{x}(t) + ax(t)^2 = bt^m \tag{B.2}$$

です．まず a, b, m のどれか 1 つでも 0 であれば (B.2) は変数分離形であり，求積できることに注意してください．実際 $a = 0$ なら $\dot{x}(t) = bt^m$ ですし，$b = 0$ なら $\dot{x}(t) = -ax(t)^2$ ですから確かに変数分離形です．$m = 0$ なら $\dot{x}(t) = b - ax(t)^2$ ですから，やはり変数分離形です．そこで以下，$abm \neq 0$ の場合を扱うことにします．

---

[1] Daniel Bernoulli (1700–1782).

まず
$$x(t) = u(t)y(t) + v(t)$$
とおくと
$$\dot{x}(t) = \dot{u}y(t) + u(t)\dot{y}(t) + \dot{v}(t).$$
これを (B.2) に代入して計算すると
$$bt^m = u(t)\dot{y}(t) + \{\dot{u}(t) + 2au(t)v(t)\} + \{\dot{v}(t) + av(t)^2\} + au(t)^2 y(t)^2$$
となります．この方程式を簡単な形にするために
$$\dot{u}(t) + 2au(t)v(t) = 0,$$
$$\dot{v}(t) + av(t)^2 = 0$$
となるように $u(t), v(t)$ を選びます．下の方程式は変数分離形で，具体的に解くことができます．とくに
$$v(t) = \frac{1}{at}$$
と選べます．これを上の式に代入すると
$$\dot{u}(t) + \frac{2u(t)}{t} = 0$$
なので $u(t) = 1/t^2$ と選ぶことができます．したがって
$$x(t) = \frac{1}{t^2}y(t) + \frac{1}{at}$$
で $y(t)$ を定義したことになり，$y(t)$ は
$$\dot{y}(t) + \frac{a}{t^2}y(t)^2 = bt^{m+2} \tag{B.3}$$
をみたします．ここで $m = -2$ だと
$$\dot{y}(t) + a\left(\frac{y(t)}{t}\right)^2 - b$$
になりますから，これは同次形ですので求積できます．ここまでをまとめておくと

命題 B.1 $a = 0, b = 0, m = 0$ または $m = -2$ ならばリッカチ方程式 (B.2) は求積できる．

では $m \neq -2$ の場合を考えます. $m \neq -3$ を仮定して

$$t_1 := t^{m+3}, \quad x_1 := \frac{1}{y} \tag{B.4}$$

と定めます. すると (B.3) は

$$\frac{\mathrm{d}x_1}{\mathrm{d}t_1}(t_1) + a_1 x_1(t_1) = b_1 t_1^{m_1}, \tag{B.5}$$

$$a_1 = \frac{b}{m+3}, \quad b_1 = \frac{a}{m+3}, \quad m_1 = -\frac{m+4}{m+3}$$

と書き直されます. これは (B.2) と同じ形のリッカチ方程式です. ということは $m_1 = 0 \,(\Leftrightarrow m = -4)$, $m_1 = -2 \,(\Leftrightarrow m = -2)$ のとき (B.5) は求積できます.

$m_1 \neq -2$ かつ $m_1 \neq -3$ のときは

$$x_1(t_1) = \frac{1}{t_1^2} y_1(t_1) + \frac{1}{a_1 t_1}$$

とおき, さらに

$$t_2 = t_1^{m_1+3}, \quad x_2(t_2) = \frac{1}{y_1(t_1(t_2))}$$

と定めると (B.5) は

$$\frac{\mathrm{d}x_2}{\mathrm{d}t_2}(t_2) + a_2 x_2(t_2) = b_2 t_2^{m_2}, \tag{B.6}$$

$$a_2 = \frac{b}{m_1+3}, \quad b_2 = \frac{a}{m_1+3}, \quad m_2 = -\frac{m_1+4}{m_1+3}$$

と書き直されます. したがって

$$m_2 = 0 \iff m_1 = -4 \iff m = -\frac{8}{3}$$

および

$$m_2 = -2 \iff m_1 = -2 \iff m = -2$$

のとき (B.5) は求積できます. 以下この操作を続けていくと

$$\frac{\mathrm{d}x_k}{\mathrm{d}t_k}(t_k) + a_2 x_k(t_k) = b_k t_k^{m_k}, \tag{B.7}$$

$$m_k = T_{A^k}(m), \quad A = \begin{pmatrix} 1 & 4 \\ -1 & -3 \end{pmatrix},$$

$$\begin{pmatrix} a_k \\ b_k \end{pmatrix} = \frac{1}{(m+3)(m_1+3)\cdots(m_{k-1}+3)} \hat{J}^k \begin{pmatrix} a_k \\ b_k \end{pmatrix},$$

$$m_k = T_{A^k}(m), \quad A = \begin{pmatrix} 1 & 4 \\ -1 & -3 \end{pmatrix}$$

というリッカチ方程式の系列が得られます．ただし $\hat{J}$ は例 4.6 で定めた行列

$$\hat{J} = \begin{pmatrix} 0 & 1 \\ 1 & 0 \end{pmatrix}$$

です．さて，m_k を計算すると

$$m_k = -\frac{(2k-1)m + 4k}{km + (2k+1)}, \quad k = 0, 1, 2, \cdots \tag{B.8}$$

を得られます．

演習 B.2 (B.8) を次の方法で証明せよ．

- 数学的帰納法．
- (**行列の対角化・ジョルダン標準形を習得済み**の読者向け) A のジョルダン標準形を求め，それを利用して A^k を求める．

$m_k = 0$ ならば (B.7) は求積できます．そこで $m_k = 0$ を解くと

$$m = \frac{4k}{1-2k}, \quad k = 0, 1, 2, \cdots$$

ですから，m がこの式で与えられる値のとき (B.2) は求積できます．

ところで $m = 0$ のとき (B.2) は求積できました．$m = 0$ のときでも

$$x(t) = \frac{1}{t^2} y(t) + \frac{1}{at}$$

で $y(t)$ を定めると $y(t)$ は (B.3) で $m = 0$ とした常微分方程式をみたします．ゆえに (B.4) で $m = 0$ としてもよく，リッカチ方程式 (B.5) で $m = 0$ とした方程式が得られます．すなわち

$$\frac{\mathrm{d}x_1}{\mathrm{d}t_1}(t_1) + a_1 x_1(t_1) = b_1 t_1^{m_1}, \tag{B.9}$$

$$a_1 = \frac{b}{3}, \quad b_1 = \frac{a}{3}, \quad m_1 = -\frac{4}{3}.$$

以下，この操作を繰り返して求積できるリッカチ方程式の系列

$$\frac{\mathrm{d}x_k}{\mathrm{d}t_k}(t_k) + a_2 x_k(t_k) = b_k t_k^{m_k}, \tag{B.10}$$

$$m_k = -\frac{4k}{1+2k}$$

を得られました．したがって (B.2) で $m = -4k/(2k+1)$ と選んだものは求積できるわけです．$m = 4k/(1-2k)$ のときも求積できたのですから，ここまでの議論を整理して次の定理が得られます．

定理 B.3 (リッカチとベルヌーイの定理)

$$m = \frac{4k}{1-2k}, \quad k = 0, \pm 1, \pm 2, \cdots$$

に対し，リッカチ方程式 (B.2) は求積できる．

$a \neq 0$, $b \neq 0$ を固定し $\mathcal{M}$ で a と b を係数にもつリッカチ方程式 (B.2) の全体を表すことにします．それぞれの方程式は m で決まりますから $\mathcal{M}$ は実数全体 $\mathbb{R}$ と同一視できます．すなわち $m \in \mathbb{R}$ とリッカチ方程式 $\dot{x}(t) + ax(t)^2 = bt^m$ を対応させるのです．ここで行列

$$A = \begin{pmatrix} 1 & 4 \\ -1 & -3 \end{pmatrix}$$

を用いて群 G を

$$G = \{A^k \mid k = 0, \pm 1, \pm 2, \cdots\}$$

で定めます．G は無限巡回群とよばれるものの例です．この群 G を 1 次分数変換によって $\mathcal{M} = \mathbb{R}$ に作用させます[2]．

$$\rho : G \times \mathbb{R} \to \mathbb{R}; \quad \rho(A, m) = T_A(m).$$

すると，この付録で述べてきたことは次のように言い直せます．

---

[2] 「作用」の語については註 6.6 参照．

系 B.4　0 の軌道

$$G \cdot 0 = \{T_{A^k}(0) \mid k = 0, \pm 1, \pm 2, \cdots\}$$

は求積可能なリッカチ方程式よりなる．すなわち軌道の要素はすべて求積可能なリッカチ方程式である．

0 の軌道には $m = -2$ のリッカチ方程式が含まれていません．どの k に対しても $T_{A^k}(-2) = -2$ であることに注意すると -2 の軌道は -2 のみ，すなわち

$$G \cdot (-2) = \{-2\}$$

であることがわかります．なお

$$\lim_{k \to \infty} \frac{4k}{1-2k} = -2$$

であることを注意しておきます．2 本の軌道 $G \cdot 0$ と $G \cdot (-2)$ に含まれない，求積可能なリッカチ方程式が存在するかどうかが気になりますが，リウヴィルが 1841 年に発表した論文で，$G \cdot 0$ の要素と $m = -2$ 以外には (B.2) のタイプで求積可能なリッカチ方程式が存在しないことが示されました．その代わり，(一般に) リッカチ方程式は特殊解が 1 つ求められていれば求積可能なのです．

付録 C

微分ガロア理論の一例

　微分ガロア理論においてリッカチ方程式が活躍した例を紹介します．微分ガロア理論の専門用語や基本概念の詳細な説明は省略し結果のみを記載しておきます．

　複素数体を $\mathbb{C}$ で表します．t を複素変数とし，$a(t)$ を次数が 2 以下の t に関する複素係数の多項式とします．複素常微分方程式

$$\ddot{x}(t) + a(t)x(t) = 0, \tag{C.1}$$

に対し，次の事実は簡単に確かめられます (演習 13.11 参照).

命題 C.1　$y(t)$ をリッカチ方程式

$$\dot{y}(t) - y(t)^2 = a(t)$$

の解とすると

$$x(t) := \exp\left\{-\int y(t)\,\mathrm{d}t\right\}$$

は (C.1) の解.

　K を体とします．いま K に

$$D(a+b) = D(a) + D(b), \quad D(ab) = D(a)b + aD(b), \quad a,b \in K$$

をみたす $D: K \to K$ が与えられているとき $K = (K, D)$ を**微分体**とよびます．微分体 K の体自己同型写像 σ が

$$\sigma(D(a)) = D(\sigma(a))$$

をみたすとき K の**微分自己同型写像**とよびます.
$$\{a \in K \mid D(a) = 0\}$$
は K の微分部分体をなします. これを K の**定数体**とよびます.

標数 0 の微分体 (K, D) を考えます. ただし定数体が代数的閉体であると仮定します. 斉次微分方程式

$$L(x) = x^{(n)} + a_1 x^{(n-1)} + \cdots + a_{n-1} \dot{x} + a_n x = 0, \quad x^{(j)} = D^j x$$

に対して K の $L = 0$ に関する**ピカール–ヴェッシオ拡大**とよばれる微分体 M が定まります. M/K の微分自己同型写像の全体を $\mathrm{G}(M/K)$ で表し, **微分ガロア群**とよびます. $\mathrm{G}(M/K)$ は代数群となることが知られています.

微分ガロア群に対し次のことが言えます.

定理 C.2 K を標数 0 の微分体とし, M/K を $\ddot{x}(t) + a(t)x(t) = 0$ ($a \in K$) に対するピカール–ヴェッシオ拡大とする. M/K が有限次拡大ではないとき, 以下は互いに同値である.

- $\mathrm{G}(M/K)$ は可解である.
- リッカチ方程式 $\dot{y}(t) - y(t)^2 = a$ が K において解をもつ.

与えられた常微分方程式に対し, その微分ガロア群を決定することはとても興味深い問題ではあるものの, 具体的に実行することはとても難しいのです. ここではレームによって 1979 年の論文[1] で得られた研究成果を紹介しておくことにとどめます[2].

定理 C.3 微分方程式

$$\ddot{x}(t) - (\alpha^2 t^2 + 2\alpha\beta t + \gamma)x(t) = 0$$

の有理函数体 $\mathbb{C}(t)$ 上の微分ガロア群は以下で与えられる.

---

[1] H. P. Rehm, *Galois groups and elementary solutions of some linear differential equations*, J. reine Angew. Math. 307 (1979), 1–7.

[2] J. J. Kovacic, *An algorithm for solving second order linear homogeneous differential equations*, J. Symbolic Computation 2 (1986), 3–43
で発表されたアルゴリズムを用いてさまざまな常微分方程式の微分ガロア群が計算されています.

(1) $\alpha = \beta = \gamma = 0$ のとき，自明群 (単位元のみからなる群)，

(2) $\alpha = \beta = 0, \gamma \neq 0$ のとき，
$$\mathbb{C}^\times = \{z \in \mathbb{C} \mid z \neq 0\},$$

(3) $\alpha \neq 0$, $\alpha^{-1}(\beta^2 + \gamma)$ が奇整数のとき，
$$\mathrm{ST}_2\mathbb{C} = \left\{ \begin{pmatrix} \gamma & \delta \\ 0 & \gamma^{-1} \end{pmatrix} \,\Big|\, \delta \in \mathbb{C},\, \gamma \in \mathbb{C}^\times \right\},$$

(4) 上記以外のとき，
$$\mathrm{SL}_2\mathbb{C} = \left\{ \begin{pmatrix} a & b \\ c & d \end{pmatrix} \,\Big|\, a,b,c,d \in \mathbb{C}, ad - bc = 1 \right\}.$$

付録 D
微分形式

第 7 章の「参考図書」のところで話題に出した「微分形式」について簡単な説明をしておきます．

定義 D.1 函数 $F: \mathbb{R}^2 \to \mathbb{R}$ が条件
$$F(a\boldsymbol{x} + b\boldsymbol{y}) = aF(\boldsymbol{x}) + bF(\boldsymbol{y}), \quad \boldsymbol{x}, \boldsymbol{y} \in \mathbb{R}^2, \ a, b \in \mathbb{R}$$
をみたすとき $\mathbb{R}^2$ 上の**余ベクトル** (covector) とよぶ．

たとえば
$$\sigma_1(\boldsymbol{x}) = \sigma_1(x_1, x_2) = x_1, \quad \sigma_2(\boldsymbol{x}) = \sigma_1(x_1, x_2) = x_2$$
で σ_1, σ_2 を定めるとこれらは $\mathbb{R}^2$ 上の余ベクトルです．

$\mathbb{R}^2$ の 1 点 p における接ベクトルを第 5 章で定義しました．ここでは余接ベクトルを次のように定めます．

定義 D.2
$$T_p^*\mathbb{R}^2 = \{\omega_p : T_p\mathbb{R}^2 \to \mathbb{R} \mid \omega_p \text{ は条件 (D.1) をみたす}\},$$
$$\omega_p(av_p + bw_p) = a\omega_p(v_p) + b\omega_p(w_p). \tag{D.1}$$
とおき $T_p^*\mathbb{R}^2$ の要素を p における $\mathbb{R}^2$ の**余接ベクトル** (cotangent vector at p) とよぶ．

接ベクトル束をまねて

$$T^*\mathbb{R}^2 = \bigcup_{p \in \mathbb{R}^2} T_p^*\mathbb{R}^2$$

とおき $\mathbb{R}^2$ の**余接ベクトル束**とよびます．

定義 D.3 $\mathbb{R}^2$ の各点 p に対し，p での余接ベクトル ω_p を対応させる写像 $\omega: \mathbb{R}^2 \to T^*\mathbb{R}^2$ を $\mathbb{R}^2$ 上の**余接ベクトル場**または **1 次微分形式**とよぶ．

例 D.4 $v = (v_1, v_2)$, $p = (p_1, p_2) \in \mathbb{R}^2$ に対し $(\sigma_1)_p, (\sigma_2)_p$ を

$$(\sigma_i)_p(v_p) = v_i, \quad i = 1, 2$$

で定めると $(\sigma_1)_p, (\sigma_2)_p$ は p における余接ベクトル．したがって $(\sigma_1), (\sigma_2): \mathbb{R}^2 \to T^*\mathbb{R}^2$ を

$$(\sigma_i): p \longmapsto (\sigma_i)_p$$

で定めるとこれらは余接ベクトル場である．

例 D.5（全微分） 滑らかな関数 $f: \mathbb{R}^2 \to \mathbb{R}$ に対し

$$(\mathrm{d}f)_p(v_p) = v_p(f)$$

と定めると $(\mathrm{d}f)_p$ は p における余接ベクトルである．$\mathrm{d}f: \mathbb{R}^2 \to T^*\mathbb{R}^2$ を

$$\mathrm{d}f: p \longmapsto (\mathrm{d}f)_p$$

で定めれば $\mathrm{d}f$ は 1 次微分形式である．

とくに f として座標関数 x_1 と x_2 を選んでみましょう．$v = (v_1, v_2)$, $p = (p_1, p_2)$ に対し (演習 5.12 より)

$$(\mathrm{d}x_i)_p(v_p) = v_p(x_i) = v_i, \quad i = 1, 2$$

ですから

$$(\mathrm{d}x_i)_p = (\sigma_i)_p,$$

すなわち $(\sigma_i) = \mathrm{d}x_i$ が得られました．すると

$$(\mathrm{d}f)_p(v_p) = v_p(f) = \sum_{i=1}^{2} v_i \frac{\partial f}{\partial x_i}(p)$$
$$= \sum_{i=1}^{2}(\sigma_i)_p(v_p)\frac{\partial f}{\partial x_i}(p) = \left\{\sum_{i=1}^{2}\frac{\partial f}{\partial x_i}(\sigma_i)_p\right\}(v_p)$$
$$= \left\{\sum_{i=1}^{2}\frac{\partial f}{\partial x_i}\mathrm{d}x_i\right\}(v_p)$$

と計算されます. したがって

$$\mathrm{d}f = \frac{\partial f}{\partial x_1}\mathrm{d}x_1 + \frac{\partial f}{\partial x_2}\mathrm{d}x_2$$

という表示を得ました. $\mathrm{d}f$ を f の**全微分**とよびます.

1 次微分形式 ω は $\mathrm{d}x_1$ と $\mathrm{d}x_2$ を用いて

$$\omega = \omega_1 \mathrm{d}x_1 + \omega_2 \mathrm{d}x_2$$

と表示できます. 函数の組 $\{\omega_1, \omega_2\}$ を ω の**成分**とよびます. ベクトル場のときと同様に成分が C^∞ 級である 1 次微分形式を**滑らかな 1 次微分形式**とよびます.

次に 2 次微分形式を定めます.

$$T_p^*\mathbb{R}^2 \wedge T_p^*\mathbb{R}^2 = \{\Omega : T_p\mathbb{R}^2 \times T_p\mathbb{R}^2 \to \mathbb{R} \mid \Omega \text{ は条件 (D.2) をみたす}\},$$
$$\Omega(u_p, v_p) = -\Omega(v_p, u_p),$$
$$\Omega(u_p + v_p, w_p) = \Omega(u_p, w_p) + \Omega(v_p, w_p), \quad \text{(D.2)}$$
$$\Omega(au_p, v_p) = a\Omega(u_p, v_p).$$

とおきます.

$T_p^*\mathbb{R}^2 \wedge T_p^*\mathbb{R}^2$ の要素を p における**接 2–ベクトル**(tangent 2–vector) とよびます.

$\boldsymbol{e}_1 = (1,0), \boldsymbol{e}_2 = (0,1)$ を用いると $\boldsymbol{v} = (v_1, v_2), \boldsymbol{w} = (w_1, w_2)$ に対し

$$\Omega(\boldsymbol{x}, \boldsymbol{y}) = \Omega(v_1(\boldsymbol{e}_1)_p + v_2(\boldsymbol{e}_2)_p, w_1(\boldsymbol{e}_1)_p + w_2(\boldsymbol{e}_2)_p)$$
$$= v_1 w_1 \Omega_{11} + v_1 w_2 \Omega_{12} + v_2 w_1 \Omega_{21} + v_2 w_2 \Omega_{22}$$
$$= \Omega_{12}(v_1 w_2 - v_2 w_1), \quad \Omega_{ij} = \Omega((\boldsymbol{e}_i)_p, (\boldsymbol{e}_j)_p)$$

と計算されます. $\mathbb{R}^2$ の各点 p に対し p における接 2–ベクトルを対応させる写像を **2 次微分形式**とよびます.

ここで 2 つの 1 次微分形式 α と β から 2 次微分形式を作る操作を説明します．

$$\alpha = \alpha_1 \mathrm{d}x_1 + \alpha_2 \mathrm{d}x_2, \quad \beta = \beta_1 \mathrm{d}x_1 + \beta_2 \mathrm{d}x_2$$

に対し

$$(\alpha \wedge \beta)(X, Y) = \alpha(X)\beta(Y) - \beta(X)\alpha(Y), \quad X, Y \text{ は } \mathbb{R}^2 \text{ 上のベクトル場}$$

と定めると Ω は $\mathbb{R}^2$ 上の 2 次微分形式です．とくに次のことがわかります．

命題 D.6 2 次微分形式 Ω は

$$\Omega = \Omega_{12} \mathrm{d}x_1 \wedge \mathrm{d}x_2, \quad \Omega_{12} = \Omega(\partial_1, \partial_2)$$

と表すことができる．Ω_{12} を Ω の**成分**とよぶ．成分 Ω_{12} が C^∞ 級であるとき Ω を**滑らかな 2 次微分形式**とよぶ．

滑らかな 1 次微分形式 ω から滑らかな 2 次微分形式を作る操作に**外微分**というものがあります．

定義 D.7 滑らかな 1 次微分形式 $\omega = \sum_{i=1}^{2} \omega_i \mathrm{d}x_i$ に対し滑らかな 2 次微分形式 $\mathrm{d}\omega$ を

$$\mathrm{d}\omega = \left(\frac{\partial \omega_2}{\partial x_1} - \frac{\partial \omega_1}{\partial x_2} \right) \mathrm{d}x_1 \wedge \mathrm{d}x_2$$

で定め ω の**外微分**とよぶ．

とくに ω がある関数 f の全微分で与えられているときを考えます（$\omega = \mathrm{d}f$）．このとき ω の外微分は

$$\mathrm{d}(\mathrm{d}\omega) = \left(\frac{\partial}{\partial x_1} \frac{\partial f}{\partial x_2} - \frac{\partial}{\partial x_2} \frac{\partial f}{\partial x_1} \right) \mathrm{d}x_1 \wedge \mathrm{d}x_2 = 0(\mathrm{d}x_1 \wedge \mathrm{d}x_2)$$

となります．

定義 D.8 滑らかな 1 次微分形式 ω に対し

- ある滑らかな函数 f を用いて $\omega = \mathrm{d}f$ と表せるとき ω を**完全1次微分形式**とよぶ．
- $\mathrm{d}\omega = 0$ のとき**閉1次微分形式**とよぶ[1]．

ベクトル場 $X = X_1 \partial_1 + X_2 \partial_2 \in \mathfrak{X}(\mathbb{R}^2)$ に対し滑らかな1次微分形式 $X^\flat$ を

$$X^\flat_p(v_p) = (X_p | v_p)_p$$

で定めることができます．この1次微分形式を X の**双対1次微分形式**とよびます．逆に滑らかな1次微分形式 ω が与えられたとき

$$\omega_p(v_p) = (\omega^\#_p | v_p)_p$$

でベクトル場 $\omega^\# \in \mathfrak{X}(\mathbb{R}^2)$ が唯一定まります．このベクトル場 $\omega^\#$ を ω の双対ベクトル場とよびます．簡単な計算で

$$(X^\flat)^\# = X, \quad (\omega^\#)^\flat = \omega$$

が確かめられます．

ベクトル場 $X = X_1 \partial_1 + X_2 \partial_2 \in \mathfrak{X}(\mathbb{R}^2)$ の双対1次微分形式は

$$\omega = X_1 \mathrm{d}x_1 + X_2 \mathrm{d}x_2$$

で与えられます．第7章で考察した常微分方程式 (7.1) は

$$X_1 + X_2 \frac{\mathrm{d}x_2}{\mathrm{d}x_1} = 0$$

という形をしていましたが，これを1次微分形式に関する方程式

$$\omega = X_1 \mathrm{d}x_1 + X_2 \mathrm{d}x_2 = 0$$

に書き直して考察することができます．すると (7.1) が完全微分方程式であるというのは ω が完全微分形式であるということにほかなりません．また ω が閉微分形式であるための条件は $\mathrm{curl}\, X = 0$ そのものです．

この付録では定義域が数平面全体である微分形式のみを考察しましたので，1次微分形式が閉微分形式であれば完全微分形式という結論が得られました．定義域が数平面全体でない場合は，例 6.17 で注意したように閉微分であっても完全微分形式ではないものが存在します．

---

[1] 右辺の 0 は $0(\mathrm{d}x_1 \wedge \mathrm{d}x_2)$ という意味．

多様体上の閉 1 次微分形式の中で「完全 1 次微分形式でないものがどれほどあるのか」がその多様体の位相に関する情報を与えます (1 次のド・ラーム コホモロジー群).

数空間上の微分形式の取り扱いと物理学への応用については [24], [32] を見てください. 接続の微分幾何学 [79] ではリー環に値をもつ微分形式 (接続形式) を取扱うことを注意しておきます. 微分形式を用いたベクトル解析については小林真平, 『曲面とベクトル解析』 (日評ベーシック・シリーズ, 2016) を見てください.

演習問題の略解

[演習 1.2]
$$\int \frac{\mathrm{d}x}{x-1} = -\int t\,\mathrm{d}t = -\frac{t^2}{2} + C, \ \ C \in \mathbb{R}$$
より
$$\log|x-1| = -\frac{t^2}{2} + C$$
であるから $A = \pm e^C$ と書き直して $x(t) = 1 + A e^{-t^2/2} (A \in \mathbb{R})$. □

[演習 1.3]
$$\frac{\mathrm{d}}{\mathrm{d}t}\left(\frac{x_1 - x_2}{x_1 - x_3}\right)$$
$$= \frac{1}{(x_1 - x_3)^2}\left\{(x_1 - x_2)^{\cdot}(x_1 - x_3) - (x_1 - x_2)(x_1 - x_3)^{\cdot}\right\}.$$
ここで
$$\text{分子} = \{\beta(x_1 - x_2)\}(x_1 - x_3) - (x_1 - x_2)\{\beta(x_1 - x_3)\} = 0. \quad \square$$

[演習 1.4]　$x(t) = u(t) + w(t)$ を (1.10) に代入すると
$$\dot{u}(t) + \dot{w}(t) = \alpha(t) + 2\beta(t)(u(t) + w(t)) + \gamma(t)(u(t) + w(t))^2.$$
ここで
$$\text{左辺} = \alpha(t) + 2\beta(t)u(t) + \gamma(t)u(t)^2 + \dot{w}(t)$$
であるから $\dot{w}(t) = 2(\beta(t) + \gamma(t)u(t))w(t) + \gamma(t)w(t)^2$ を得る. □

[演習 2.11]　$\lambda = \mu^2$ のときと同様に, $x(t) = a(t)\cos(\mu t)$ を

に代入すると
$$\ddot{a}(t)\cos(\mu t) - 2\mu\dot{a}(t)\sin(\mu t) = 0$$
が得られる．この式の両辺に $\cos(\mu t)$ をかけると
$$\ddot{a}(t)\cos^2(\mu t) - 2\mu\dot{a}(t)\sin(\mu t)\cos(\mu t)$$
$$= \frac{\mathrm{d}}{\mathrm{d}t}(\dot{a}(t)\cos^2(\mu t)) = 0$$
となる．したがって $\dot{a}(t)\cos^2(\mu t) = 定数 = C$. これより
$$a(t) = C\int \frac{\mathrm{d}t}{\cos^2(\mu t)} = \frac{C}{\mu}\tan(\mu t) + c_1.$$
これを $x(t) = a(t)\cos(\mu t)$ に代入して $C/\mu = c_2$ と書き直せば $x(t) = c_1\cos(\mu t) + c_2\sin(\mu t)$ が得られる． □

註 (単振動) 水平面でバネの一端を固定する．もう一方の端に結ばれた質量 m の質点の運動を考察する．バネの伸びが小さいとき，バネの力はバネの伸びに比例する (**フックの法則**[2])．バネの力がちょうどなくなる点 (平衡点) を原点としバネの伸びる向きを正として x 軸を引くと，質点の位置 $x(t)$ は運動方程式 $m\ddot{x}(t) = -kx(t)$ にしたがう．正の定数 k はバネ定数とよばれる．この運動方程式を**単振動の方程式**とよぶ．定理 2.10 と演習 2.11 より単振動の方程式の初期条件 $x(0) = x_0$, $\dot{x}(0) = v_0$ をみたす解は
$$x(t) = x_0\cos(\omega t) + \frac{v_0}{\omega}\sin(\omega t)$$
で与えられることがわかる．$\omega = \sqrt{k/m}$ を**角振動数** (または**角周波数**) とよぶ．この解 $x(t)$ は周期 $T = 2\pi/\omega$ をもつ周期函数である ($x(t+T) = x(t)$). $x(t)$ は
$$x(t) = A\sin(\omega t + \delta), \quad A = \sqrt{x_0^2 + (v_0/\omega)^2},$$
$$\cos\delta = \frac{x_0}{A}, \quad \sin\delta = \frac{v_0}{\omega A}$$
と書き直せる．A を**振幅**，δ を**初期位相**とよぶ．より詳しくは [23, 3-3 節] を

---
[2] Robert Hooke (1635–1703),『復元力についての講義』(1678) に，1660 年ごろにこの事実を発見していたと記載されています．

参照.

[演習 3.6]　(4) のみ示す. $X=(x_{ij})$, $Y=(y_{ij})$ に対し
$$\left|\sum_{k=1}^{2} x_{ik}y_{kj}\right|^2 \leqq \sum_{k=1}^{2}|x_{ik}|^2 \sum_{k=1}^{2}|y_{kj}|^2.$$
この不等式を利用すると
$$\|XY\|^2 = \sum_{i,j=1}^{2}\left|\sum_{k=1}^{2}x_{ik}y_{kj}\right|^2 \leqq \sum_{i,j=1}^{2}\left(\sum_{k=1}^{2}|x_{ik}|^2 \sum_{k=1}^{2}|y_{kj}|^2\right)$$
$$= \sum_{i,k=1}^{2}|x_{ik}|^2 \sum_{j,k=1}^{2}|y_{kj}|^2 = \|X\|^2\|Y\|^2. \qquad \Box$$

[演習 4.21]　[1, 6 巻,1214–1219], [9, pp. 62–65] を参照. $\qquad \Box$

[演習 6.11]　初期条件 (6.5) をみたす積分曲線 $\boldsymbol{x}$ を求める. $\dot{x}_1(t)=1$ より $x_1(t)=t+u_1$. したがって $\dot{x}_2(t)=x_1(t)=t+u_1$ なので $x_2(t)=\dfrac{1}{2}t^2+u_1t+u_2$. X の定める 1 径数変換群は

$$\phi(t)\boldsymbol{u} = \begin{pmatrix} 1 & 0 \\ t & 1 \end{pmatrix}\boldsymbol{u} + \begin{pmatrix} t \\ \dfrac{1}{2}t^2 \end{pmatrix}$$

であるから，各 $\phi(t)$ は等積変換 ([9, p. 83]) である. 点 $\boldsymbol{u}=(u_1,u_2)$ の Φ による軌道は放物線

$$x_2 = \frac{1}{2}x_1^2 - \frac{1}{2}u_1^2 + u_2^2$$

である. $\qquad \Box$

[演習 6.15]　$F=-\operatorname{grad} U$ より
$$m\ddot{x}_i = -\frac{\partial U}{\partial x_i}(\boldsymbol{x}(t)), \quad i=1,2$$
である. $E(\boldsymbol{x}(t))$ を t で微分すると
$$\frac{\mathrm{d}}{\mathrm{d}t}E(\boldsymbol{x}(t)) = \frac{\mathrm{d}}{\mathrm{d}t}K(\boldsymbol{x}(t)) + \frac{\mathrm{d}}{\mathrm{d}t}U(\boldsymbol{x}(t))$$

$$= \frac{m}{2}\frac{\mathrm{d}}{\mathrm{d}t}(\dot{x}_1(t)^2 + \dot{x}_2(t)^2) - \frac{\mathrm{d}U}{\mathrm{d}t}(\boldsymbol{x}(t))$$
$$= m(\dot{x}_1(t)\ddot{x}_1(t) + \dot{x}_2(t)\ddot{x}_2(t)) - \sum_{i=1}^{2}\frac{\partial U}{\partial x_i}(\boldsymbol{x}(t))\frac{\mathrm{d}x_i}{\mathrm{d}t}(t)$$
$$= \sum_{i=1}^{2}\dot{x}_i(t)\left(m\ddot{x}_i(t) - \frac{\partial U}{\partial x_i}(\boldsymbol{x}(t))\right) = 0. \qquad \square$$

[演習 9.7]
$$V^{(1)} = V + \{a_{21} + (a_{22} - a_{11})x_2' - a_{12}(x_2')^2\}\partial_{2'}. \qquad \square$$

[演習 10.5]
$$G_H = \{A \in \mathrm{M}_2\mathbb{R} \mid {}^t A \hat{J} A = \hat{J}\}, \quad G_j = \{A \in \mathrm{M}_2\mathbb{R} \mid {}^t A H A = H\}$$
と表される. $R = \exp(\pi J/4) \in \mathrm{SO}(2)$ とおき $f: G_H \to G_j$ を $f(A) = RAR^{-1}$ と定めれば, これが同型写像を与える. $\square$

[演習 10.10] $\{X_n\} \subset \mathrm{O}(2)$ とする. $X_n = ((x_{ij})_n)$, $X = \lim_{n\to\infty} X_n = (x_{ij})$ と表すと $({}^t X_n X_n)_{ij} = \sum_{k=1}^{2} x_{ki} x_{kj}$ より

$$\lim_{n\to\infty}({}^t X_n X_n)_{ij} = \sum_{k=1}^{2} x_{ki} x_{kj} = ({}^t X X)_{ij}$$

なので $\lim_{n\to\infty}({}^t X_n X_n) = {}^t X X$. $X_n \in \mathrm{O}(2)$ より ${}^t X_n X_n = E$ なので ${}^t X X = E$. したがって $X \in \mathrm{O}(2)$. すなわち $\mathrm{O}(2)$ は閉部分群. もし $\{X_n\} \subset \mathrm{SO}(2)$ ならば $\det X = 1$ なので $\mathrm{SO}(2)$ は閉部分群.

一般に 1 径数群 G_A は閉部分群である. 実際, X に収束する行列の列 $\{X_n\} \subset G_A$ に対し $X_n = \exp(t_n A)$, $(\{t_n\} \subset \mathbb{R})$ と表せる. $\exp$ は連続なので

$$X = \lim_{n\to\infty} X_n = \exp\left\{\left(\lim_{n\to\infty} t_n\right) A\right\}$$

より $X \in G_A$ である. $\square$

[演習 10.17] $F(t) = (f_{ij}(t))$ と表すと

219

$$F(t)^{-1}\dot{F}(t) = \begin{pmatrix} f_{22} & -f_{12} \\ -f_{21} & f_{11} \end{pmatrix} \begin{pmatrix} \dot{f}_{11} & \dot{f}_{12} \\ \dot{f}_{21} & \dot{f}_{22} \end{pmatrix}$$
$$= \begin{pmatrix} f_{22}\dot{f}_{11} - f_{12}\dot{f}_{21} & f_{22}\dot{f}_{12} - f_{12}\dot{f}_{22} \\ -f_{21}\dot{f}_{11} + f_{11}\dot{f}_{21} & -f_{21}\dot{f}_{12} + f_{11}\dot{f}_{22} \end{pmatrix}$$

であるから

$$\mathrm{tr}\,(F(t)^{-1}\dot{F}(t)) = f_{22}\dot{f}_{11} - f_{12}\dot{f}_{21} - f_{21}\dot{f}_{12} + f_{11}\dot{f}_{22}$$
$$= \frac{\mathrm{d}}{\mathrm{d}t}(f_{11}f_{22} - f_{12}f_{21}) = \frac{\mathrm{d}}{\mathrm{d}t}\det F(t).$$

$\det F(t) = 1$ より $\mathrm{tr}\,(F(t)^{-1}\dot{F}(t)) = 0$. 演習 3.7 より $\mathrm{tr}\,(\dot{F}(t)F(t)^{-1}) = 0$. □

[演習 12.4, 12.5]　演習 10.17 と同様に計算すればよい. □

[演習 12.6]
$$\dot{y}(t) = \frac{2v^2}{\{\cosh(2vt)\}^2} = z(t)^2,$$
$$\dot{z}(t) = -\frac{v}{\{\cosh(2vt)\}^2}\sinh(2vt)\,(2v) = -2y(t)z(t).$$

[演習 13.11]　リッカチ方程式 $\dot{x}(t) = \alpha(t) + 2\beta(t)x(t) + \gamma(t)x(t)^2$ の線型化を説明しておく. $x(t) = -\dot{\psi}(t)/(\gamma(t)\psi(t))$ とおくと

$$\dot{x} = -\frac{1}{\gamma\psi}\ddot{\psi} + \frac{\dot{\gamma}}{\gamma^2}\frac{\dot{\psi}}{\psi} + \frac{1}{\gamma}\left(\frac{\dot{\psi}}{\psi}\right)^2$$

一方

$$\alpha + 2\beta x + \gamma x^2 = \alpha - \frac{2\beta}{\gamma}\frac{\dot{\psi}}{\psi} + \frac{1}{\gamma}\left(\frac{\dot{\psi}}{\psi}\right)^2$$

より ψ に関する 2 階線型常微分方程式

$$\ddot{\psi} = \left(2\beta + \frac{\dot{\gamma}}{\gamma}\right)\dot{\psi} - \alpha\gamma\psi$$

を得る.

　この 2 階線型常微分方程式の線型独立な解の組 $\{\psi_1(t), \psi_2(t)\}$ (基本解) を用いて，もとのリッカチ方程式の解は

$$x(t) = -\frac{1}{\gamma(t)} \frac{c_1 \dot{\psi}_1(t) + c_2 \dot{\psi}_2(t)}{c_1 \psi_1(t) + c_2 \psi_2(t)}, \quad c_1, c_2 \in \mathbb{R}$$

と表せる．この右辺は比 $c_1 : c_2$ できまってしまうので，リッカチ方程式の解全体は射影直線 $\mathbb{R}P^1$ と同一視できる．

本問では，$\alpha(t) = -r(t),\ \beta(t) = 0,\ \gamma(t) = -1$ という場合なので
$$\ddot{\psi} = -r(t)\psi(t). \qquad \square$$

[演習 B.2] A のジョルダン標準形を求める証明方法のみ記す．2 次行列のジョルダン標準形の求め方については [13, pp. 199–203] に手際よく説明されている．

まず特性方程式 $\det(A - \lambda E) = 0$ を解く．$\det(A - \lambda E) = (\lambda + 1)^2$ より A は固有値 $\lambda = -1$ をもち，その重複度は 2．$(A + E)\boldsymbol{p}_1 = \boldsymbol{0}$ となる $\boldsymbol{p}_1$ を求める．たとえば $\boldsymbol{p}_1 = (2, -1)$ と選べる．A は対角化できないことに注意．次に $(A + E)^2 \boldsymbol{p}_1 = \boldsymbol{0}$ となる $\boldsymbol{p}_2$ を求める．たとえば $\boldsymbol{p}_2 = (1, 0)$ と選べる．$P = (\boldsymbol{p}_1\ \boldsymbol{p}_2)$ とおくと

$$P^{-1}AP = \begin{pmatrix} -1 & 1 \\ 0 & -1 \end{pmatrix} = \mathcal{J}_2(-1).$$

ここで

$$\mathcal{J}_2(-1) = (-1)E + N, \quad N = \begin{pmatrix} 0 & 1 \\ 0 & 0 \end{pmatrix}$$

であるから例 4.4 より

$$\mathcal{J}_2(-1)^k = \begin{pmatrix} (-1)^k & k(-1)^{k-1} \\ 0 & (-1)^k \end{pmatrix}.$$

以上より

$$A^k = P\mathcal{J}_2(-1)^k P^{-1} = (-1)^{k-1} \begin{pmatrix} 2k-1 & 4k \\ -k & -2k-1 \end{pmatrix}$$

となるので

$$m_k = T_{A^k}(m) = -\frac{(2k-1)m + 4k}{km + (2k+1)}. \qquad \square$$

章末問題の略解

[問題 1.16]　$x = ut$ とおくと $\dot{x} = \dot{u}t + u$ である．これを同次形の方程式に代入すると $\dot{u}t + u = f(u)$. □

[問題 1.17]　$\dot{x} = \dfrac{x}{t} + \dfrac{t}{x}$ と書き直せるから同次形である．$x = ut$ とおくと

$$\dot{u}t + u = u + \frac{1}{u}$$

となるから

$$\int \frac{\mathrm{d}u}{\dfrac{1}{u}} = \int \frac{\mathrm{d}t}{t}$$

の両辺の積分を実行して

$$x(t)^2 = 2t^2(\log|t| + c), \quad c \in \mathbb{R}. \quad \Box$$

[問題 1.18]　$n \neq 0, 1$ より $(1-n)x^{-n}\dot{x} + (1-n)px^{1-n} = (1-n)q$ と書き直せる．$y = x^{1-n}$ とおくと $\dot{y} = (x^{1-n})^{\cdot} = (1-n)x^{-n}\dot{x}$．これを使って $\dot{y} + (1-n)py = (1-n)q$ を得る． □

[問題 4.23]　$-1 < x \leqq 1$ において，函数 $\log(1+x)$ は

$$\log(1+x) = \sum_{n=1}^{\infty} \frac{(-1)^{n-1}}{n} x^n$$

と無限級数展開できる．$1 + x = t$ とおくと

$$\log t = \sum_{n=1}^{\infty} \frac{(-1)^{n-1}}{n} (t-1)^n, \quad 0 < t \leqq 2$$

と書き直せる．また

と級数展開できる．

定理 3.9 より
$$\sum_{n=1}^{\infty} \left\| \frac{(-1)^n}{n} X^n \right\|$$
が収束することを確かめればよい．$\|X - E\| < 1$ より
$$\sum_{n=1}^{\infty} \left\| \frac{(-1)^n}{n} X^n \right\| = \sum_{n=1}^{\infty} \frac{1}{n} \|X\|^n = -\log(1 - \|X - E\|)$$
と収束することが確かめられる．

次に $X \in M_2\mathbb{R}$ に対し
$$\left\| \sum_{k=0}^{n} \frac{1}{k!} X^k - E \right\| = \left\| \sum_{k=1}^{n} \frac{1}{k!} X^k \right\| \leqq \sum_{k=1}^{n} \left\| \frac{1}{k!} X^k \right\| = \sum_{k=1}^{n} \frac{1}{k!} \|X\|^k$$
を得る．この不等式において $n \to \infty$ とすれば $\|\exp X - E\| \leqq \exp\|X\| - 1$ を得る．したがって $\|X\| < \log 2$ ならば $\|\exp X - E\| < 1$ である． □

[問題 4.24]

(1) 通常の内積 $(\cdot|\cdot)$ とローレンツ積は $\langle \boldsymbol{x}, \boldsymbol{y} \rangle = (\boldsymbol{x}|H\boldsymbol{y})$ で結びついているから
$$\langle A\boldsymbol{x}, A\boldsymbol{y} \rangle = \langle \boldsymbol{x}, \boldsymbol{y} \rangle \iff (A\boldsymbol{x}|HA\boldsymbol{y}) = (\boldsymbol{x}|H\boldsymbol{y}).$$
ここで $(A\boldsymbol{x}|HA\boldsymbol{y}) = (\boldsymbol{x}|{}^tAHA\boldsymbol{y})$ であることを使えばよい．

(2) $E \in \mathrm{O}(1,1)$ は明らか．$A, B \in \mathrm{O}(1,1)$ とすると
$${}^t(AB)H(AB) = {}^tB{}^tAHAB = {}^tB({}^tAHA)B = {}^tBHB = H$$
より $AB \in \mathrm{O}(1,1)$．$H^2 = E$ であることを利用する．${}^tAHA = H$ の両辺に左から H をかけると $H{}^tAHA = E$．したがって $A^{-1} = H{}^tAHA$．${}^tH = H$ に注意して計算する．
$${}^t(A^{-1})HA^{-1} = {}^t(H{}^tAHA)H(H{}^tAHA) = {}^tAHAHH{}^tAHA$$
$$= ({}^tAHA)H({}^tAHA) = H^3 = H.$$
したがって $A^{-1} \in \mathrm{O}(1,1)$．

(3) $A = (a_{ij})$ に対し

$${}^t AHA = H \iff a_{11}^2 - a_{21}^2 = 1, \ a_{22}^2 - a_{12}^2 = 1, \ a_{11}a_{12} - a_{21}a_{22} = 0.$$

したがって $a_{11} = \epsilon \cosh t$, $a_{21} = \sinh t$, $a_{12} = \sinh s$, $a_{22} = \sigma \cosh s$ と表せる ($\epsilon = \pm 1$, $\sigma = \pm 1$). これを $a_{11}a_{12} - a_{21}a_{22} = 0$ に代入すると

- ϵ と σ が同符号のとき $\sinh(s-t) = 0$ となる. すなわち $s = t$. したがって

$$A = \begin{pmatrix} \cosh t & \sinh t \\ \sinh t & \cosh t \end{pmatrix}, \quad \begin{pmatrix} -\cosh t & \sinh t \\ \sinh t & -\cosh t \end{pmatrix}.$$

- ϵ と σ が異符号のとき $\sinh(s+t) = 0$ となる. すなわち $s = -t$. したがって

$$A = \begin{pmatrix} \cosh t & -\sinh t \\ \sinh t & -\cosh t \end{pmatrix}, \quad \begin{pmatrix} -\cosh t & -\sinh t \\ \sinh t & \cosh t \end{pmatrix}.$$

ここで

$$\begin{pmatrix} -\cosh t & \sinh t \\ \sinh t & -\cosh t \end{pmatrix} = -\begin{pmatrix} \cosh(-t) & \sinh(-t) \\ \sinh(-t) & \cosh(-t) \end{pmatrix} = -\hat{j}(-t)$$

に注意すれば結論を得る.

(4) $\det A = 1$ となるのは $A = \pm \hat{j}(t)$ という形のときのみ. □

[問題 5.22]

(1) $(0,0)$ に収束する 2 つの点列

$$p_n = \left(\frac{1}{n}, \frac{2}{n}\right), \quad q_n = \left(\frac{1}{n}, \frac{3}{n}\right)$$

に対し

$$\lim_{n \to \infty} f(p_n) = \lim_{n \to \infty} \frac{2}{5} = \frac{2}{5}, \quad \lim_{n \to \infty} f(q_n) = \lim_{n \to \infty} \frac{3}{10} = \frac{3}{10}.$$

なので $\lim_{n \to \infty} f(p_n) \neq \lim_{n \to \infty} f(q_n) \neq f(0,0)$.

(2)
$$(e_1)_{(0,0)}(f) = \lim_{t \to 0} \frac{f(t,0) - f(0,0)}{t} = \lim_{t \to 0} \frac{0}{t^2} = 0$$

より $f_{x_1}(0,0) = 0$. 同様に $f_{x_2}(0,0) = 0$.

(3) $(0,0)$ 以外の点における偏導函数は

$$\frac{\partial f}{\partial x_1} = \frac{x_2^3 - x_1^2 x_2}{(x_1^2 + x_2^2)^2}, \quad \frac{\partial f}{\partial x_2} = \frac{x_1^3 - x_1 x_2^2}{(x_1^2 + x_2^2)^2}$$

で与えられる．$p_n = (\sqrt{3}/(2n), 1/(2n))$ と選ぶと

$$\lim_{n \to \infty} \frac{\partial f}{\partial x_1}(p_n) = \lim_{n \to \infty} \left(-\frac{n}{4}\right) = -\infty$$

より f_{x_1} は $(0,0)$ で連続ではない． □

1 変数函数では「微分可能ならば連続」が言えたが，(この問いが示すように) 2 変数函数では「偏微分可能ならば連続」は成立しない．

[問題 7.10]
(1) $P = RT/V$ と U が T のみに依存することより

$$\operatorname{curl} X = \frac{\partial}{\partial T}P - \frac{\partial}{\partial V}\frac{\mathrm{d}U}{\mathrm{d}T} = \frac{\partial}{\partial T}\frac{RT}{V} = \frac{R}{V} \neq 0.$$

したがって，この微分方程式は完全微分方程式ではない．

(2) $\mu = 1/T$ に対し

$$\operatorname{curl}(\mu X) = \frac{\partial}{\partial T}\left(\frac{P}{T}\right) - \frac{\partial}{\partial V}\left(\frac{1}{T}\frac{\mathrm{d}U}{\mathrm{d}T}\right) = \frac{\partial}{\partial T}\left(\frac{R}{V}\right) = 0.$$

(3) 函数 $S(T, V)$ を

$$S = \int \frac{1}{T}\frac{\mathrm{d}U}{\mathrm{d}T}\,\mathrm{d}T + R \log V + C, \quad C \in \mathbb{R}$$

で定めれば $\operatorname{grad} S = \mu X$. この S を理想気体の**エントロピー**とよぶ．理想気体においては，定積比熱 $\mathrm{C}_v := \mathrm{d}U/\mathrm{d}T$ は定数であることを利用すると

$$S = \mathrm{C}_v \log T + R \log V = c, \quad c \in \mathbb{R}$$

が本問における微分方程式の解である．$\gamma := 1 + R/\mathrm{C}_v$ とおくと $S =$

c から,理想気体の断熱変化における圧力と体積の関係式 (ポアソンの式) $PV^\gamma =$ 一定 が得られる.本問における積分因子 $\mu = 1/T$ の見つけ方については,熱力学の教科書 (たとえば [30]) を参照のこと. □

[問題 13.14] 函数 $h(t(y,z), s(y,z))$ に対し
$$\frac{\partial h}{\partial t} = \frac{\partial h}{\partial y} - (3y)^{-1} z \frac{\partial h}{\partial z}, \quad \frac{\partial h}{\partial s} = (3y)^{-\frac{1}{3}} \frac{\partial h}{\partial z}$$
であることより
$$\frac{\partial v}{\partial t} = \frac{\partial}{\partial y}\{(3y)^{-\frac{1}{3}} w(z)\} - (3y)^{-1} z \frac{\partial}{\partial z}\{(3y)^{-\frac{1}{3}} w(z)\}$$
$$= -(3y)^{-\frac{4}{3}}(\dot{w} + zw) = -(3y)^{-\frac{4}{3}}(zw)^{\cdot},$$
$$\frac{\partial v}{\partial s} = (3y)^{-\frac{1}{3}} \dot{w}(z)(3y)^{-\frac{1}{3}} = (3y)^{-\frac{2}{3}} \dot{w}(z)$$
と計算される.これらを利用して
$$0 = v_t - 6v^2 v_s + v_{sss} = (3y)^{-\frac{4}{3}} (\ddot{w}(z) - 6w(z)^2 \dot{w}(z) - (zw(z))^{\cdot})$$
$$= (3y)^{-\frac{4}{3}}(\ddot{w}(z) - 2w(z)^3 - zw(z))^{\cdot}$$
を得る.すなわち
$$\ddot{w}(z) - 2w(z)^2 - zw(z) = \alpha \text{ (定数)}. \qquad \square$$

[問題 13.15] $\dot{w}(z) = -\frac{1}{2}z - w(z)^2$ を z で微分する.
$$\ddot{w}(z) = -\frac{1}{2} - 2w(z)\dot{w}(z) = -\frac{1}{2} - 2w(z)\left\{-\frac{1}{2}z - w(z)^2\right\}$$
$$= 2w(z)^2 + zw(z) - \frac{1}{2}. \qquad \square$$

[問題 13.16] $w(z) = \dot{f}(z)/f(z)$ より
$$\dot{w}(z) = \frac{\ddot{f}(z)f(z) - \dot{f}(z)^2}{f(z)^2} = \frac{\ddot{f}(z)}{f(z)} - \left(\frac{\dot{f}(z)}{f(z)}\right)^2$$
$$= \frac{\ddot{f}(z)}{f(z)} - w(z)^2.$$
ここで $\dot{w}(z) + w(z)^2 = -\frac{1}{2}z$ より $\dot{f}(z) = -\frac{1}{2}zf(z)$ を得る. □

註 (エアリーの微分方程式)

$$w = 2^{-\frac{1}{3}}\tilde{w}, \quad z = 2^{\frac{1}{3}}\tilde{z}$$

と変数変換を施すと，リッカチ方程式 (13.20) は

$$\frac{\mathrm{d}^2}{\mathrm{d}\tilde{z}^2}\tilde{w}(\tilde{z}) + \tilde{w}(\tilde{z})^2 = \tilde{z}$$

と書き直される．さらに

$$\tilde{w}(\tilde{z}) = \frac{1}{\tilde{f}(\tilde{z})}\frac{\mathrm{d}\tilde{f}}{\mathrm{d}\tilde{z}}(\tilde{z})$$

とおくとこのリッカチ方程式は，**エアリーの微分方程式**[3]

$$\frac{\mathrm{d}^2}{\mathrm{d}\tilde{z}^2}\tilde{f}(\tilde{z}) = \tilde{z}\tilde{f}(\tilde{z})$$

になる．エアリーの微分方程式の解として

$$\mathrm{Ai}(\tilde{z}) = \frac{1}{\pi}\int_0^\infty \cos\left(\frac{t^3}{3} + \tilde{z}t\right)\,\mathrm{d}t,$$
$$\mathrm{Bi}(\tilde{z}) = \frac{1}{\pi}\int_0^\infty \exp\left(-\frac{t^3}{3} + \tilde{z}t\right) + \sin\left(\frac{t^3}{3} + \tilde{z}t\right)\,\mathrm{d}t$$

が得られる．これらは互いに線型独立である (解の基本系)．Ai, Bi を**エアリー関数**とよぶ[4]．

註 (パンルヴェ方程式)　リッカチ方程式は次のように特徴づけられる．t の解析函数を係数にもつ x の多項式 $P(t,x), Q(t,x)$ に対する常微分方程式

$$\frac{\mathrm{d}x}{\mathrm{d}t} = \frac{P(t,x)}{Q(t,x)}$$

が動く分岐点をもたなければ，この常微分方程式はリッカチ方程式

$$\frac{\mathrm{d}x}{\mathrm{d}t}(t) = \alpha(t) + 2\beta(t)x(t) + \gamma(t)x(t)^2$$

---

[3] Sir George Biddel Airy (1801–1892)．エアリーの微分方程式は光学・虹の研究から導かれました．

G. B. Airy, *On the intensity of light in the neighbourhood of a caustic*, Trans. Cambridge Phil. Soc. 6 (1838), 379–402.

[70] に解説があります．

[4] エアリー函数という命名，記法 Ai はジェフリーズ (Sir Harold Jeffreys, 1891–1989) によるものです．ジェフリーズは統計学におけるジェフリーズ事前分布や地震波に関する標準走時曲線 (Jeffreys-Bullen) でも知られています．

に帰着される．

パンルヴェは次の問題を考察した．
t の解析函数を係数にもつ x と $\dfrac{dx}{dt}$ の有理函数 $R\left(t, x, \dfrac{dx}{dt}\right)$ に対する 2 階常微分方程式

$$\frac{d^2 x}{dt^2} = R\left(t, x, \frac{dx}{dt}\right)$$

で動く分岐点をもたないものは何か？

この条件をみたす 2 階常微分方程式は 50 種類あり，そのうち 44 種類は，既知の函数により解を与えることができる．残る 6 種類として今日，パンルヴェ方程式とよばれる 6 種類の常微分方程式が発見された．

ただしパンルヴェ自身は I 型，II 型，III 型とよばれる 3 種類を見つけたが，残る 3 種類 (IV 型，V 型，VI 型) はガンビエ (B. O. Gambier) により発見されている．上述のリッカチ方程式の特徴づけは [71, p. 10] を参照されたい．

現在ではパンルヴェ方程式の対称性に関する研究[5]が進み，III 型パンルヴェ方程式をさらに $P_{\mathrm{III}}^{D_6^{(1)}}$ 型，$P_{\mathrm{III}}^{D_7^{(1)}}$ 型，$P_{\mathrm{III}}^{D_8^{(1)}}$ 型の 3 種類に分けて考察していることを付記しておこう[6]．

パンルヴェ方程式の解は新に新しい函数を定めるかという問題 (パンルヴェ方程式の既約性) は，微分ガロア理論とも深く関わってきた．第 11 章の最後で紹介した梅村氏の記事 (『数学セミナー』) を参照されたい[7]．パンルヴェ方程式の既約性は日本人の貢献により解決されている[8]．

---

[5] 参考書として [67] を挙げておきます．

[6] 坂井秀隆 (H. Sakai), *Rational surfaces associated with affine root systems and geometry of the Painlevé equations*, Comm. Math. Phys. 220 (2001), no. 1, 165–229.

[7] より詳しいことに関心のある読者には，
梅村浩,「Painlevé 方程式の既約性について」,『数学』, 40 (1988), 47–61.
＿＿＿＿,「Painlevé 方程式と古典関数」,『数学』 47 (1995), 341–359.
＿＿＿＿,「Painlevé 方程式の 100 年」,『数学』 51 (1999), 395–420.
を紹介しておきます．

[8] 西岡啓二・梅村浩・渡辺文彦・大山陽介

参考文献

高等学校数学の復習
[1] 松坂和夫, 『数学読本』(全 6 巻), 岩波書店, 1989–1990.

微分積分学
[2] 和達三樹, 『微分積分』, 岩波書店, 1988.
[3] 原岡喜重, 『多変数の微分積分』, 日本評論社, 2008.
[4] 杉浦光夫, 『解析入門 I』, 東京大学出版会, 1980.

微分積分学を含む解析学の教科書
[5] 松坂和夫, 『解析入門』(全 6 巻), 岩波書店, 1997–1998.

線型代数
[6] 齋藤正彦, 『線型代数入門』, 東京大学出版会, 1966.
[7] 齋藤正彦, 『線型代数演習』, 東京大学出版会, 1985.
[8] 杉浦光夫・横沼健雄, 『ジョルダン標準形・テンソル代数』, 岩波書店, 1990.

線型代数と幾何学
[9] 井ノ口順一, 『幾何学いろいろ』, 日本評論社, 2007.

常微分方程式
[10] 木村俊房, 『常微分方程式の解法』, 培風館, 1958.
[11] 井ノ口順一, 『常微分方程式』, 日本評論社, 2015.
[12] L. S. ポントリャーギン, 『常微分方程式 (新版)』(木村俊房 [校閲], 千葉克裕 [訳]), 共立出版, 1968.
[13] 高崎金久, 『常微分方程式』, 日本評論社, 2006.
[14] 矢嶋信男, 『常微分方程式』, 岩波書店, 1989.

常微分方程式 (演習書)

[15] 及川正行・永井敦・矢嶋徹,『Key Point & Seminar 工学基礎 微分方程式』, サイエンス社, 2006.

[16] 和達三樹・矢嶋徹,『微分方程式演習』, 岩波書店, 1998.

ベクトル解析

[17] 深谷賢治,『電磁場とベクトル解析』, 岩波書店, 2004.

[18] 岩堀長慶,『ベクトル解析』, 裳華房, 1960.

[19] 小林亮・高橋大輔,『ベクトル解析入門』, 東京大学出版会, 2003.

[20] 杉浦光夫,『解析入門 II』, 東京大学出版会, 1985.

複素解析

[21] 今井功,『等角写像とその応用』, 岩波書店, 1979.

[22] 今井功,『複素解析と流体力学』, 日本評論社, 1989.

力学

[23] 戸田盛和,『力学』, 岩波書店, 1982.

[24] 武部尚志,『数学で物理を』, 日本評論社, 2007.

解析力学・シンプレクティック幾何

[25] 深谷賢治,『解析力学と微分形式』, 岩波書店, 2004.

[26] 伊藤秀一,『常微分方程式と解析力学』, 共立出版, 1998.

[27] 小出昭一郎,『解析力学』, 岩波書店, 1983.

[28] 山内恭彦,『一般力学』, 増訂第 3 版, 岩波書店, 1959.

[29] 深谷賢治,『シンプレクティック幾何学』, 岩波書店, 2008.

物理学

[30] 戸田盛和,『熱・統計力学』, 岩波書店, 1983.

[31] 恒藤敏彦,『弾性体と流体』, 岩波書店, 1983.

[32] 前原昭二,『線形代数と特殊相対論』, 日本評論社, 1993.

[33] 中野董夫,『相対性理論』, 岩波書店, 1984.

リー群・リー環・組合せ論

[34] A. Arvanitoyeorgos, *An Introduction to Lie Groups and the Geometry of Homogeneous Spaces*, Student Mathematical Library 22, Amer. Math. Soc., 2003.

[35] C. Chevalley, *Theory of Lie Groups*, Princeton Univ. Press, 1946.

[36] S. Helgason, *Differential Geometry, Lie Groups, and Symmetric Spaces*(改訂新版), Graduate Studies in Mathematics, 34, American Mathematical Society, Providence, RI, 2001.

[37] 小林俊行・大島利雄, 『リー群と表現論』, 岩波書店, 2005.

[38] 島和久, 『連続群とその表現』, 岩波書店, 1981.

[39] 山内恭彦・杉浦光夫, 『連続群論入門』, 培風館, 1960.

[40] 横田一郎, 『群と位相』, 裳華房, 1971.

[41] 山田裕史, 『組合せ論プロムナード』, 日本評論社, 2009.

リー理論 (延長・微分式系)

[42] R. Bryant, *An introduction to Lie groups and symplectic geometry*, in: Geometry and Quantum Field Theory (D. S. Freed and K. K. Uhlenbeck, eds.), IAS/Park City Math. Series, vol. 1, Amer. Math. Soc., 1991, pp. 321–347.

[43] A. コーエン, 『コーエンの微分方程式——リー群論の応用』 (高野一夫 [訳]), 森北出版, 1971.

[44] S. Lie, *Theorie der Transformationsgruppen* I, II, III, B. G. Teubner, 1888, 1890, 1893.

[45] S. Lie, *Zur Theorie det Integrabilitätsfactors*, in : Verhandlungen der Gesellschaft der Wissenschaften zu Chiristiania, 1874.

[46] S. Lie (G. Scheffers [校訂・編集]) , *Vorlesungen über Differentialgleichungen mit bekannten Infinitesimalen Transformationen*, Teubner, Leipniz, 1891. Reprinted as *Differentialgleichungen von Sophus Lie*, Chelsia Publ. Co., 1967.

[47] 松田道彦, 『外微分形式の理論』, 数学選書, 岩波書店, 1976.

[48] P. J. Olver, *Applications of Lie Groups to Differential Equations*, Second Edition, (Graduate Texts in Math. 107), Springer Verlag, 1993.

[49] 渡邊芳英, 可積分系のシンメトリーと数式処理, [64], pp. 262–305.

[50] 山口佳三・佐藤肇,『微分式系の幾何学』, 岩波数学叢書, 刊行予定.

微分ガロア理論

[51] E. R. Kolchin, *Differential Algebra and Algebraic Groups*, Academic Press, 1973.

[52] E. R. Kolchin, *Differential Algebraic Groups*, Academic Press, 1983.

[53] M. van der Put and M. F. Singer, *Galois Theory of Linear Differential Equations*, Springer Verlag, 2003.

非線型波動・ソリトン・可積分系

(読み物)

[54] 薩摩順吉,『物理と数学の二重らせん』, 丸善, 2004.

[55] 上野喜三雄,『ソリトンがひらく新しい数学』, 岩波書店, 1993.

(教科書)

[56] M. J. アブロビッツ, H. シーガー,『ソリトンと逆散乱変換』(薩摩順吉・及川正行 [訳]), 日本評論社, 1991.

[57] M. A. Guest, *Harmonic maps, Loop groups, and Integrable systems*, London Math. Soc. Student Texts **38**, Cambridge Univ. Press, 1997.

[58] M. A. Guest, *From Quantum Cohomology to Integrable Systems*, Oxford Univ. Press, 2008.

[59] 井ノ口順一,『曲線とソリトン』, 朝倉書店, 2010.

[60] 井ノ口順一,『曲面と可積分系』, 朝倉書店, 2015.

[61] 井ノ口順一・小林真平・松浦望,『曲面の微分幾何とソリトン方程式——可積分幾何入門』, 立教 SFR 講究録 8, 立教大学理学部数学教室. 2005.

[62] 広田良吾・高橋大輔,『差分と超離散』, 共立出版, 2003.

[63] 三輪哲二・神保道夫・伊達悦朗,『ソリトンの数理』, 岩波書店, 2007.

[64] 中村佳正 (編),『可積分系の応用数理』, 裳華房, 2000.

[65] 中村佳正, 可積分系とアルゴリズム, [64], pp. 172–223.
[66] 中村佳正, 『可積分系の機能数理』, 共立出版, 2006.
[67] 野海正俊, 『パンルヴェ方程式——対称性からの入門』, 朝倉書店, 2000.
[68] 野海正俊, 『オイラーに学ぶ——「無限解析序説」への誘い』, 日本評論社, 2007.
[69] 大宮眞弓, 『非線形波動の古典解析』, 森北出版, 2008.
[70] 大山陽介, 数学にかかる虹の橋, 『現代数学序説 (III)』(宮西正宜・川中宣明 [編]), 大阪大学出版会, 2002, pp. 33–54.
[71] 岡本和夫, 『パンルヴェ方程式』, 岩波書店, 2009.
[72] 佐藤幹夫 (述), 野海正俊 (記), 『ソリトン方程式と普遍グラスマン多様体』(上智大学数学講究録 18), 1984.
[73] 高崎金久, 『可積分系の世界——戸田格子とその仲間』, 共立出版, 2001.
[74] 田中俊一・伊達悦朗, 『KdV 方程式』, 紀伊國屋数学叢書 16, 紀伊國屋書店, 1979.
[75] 戸田盛和, 『非線形格子力学』増補版, 岩波書店, 1987.
[76] 戸田盛和, 『非線形波動とソリトン』新装版, 日本評論社, 2000.
[77] 戸田盛和, 『波動と非線形問題 30 講』, 朝倉書店, 1995.
[78] 和達三樹, 『非線形波動』, 現代物理学叢書, 岩波書店, 2000.

微分幾何

[79] 小林昭七, 『接続の幾何とゲージ理論』, 裳華房, 1989.
[80] 松本幸夫, 『多様体の基礎』, 東京大学出版会, 1988.
[81] 松島与三, 『多様体入門』, 裳華房, 1965.
[82] 野水克己・佐々木武, 『アファイン微分幾何学——アファインはめ込みの幾何』, 裳華房, 1994.

応用

[83] 有本卓, 『システムと制御の数理』(岩波講座 応用数学), 岩波書店, 1993.

あとがき———数学の勉強から研究へ変わるとき———

　ごく素朴な疑問をもったことで，数学の研究を志すことになりました．数学を学ぶ上で，書物との出会い・人との出会いがとても重要であると著者は考えています．

　微分方程式が解けるというのはどういうことなんだろう．高校生のときに，変数分離形・同次形・線型常微分方程式の解法を勉強しました．定数変化法を学んだとき，微分方程式は必ずうまく解く手段が見つかるものだと思ったのです．

　東京理科大学理工学部数学科に入学し，1年生の授業科目「微分積分学Ⅰ及び演習」(小澤満先生) で常微分方程式の解法を改めて学びました．大学での微分積分学と高校数学との違いに戸惑い，微分方程式についても，自分の理解の浅さを反省することになりました．実際，自分で解析学の勉強を進めていくと偏微分方程式は一般には解く手段がないこと，それどころか解をもつかどうかすら当たり前 (自明) ではないことを知ります．函数解析学を用いた偏微分方程式論を勉強していくにつれ，高校生から大学1年生にかけて学んだ「微分方程式の解法」は関心の対象外となっていきました．そして数学的興味は多様体上の解析学 (大域解析学) に向いていきました．

　3年生になり，リー群論の勉強を始めます (授業で習う機会は4年間ありませんでした)．当時，理工学部数学科では3年生からゼミが始まり，柏原正敏先生のもとで多様体論を学びました．

　4年生になり，大域解析学・非可換幾何学がご専門の大森英樹先生のゼミに入ります．同じゼミの2年先輩である上野靖弘氏が無限可積分系の研究をしていました．大森先生が英国 (ウォーリック大学) に滞在している間，上野氏と無限可積分系の勉強を始めました．この頃に勉強していたものは，エルンスト方程式やリーマン–ヒルベルト問題を用いたヤン–ミルズ場の解の構成 (中村佳正先生・上野喜三雄先生・髙﨑金久先生の書かれた論文) です．上野氏との勉強を通じて，リーが作りたかった「リー理論」は，「微分方程式に対するガロア理論」なのだと知りました．偶然ですが，高橋秀一研究室の大学院生，滝川幸人氏が微分ガロア理論を研究されていたので，滝川氏からも，「リーの夢」について教えていただいたのです．

　上野氏と可積分系の勉強を進めていくにつれて，「微分方程式が解けるという

のはどういう意味なんだろうか」という疑問がわいてきました．無限可積分系は「解けるしくみ」をもった非線型偏微分方程式です．以前に学んだ「解ける常微分方程式」と無限可積分系を結ぶ道筋があるのだろうか．そういう疑問が出てきたのです．

とはいえ，この疑問に対して明確な解答を即座に用意できたわけではありません．この疑問に対する解答をいつか見つけたいと思いながら，数学の研究を続けていったのです．修士課程のころは等質空間の微分幾何学を研究していました．

東京都立大学 (現在の首都大学東京) の大学院博士課程に進学してすぐのことですが，(大森研究室の兄弟子でもある) 佐々井崇雄先生からコーエンの本 (文献 [43]) を教えていただきました．佐々井先生からは，個人的に特殊函数論についてご指導いただきました．またその当時，東京都立大学で教鞭をとられていた山田裕史先生 (現・熊本大学) と斎藤暁先生 (現・首都大学東京客員教授) に，カッツ・ムーディー代数，ソリトン理論の物理的側面についてご指導いただく機会を得ました．さらに，山田先生と斎藤先生が共同で開催されていた「非線型数理若手放談会」に参加し，数理物理学・無限可積分系について多くのことを学ぶことができました．ちょうどその頃から無限可積分系と微分幾何のつながりが広く知られるようになりました．ベルリン工科大学の研究グループが命名した「可積分幾何」という名称が使われるようになりました．かくいう著者もいつの間にか可積分幾何という分野を研究するようになっていきました．

著者が可積分幾何の研究を始めたのは，何人もの先輩・先生による影響を受けてのことと言えます．

数学を学びはじめの頃を思い出してみます．

大学 (数学科) に入学すると，多くの抽象概念に触れます．教える立場にある数学者からすれば，何気なく語っていることが，初学者にはとても難解なことがあります．初学者からすれば，一体どうやって先生たちはこういう抽象的な概念を身に着けてきたのだろうかと疑問に思います．先生や先輩に質問をしたり紹介してもらった本を読んだりしても，なかなか先生たちのように「使いこなす」という水準にはなりません．学びたての学生と研究者の力量の差があるのですから当然のことなのですが．

著者が大学生であった昭和最後の 4 年間 (昭和 60 年から平成 1 年) に比べ，現在では，非常に多くの数学書が出版されています．読みやすくわかりやすい本が増え，うらやましく思うことがあります．多くの本が出版されている中で，この本に特色があるとするならば，**著者の学び方を公開**している点が挙げられるでしょうか．

　ベクトル解析 (微分形式) やリー群を学んだとき，一般論を理解できるようになるまで「やさしい例」を詳しく調べることを繰り返しました．著者が行った「リー群論を学ぶための努力・工夫」を「入門書を読むための入門書」として整理し，文献案内を加筆したものがこの本です．常微分方程式の場合に限定して説明していますが，「微分方程式の対称性」という考え方を習得してもらえるように工夫したつもりです．

　また，この本では対称性を説明する上で 1 径数変換群のみを取り扱いましたが，より一般の群による対称性 (群作用) については拙著『幾何学いろいろ』([9]) をこの本とあわせてお読みいただけるとよいかと思います．

　この本が読者自身の学び方・理解の仕方を作り上げる参考になれば幸いです．

　連載一回目の原稿を提出した 2008 年 1 月に，佐々井先生の訃報に接しました．本書を佐々井先生，そして先生と過ごした東京都立大学の思い出に捧げたいと思います．

索引

●数字・アルファベット
1 階線型常微分方程式　5, 98
1 径数部分群　50
1 径数変換群 (1-parameter transformation group)　79
1 次微分形式　210
1 次分数変換 (linear fractional transformation)　12
1 次変換 (linear transformation)　12
2 次微分形式　211

$M_2\mathbb{R}$　9
QR 分解　131
$SO^+(1,1)$　55

●ア行
アフィン不変函数　139
アフィン変換　139
位置エネルギー　144
岩澤部分群　135
岩澤分解　134
陰函数表示　91, 114
上三角行列 (upper triangular matrix)　131
渦無し　85
渦無し (流体)　89
運動 (motion)　172
運動エネルギー (kinetic energy)　83, 144
運動方程式 (equation of motion)　83
運動量　144
エアリー函数 (Airy function)　226
エアリーの微分方程式　226
演算 (multiplication)　11
延長 (prolongation)　115
延長 (ベクトル場の)　118
エントロピー (entropy)　224
オイラーの公式　24
オイラー–ラグランジュ方程式 (Euler-Lagrange equation)　115

●カ行
開円板　60
解軌道 (trajectory)　145
解曲線　92, 113
開区間 (open interval)　190
開集合　60
回転不変函数 (rotationally invariant function)　108
外微分　212
下界　191
可解 (solvable)　135
下限　191
加速度ベクトル場 (acceration vector field)　83
カルタン部分環　163
完全微分方程式 (exact differential equation)　94
軌道 (orbit)　50
基本列　36
逆行列　10
逆元 (inverse element)　11
行列式 (determinant)　10
行列値函数 (matrix valued function)　29
行列の指数函数　34
行列の無限級数　32

極座標 (polar coordinates)　　73, 108, 123
局所相流 (local flow)　　82
距離 (distance)　　29
群 (group)　　11, 50
群作用 (group action)　　80
径数表示　　113
ゲージ変換　　22
結合法則 (associative law)　　11
剛体 (rigid body)　　59
恒等変換　　17
勾配ベクトル場 (gradient vector field)　　70
項別微分　　35, 199
コーシー列　　36
固定群　　154
固有和 (trace)　　33

● サ行

作用 (action)　　80
作用線　　59
三平方の定理　　36
ジェット空間 (jet space)　　115
仕事 (work)　　83
下三角行列 (lower triangular matrix)　　131
実一般線型群 (real general linear group)　　11
実特殊線型群 (special linear group)　　18
射影合同　　172
射影弧長径数　　176
射影不変函数　　139
射影フレネの公式　　177
射影フレネ標構　　177
射影変換 (projective transformation)　　20, 139

収束半径　　198
自由ベクトル (free vector)　　58
シュワルツ微分 (Schwarzian derivative)　　174
上界　　191
上限　　191
常微分方程式　　2
振幅 (amplitude)　　216
スツルム–リウヴィル作用素　　184
正則行列　　10
成分 (ベクトル場の)　　69
積分因子 (integrating factor)　　95
積分可能条件　　179
積分曲線 (integral curve)　　77
絶対収束　　34
接ベクトル (tangent vector)　　56
接ベクトル束 (tangent bundle)　　57
線型リー群　　136
線積分 (line integral)　　83
全微分　　211
双曲正弦函数　　43, 196
双曲余弦函数　　43, 196
相平面 (phase plane)　　144
相流 (flow)　　81
束縛ベクトル (constrained vector)　　59

● タ行

対応するベクトル場　　92
(図形の) 対称性 (symmetry)　　x
(微分方程式の) 対称性 (symmetry)　　119
(行列の) 対数函数　　49
単位行列 E (unit matrix)　　9
単位元 (unit element)　　11
単振動 (simple oscillation)　　216
縮まない完全流体　　89
着力点　　59
調和函数 (harmonic function)　　87

237

定数体　207
定数変化法　5
テイラー級数　196
テイラー級数展開可能　196
転置行列 (transposed matrix)　33
等位線　93
同一視する (identify)　20, 68
同次形　14, 121
同次座標　18
同程度美しい　x
同程度整っている　x
戸田格子 (Toda lattice)　169
戸田分子方程式 (Toda molecule equation)　170

●ナ行

内積 (inner product)　28
長さ (ベクトルの)　28
ナブラ (nabla)　71
滑らか (smooth)　64, 193
ノルム (norm)　33
ノルム収束　34

●ハ行

爆発解 (explosion)　82
発散 (divergence)　71
ハミルトン・ベクトル場　145
ハミルトン方程式　145
半開区間　190
半群 (semi group)　11
パンルヴェⅡ型方程式　189
ピカール–ヴェッシオ拡大　207
非斉次項　5
非同次座標　18, 180
微分ガロア群　207
微分作用素 (derivation)　65
微分自己同型写像　207

微分体　206
標準座標系　122
ブースト (boost)　53
複素速度ポテンシャル　89
複比 (cross ratio)　12
付随する斉次微分方程式　5
フックの法則　216
部分群 (subgroup)　18, 50, 135
不変函数 (invariant function)　105
不変常微分方程式 (invariant ODE)　119
不変図形 (invariant figure)　109
閉区間 (closed interval)　190
閉部分群　136
ベクトル値函数 (vector valued function)　27
ベクトル場 (vector field)　68
ベルヌーイ方程式　14
変数分離形　4, 96, 121
ポアンカレの補題　86, 179
ボイル–シャルルの法則　100
方向微分 (directional derivative)　61

●マ行

ミウラ変換　182
無限遠点　15

●ヤ行

有向線分　56
有理形変換　22
陽函数表示　91
余函数　6
余ベクトル (covector)　209

●ラ行

ラックス表示　166
ラックス方程式 (Lax equation)　166
リー (Sopus Lie)　115, 126

リー型微分方程式 (Lie type ordinary differential equation)　149
リー環 (Lie algebra)　137
リー簡約 (Lie reduction)　155
リー代数 (Lie algebra)　137
リーの定理　126
リウヴィル方程式 (Liouville equation)　161
力学的エネルギー保存の法則　85
理想気体 (ideal gas)　100
リッカチ方程式 (Riccati equation)　7, 20, 25, 206
リッカチ方程式の線型化　184
流線 (streamline)　80, 89
流体 (fluid)　80
領域　61
ルート空間分解　163
零行列　9
連結　61
連鎖律 (chain rule)　63
ローレンツ群　55
ローレンツ積　54
ロジスティック方程式 (logistic equation)　25

井ノ口順一（いのぐち・じゅんいち）

略歴
1967年　千葉県銚子市に生まれる．
東京都立大学大学院理学研究科博士課程数学専攻単位取得退学
現在　筑波大学数理物質系教授　（博士（理学））

著書
『幾何学いろいろ』(2007，日本評論社)
『曲線とソリトン』(2010，朝倉書店)
『どこにでも居る幾何』(2010，日本評論社)
『常微分方程式』(2015，日本評論社)

リッカチのひ・み・つ ── 解ける微分方程式の理由を探る

2010年9月20日　第1版第1刷発行
2018年4月30日　第1版第2刷発行

著　者	井 ノ 口 順 一
発行者	串 崎 浩
発行所	株式会社 日 本 評 論 社

〒170-8474 東京都豊島区南大塚3-12-4
電話　03-3987-8621 [販売]
03-3987-8599 [編集]

印　刷	三美印刷
製　本	井上製本所
装　釘	銀山宏子

ⓒ Jun-ichi INOGUCHI 2010
Printed in Japan　　　　　　　　　ISBN 978-4-535-78631-8

JCOPY 〈(社)出版者著作権管理機構委託出版物〉
本書の無断複写は著作権法上での例外を除き禁じられています．複写される場合は，そのつど事前に，(社)出版者著作権管理機構（電話：03-3513-6969, fax：03-3513-6979, e-mail：info@jcopy.or.jp）の許諾を得てください．